基于NVIDIA Omniverse平台的
人工智能实例开发入门

Primer for Artificial Intelligence Case Development Based on NVIDIA Omniverse Platform

● 姜宇 李丹丹 金晶 编著

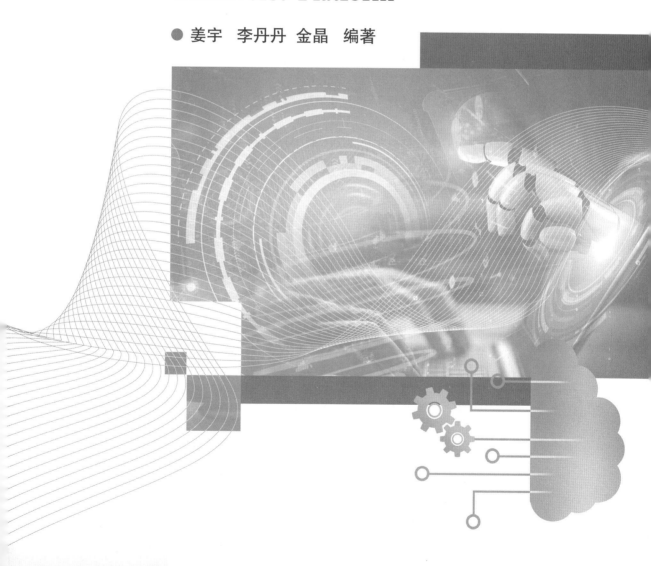

哈爾濱工業大學出版社
HITP HARBIN INSTITUTE OF TECHNOLOGY PRESS

内 容 简 介

本书介绍了 NVIDIA Omniverse 平台的架构、组件及其应用场景,从平台概述到组件解析,再到应用程序概述,为读者提供了深入的了解。书中还详细指导了 Isaac Sim 的安装和配置,并深入探讨了其界面和基本操作,使读者能够轻松上手。此外,应用程序编程接口及场景配置等为开发者提供了丰富的开发资源和实用指南。通过多个实例,如 Hello World、Hello Robot 等,详细解析了如何在 Omniverse 平台上进行人工智能应用的开发。

本书适合于 NVIDIA Omniverse 平台感兴趣的开发者和爱好者,是入门和实践的必备参考用书。

图书在版编目(CIP)数据

基于 NVIDIA Omniverse 平台的人工智能实例开发入门/姜宇,李丹丹,金晶编著. —哈尔滨:哈尔滨工业大学出版社,2024.10. —ISBN 978 - 7 - 5767 - 1497 - 5

Ⅰ. TP18

中国国家版本馆 CIP 数据核字第 2024BU5290 号

策划编辑　杜　燕
责任编辑　周一瞳
出版发行　哈尔滨工业大学出版社
社　　址　哈尔滨市南岗区复华四道街 10 号　邮编 150006
传　　真　0451 - 86414749
网　　址　http://hitpress.hit.edu.cn
印　　刷　哈尔滨市工大节能印刷厂
开　　本　787 mm×1 092 mm　1/16　印张 16.75　字数 467 千字
版　　次　2024 年 10 月第 1 版　2024 年 10 月第 1 次印刷
书　　号　ISBN 978 - 7 - 5767 - 1497 - 5
定　　价　78.00 元

前　言

在当今数字化时代,人工智能(AI)技术的迅猛发展正深刻改变着人们的生活。NVIDIA Omniverse 平台作为一款集成了先进 AI 技术的综合性平台,为开发者提供了一个全新、高效、创新的开发环境。本书旨在帮助读者深入理解并掌握基于 NVIDIA Omniverse 平台的人工智能实例开发技能,从而在实践中运用这些技能,推动 AI 技术的发展和应用。

本书从基础知识讲起,逐步深入到具体实例的开发过程。首先,介绍 NVIDIA Omniverse 平台的基本架构和功能特点,帮助读者建立起对该平台的整体认识。然后,详细讲解人工智能的前沿技术,包括虚拟场景生成、强化学习、合成数据生成等,使读者能够深入理解 AI 技术的原理和应用。在掌握了这些基础知识之后,通过一系列实际案例,展示如何在 NVIDIA Omniverse 平台上进行人工智能实例的开发。这些案例涵盖了不同领域的应用,如智能机器人控制,旨在帮助读者全面了解 AI 技术在各个领域的应用场景和解决方案。

在开发过程中,本书注重实践性和可操作性,提供详细的步骤和代码示例,使读者能够轻松上手并快速掌握开发技能。同时,本书也将分享一些实用的开发经验和技巧,帮助读者提高开发效率和质量。

最后,希望本书能够成为读者在基于 NVIDIA Omniverse 平台的人工智能实例开发道路上的良师益友,为读者的学习和实践提供有力的支持和帮助。相信通过本书的学习和实践,读者将能够掌握 AI 技术的精髓,为未来的科技创新和社会发展做出更大的贡献。

在这个充满挑战和机遇的时代,让我们一起携手共进,探索 AI 技术的无限可能!

限于作者水平,书中难免存在疏漏不足之处,敬请读者批评指正。

作　者
2024 年 7 月

目　　录

第 1 章

NVIDIA Omniverse 平台

NVIDIA Omniverse 是 NVIDIA 倾力打造的开放式图形平台,旨在实现实时交互、协同工作及共享虚拟世界。该平台以其卓越的可扩展性,成为实时虚拟协作精确物理模拟的领先之选。该平台允许创作者、设计师、研究人员及工程师无缝连接各种工具、资产和项目,进而在共享的虚拟空间中实现高效协同工作。同时,开发人员和软件提供商也能依托 Omniverse 平台构建并销售 Omniverse 扩展程序、应用、连接器及微服务,从而不断丰富和拓展平台的功能边界。

1.1 平台概述

1.1.1 平台组件

NVIDIA Omniverse 平台精心设计,以实现最大化的灵活性与可扩展性。其核心架构由五大核心组件和两大辅助组件共同构成。

1. 核心组件

(1) Omniverse 连接器(Connectors)。

Omniverse Connectors 组件将众多主流内容创建工具与 Omniverse 库相连,使用户得以在熟悉的软件应用(如 Sketchup、Maya 及虚幻引擎)中流畅工作,同时充分享受Omniverse 平台带来的便捷和优势。

(2) Omniverse 核心(Nucleus)。

作为 Omniverse 的中央数据库与协作引擎,Omniverse Nucleus 承担着共享与修改虚拟世界表示形式的重任,确保数据的实时同步与高效协作。

(3) Omniverse 工具包(Kit)。

Omniverse Kit 提供一套完善的工具集,支持用户构建原生的 Omniverse 应用、扩展程序及微服务,满足个性化需求。

(4) Omniverse 模拟器(Simulation)。

Omniverse Simulation 提供一套功能强大的工具与软件开发工具包(SDK)集合,能够模拟物理上精确的世界,为科学研究与工程设计提供有力支撑。

（5）Omniverse 渲染器（RTX Renderer）。

Omniverse RTX Renderer 基于 NVIDIA RTX 技术的高级多图形处理器（GPU）渲染器，支持实时光线追踪和参考路径追踪，为用户提供极致的渲染体验。

2. 辅助组件

（1）Omniverse 启动器（Launcher）。

Omniverse Launcher 作为 Omniverse 应用、扩展程序及连接器的下载、安装与更新平台，无论是个人版还是企业版用户，均可通过启动器轻松管理其 Omniverse 组件。

（2）Omniverse 扩展（Extensions）。

Omniverse Extensions 基于 Omniverse Kit 构建的插件，用于定义应用功能。开发人员可利用 Extensions 创建、修改及扩展所需工具和工作流程，从而大幅提升工作效率。

1.1.2　平台架构

NVIDIA Omniverse 平台的核心目标在于跨越不同应用程序与供应商，构建普遍且强大的互操作性。Omniverse 通过提供高效的实时场景更新能力，并坚守开放标准和协议，确保用户在任何时间、任何地点都能够无缝连接并开展工作。它不仅是一个中心化的枢纽（HUB），更是一个功能强大的开放平台，能够根据用户需求将新连接的功能无缝集成并呈现给所有连接的客户端及应用程序。

Omniverse 平台架构示意图如图 1.1 所示。NVIDIA Omniverse 的核心架构由五个关键部分组成：NVIDIA Omniverse Connectors、NVIDIA Omniverse Nucleus、NVIDIA Omniverse Kit、NVIDIA Omniverse Simulation 及 NVIDIA Omniverse RTX Renderer。这五大组件共同构建了完整而强大的 Omniverse 生态系统。

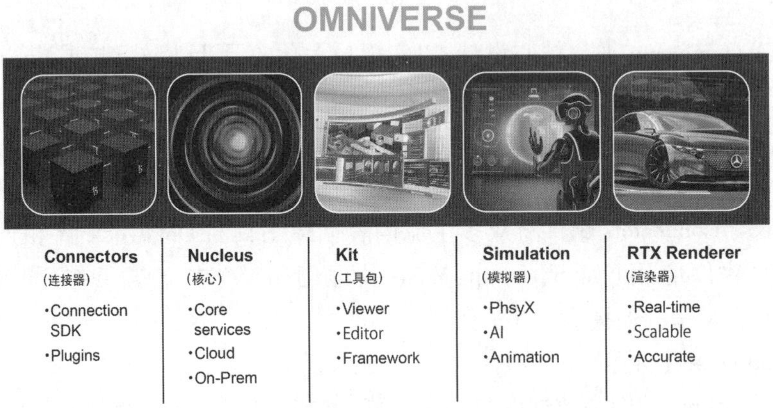

图 1.1　Omniverse 平台架构示意图

对于终端用户而言，NVIDIA Omniverse 的概念可以简化为三个层面：Platform、Apps和 Connectorsors。平台提供了稳定且高效的工作环境；应用程序满足了用户多样化的需求；连接器确保了用户能够轻松地在不同工具与资源间进行切换与整合（图 1.2）。

为满足对各种内容的需求，NVIDIA Omniverse 提供了一个不断扩展的连接器列表，这些连接器可以通过插件直接与源数字内容创建（DCC）软件同步内容，从而大大提升了工作效率与便捷性。

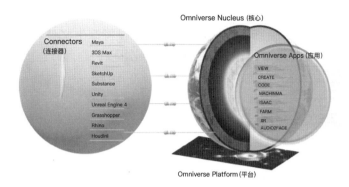

图 1.2　平台、应用与连接器的关系图

对于开发人员而言,NVIDIA Omniverse Kit 是一个功能丰富的堆栈,包括程序集、应用程序、扩展程序、微服务、核心扩展及 Kit 本身。这个堆栈为开发人员提供了强大的工具和资源,帮助他们快速构建、测试和部署各种应用程序和解决方案。

在 NVIDIA Omniverse 中,Simulation 是一个非常重要的组件,它由 NVIDIA 一系列技术提供支持,并以插件或微服务的形式与 Omniverse Kit 紧密集成。作为 Omniverse 提供的首批模拟工具之一,NVIDIA 开源物理模拟器 PHYSX 在电脑游戏领域得到了广泛应用。在模拟器中,所有参与模拟的对象及其属性、约束条件和求解器参数都在自定义的通用场景描述(universal scene description,USD)架构中进行指定。Kit 则提供了丰富的功能,用于编辑模拟器设置、启动和停止模拟,以及调整所有相关参数等。

NVIDIA Omniverse 的模拟器功能广泛适用于各个领域,包括但不仅限于机器人技术、特殊效果制作、驾驶模拟、建筑设计与施工、电影和电视制作、游戏开发、合成数据生成及高性能计算可视化等。无论是专业人士还是普通用户,都可以通过 NVIDIA Omniverse 这个强大的平台轻松实现自己的创意和想法。

1.1.3　格式标准

在 NVIDIA Omniverse 平台中,为确保数据的一致性和高效交互,采用特定的格式标准。USD 被用作场景的标准格式,而材质定义语言(material definition language,MDL)则用于描述材质。对于来自外部应用程序的内容,用户通常需要将其转换为 Omniverse 兼容的格式。为简化这一流程,Omniverse 提供了多种内容管理方法。

1. 资产转换器

Omniverse 中的应用程序集成了资产转换器扩展,允许用户利用资产转换器服务将模型转换为 USD 格式。支持转换为 USD 的文件格式列表见表 1.1。

表 1.1　支持转换为 USD 的文件格式列表

格式	名称	描述
.FBX	Autodesk FBX 交换文件	Autodesk Filmbox 格式的通用 3D 模型
.OBJ	对象文件格式	通用 3D 模型格式
.GLTF	GL 传输格式文件	通用 3D 场景描述

2. 连接器

专用连接器提供更为精细的转换过程,支持直接将原生文件转换为 USD 格式。注意,由于连接的应用程序通常具备丰富的文件转换功能,因此通过连接器可能访问到各种不常见的文件格式。

3. 材质格式

NVIDIA 在 USD 中定义了一个自定义模式来表示材质分配和参数指定。在 Omniverse 中,这些专用的 USD 文件经过扩展更改,以. MDL 结尾,表明它们采用 NVIDIA 的开源 MDL 表示。

4. MDL 支持的纹理格式

在 Omniverse 中,MDL 材质兼容的纹理文件格式见表 1.2。

表 1.2 MDL 材质兼容的纹理文件格式

扩展名	格式	描述
. BMP	位图图像文件	Microsoft 开发的常见图像格式
. DDS	Directdraw Surface	Microsoft 的 Directx 格式,用于纹理和环境映射
. EXR	OPENEXR	工业光魔开发的高动态范围格式
. GIF	图形交换格式文件	Compuserve 开发的色彩受限的无损网络格式
. HDR	高动态范围图像文件	工业光魔开发的高动态范围格式
. JPEG,. JPG	联合图像专家组	常见的"有损"压缩图形格式
. TIF	目标图像格式文件	常见的"无损"和"有损"图形格式
. PNG	可移植网络图形文件	常见的"无损"压缩图形格式
. PSD	Adobe Photoshop 文档	Adobe Photoshop 的本地文件格式
. TGA	Truevision 高级光栅图形适配器	Avid Technology 开发的高质量光栅图形格式

1.2 组 件 解 析

1.2.1 Launcher 概述

NVIDIA Omniverse Launcher 是用户踏入 Omniverse 世界的首要入口。它为用户提供了一个集中的平台,以便即时访问所有应用程序、连接器及其他可下载内容,从而简化用户与 Omniverse 生态系统的交互过程。Launcher 界面如图 1.3 所示。

Launcher 的功能亮点如下。

1. 快速应用程序访问

Launcher 拥有直观易用的用户界面,使用户能够迅速定位并启动 Omniverse 中的各种应用程序,从而提升了工作效率。

2. 便捷的更新管理

借助 Launcher,用户可以轻松管理 Omniverse 应用程序和连接器的更新,Launcher 的管理功能如图 1.4 所示。当新版本发布时,Launcher 会通过醒目的提示通知用户,并提供一键下载、安装和更新的功能,确保用户始终使用最新、最安全的软件版本。

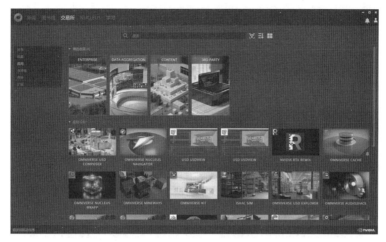

图 1.3　Launcher 界面

图 1.4　Launcher 的管理功能

应用程序旁边出现绿色铃铛图标时,表示有新版本可供下载和安装。用户只需点击"启动"按钮右侧的三条短线图标,打开版本选择下拉菜单,然后点击绿色的"安装"图标(图 1.5),即可完成最新版本的安装过程。

3. 丰富的学习资源

Launcher 还为用户提供了丰富的学习资源链接,包括视频教程、官方文档及 Omniverse 社区论坛等。这些资源旨在帮助用户更好地了解和使用 Omniverse 平台。无论用户是初学者还是资深专业人士,都能在这里找到适合自己的学习路径。启动器内的学习资源如图 1.6 所示。

4. 轻松连接外部工具

Launcher 简化了与外部工具的连接过程。用户可以通过 Launcher 快速下载和安装 Omniverse 连接器,这些连接器使得 Maya、3Ds-Max、Revit 等 DCC 应用程序能够轻松与 Omniverse 项目进行集成和交互,从而扩展了 Omniverse 平台的兼容性和应用范围。

图 1.5　新版本应用提醒

图 1.6　学习资源示意图

1.2.2　Nucleus 概述

NVIDIA Omniverse Nucleus 充当平台的数据库与协作核心引擎,确保多用户在多个应用程序中能够实现实时连接与协同工作。这一设计旨在鼓励团队成员在其最擅长、操作最流畅的应用程序中自由发挥,从而推动项目的快速迭代和高效完成。Nucleus 提供了一套基础服务机制,使得各类客户端应用程序、渲染器及微服务能够无缝共享和修改虚拟世界的表示,实现数据的一致性和实时更新。

Nucleus 遵循发布/订阅模型进行运作。在遵守严格的访问控制协议下,Omniverse 用户能够将数字资产和虚拟世界的修改内容发布至 Nucleus 数据库,并实时订阅其他用户的更改,确保团队之间的信息同步与协作流畅。

Nucleus 提供多种部署方式以满足不同用户的需求,具体如下。

1. 企业 Nucleus 服务器

企业 Nucleus 服务器适用于本地或首选云服务提供商(CSP)上的企业级部署。该方案包含并支持一系列全面的服务和功能,如缓存机制、数据保护、身份验证集成及安全数据传输等,确保企业级用户能够高效、安全地使用 Omniverse 平台。

企业 Nucleus 服务器专为在本地或云服务提供商上进行大规模、高效的企业级部署而设计。该方案提供以下关键功能。

(1)缓存机制。

通过智能缓存策略,将数据保存在离用户更近的位置,显著提高文件传输性能,优化用户体验。

(2)数据保护。

为 IT 管理员提供强大的备份和恢复工具,确保数据的安全性和可恢复性,防止意外数据丢失。

(3)身份验证集成。

支持单点登录(SSO)功能,实现统一用户身份验证,简化用户管理并提高安全性。

(4)安全数据传输。

利用 SSL/TLS 加密技术保护传输中的数据,确保数据在传输过程中的安全性。

企业 Nucleus 服务器以 Docker Compose 工件的形式提供,方便用户进行快速部署和配置。

2. Nucleus 工作站

Nucleus 工作站适用于个人或最多两名用户的团队在本地进行试用和协作。该方案提供了一套全面的服务,支持 Windows 和 Linux 操作系统,并通过 Omniverse 客户端应用程序进行连接,使用户能够轻松评估和使用 Nucleus 的基本功能。

Nucleus 工作站为评估和使用 Nucleus 提供了便捷的途径。它支持 Windows 和 Linux 操作系统,并包含 Nucleus 的基本功能。用户可以通过 Omniverse 客户端应用程序轻松连接到工作站,体验 Nucleus 的强大功能。

1.2.3　DeepSearch 概述

DeepSearch 的核心理念在于赋能开发者构建应用程序,并随着业务增长和功能迭代,能够便捷地将部分服务从应用中抽离,实现服务的分发,且无须对服务代码进行任何修改。这一机制旨在构建一个互联互通的服务网络,充分利用数据中心的强大能力,实现应用程序功能的优雅扩展和增强,从而突破单一机器的性能限制。同时,这一过程对用户而言是完全透明的,他们的使用体验将保持一致且流畅。

框架的深入解析及 Omniverse 所提供的服务与设施详述如下。

1. 服务(services)

在 Omniverse 框架中,服务是构成应用程序功能的基本构件。每个服务均专注于执行特定的任务或提供特定的功能,并具备独立部署与扩展的能力,以适应应用需求的动态变化。服务间的通信与协作通过框架内置的机制实现,确保各服务能够无缝集成,共同构建功能强大的应用程序。

2. 传输(transports)

传输层在 DeepSearch 中扮演着服务间通信桥梁的角色。它定义了服务间数据和消息的交换方式。Omniverse 支持多种传输协议,如 HTTP、gRPC 等,以适应不同场景和需求,确保通信的灵活性、安全性和可扩展性。开发者可根据具体需求选择合适的传输协议,以优化服务间的通信效率。

3. 设施(facilities)

设施是 Omniverse 框架提供的一组强大工具和组件,旨在简化服务的开发与部署过程。这些设施可能涵盖日志记录、监控、配置管理、安全性等多个方面。通过利用这些设施,开发者能够更专注于业务逻辑的实现,而无须过多关注底层的细节和复杂性。

深入理解这些核心概念后,开发者将能够更有效地利用 Omniverse 框架,构建出灵活、可扩展且易于维护的应用程序。无论是小型项目还是大型分布式系统,Omniverse 都能够提供强大的支持和功能,助力开发者实现他们的业务目标。

1.2.4 Kit 概述

在 Omniverse 生态中,一个典型的项目通常涵盖了配置文件、源代码及相关的资产。这些元素共同协作,通过 Omniverse 平台应用程序编辑接口(API)执行一系列任务。借助这些核心组件,开发者能够:

①拓展应用程序的功能与行为,增强其应用场景的适应性;

②根据特定领域或工作流程的需求,定制个性化的应用程序;

③构建用于无头模式下处理复杂 USD 工作流程的服务;

④开发连接器,实现第三方应用程序与 Omniverse 平台的无缝对接。

Omniverse 项目的开发流程通常遵循一套标准的步骤。开发者首先从创建 Omniverse 项目开始,随后经过一系列构建过程,最终以打包形式结束。完成打包后,该包会被发布至存储系统,由该系统负责提供部署或安装服务。

在项目的整个开发周期中,开发者将充分利用 Omniverse 提供的框架和工具集进行项目的构建与配置,包括但不限于编写代码以定义应用程序的逻辑、创建配置文件以设定项目参数,以及导入与管理项目所需的各类资产。此外,开发者还可借助 Omniverse 提供的 API 及扩展机制进一步增强项目的功能性和灵活性。

项目构建完成后,开发者会将其打包成一个独立的部署单元。此包包含了项目运行所需的所有文件、依赖项及配置信息,确保项目在不同环境中能够顺利部署与安装。打包过程可能涉及对代码和资源的优化,以确保项目在实际运行中达到最佳性能。

打包工作完成后,开发者将项目包发布至存储系统,如私有仓库或公共平台。这些存储系统负责管理与维护项目包的访问权限,确保团队成员或用户能够便捷地下载、部署及安装项目。通过这种方式,Omniverse 项目能够在不同环境中实现轻松共享与复用,有效促进团队协作与项目的可扩展性。

综上所述,开发一个 Omniverse 项目涉及创建、构建、打包及发布等多个关键环节,需要开发者充分利用 Omniverse 提供的工具与机制来完成。通过这一流程,开发者能够创建出功能丰富、高度可定制的应用程序与服务,为 Omniverse 平台增添更多价值与创新。

具体开发过程如下。

1. 创建项目

在着手开发之前,首要任务是创建新的 Omniverse 项目。创建项目的途径多样,选择方式取决于项目需求及开发者偏好。尽管项目归属不同类别,但每类项目内部仍保留极大的灵活性,旨在满足用户个性化需求。

2. 项目开发

新项目创建完成后,随即进入开发阶段。在此阶段,开发者需配置并使用各类工具、扩展及自动化文档功能,以满足项目特定需求。这可能涉及编写代码、设计用户界面、创建资产及集成第三方库或 API。

3. 项目构建

根据项目性质,开发过程中可能需执行"构建"步骤。Omniverse 提供丰富的脚本和工具以支持此过程,生成最终产品的表现形式,便于后续测试、调试及打包。

4. 构建测试

Omniverse 配备先进工具和自动化功能,简化并提升测试效率。通过系统内置方法,开发者可为扩展生成单元测试,执行应用程序的自动化集成测试及性能测试,确保项目高效运行。

5. 构建调试

鉴于调试在开发中的关键作用,Omniverse 提供相应工具和自动化功能,以简化并优化调试流程。结合第三方工具,Omniverse 加速错误与异常检测,提升项目整体稳定性。

通过上述步骤,开发者可利用 Omniverse 平台的功能与工具,构建出高质量、可扩展且易于维护的应用程序和服务。无论项目规模大小,Omniverse 均能提供强大支持及灵活性,助力开发者实现既定目标。

6. 打包构建

完成开发与测试阶段后,需对项目进行打包,以备发布。尽管部分扩展可能无须此步骤,但对于涉及高级功能的应用程序及复杂扩展而言,打包至关重要。此过程涉及对项目资产的组织与结构化,以便于交付和部署。具体打包细节需根据项目分发方式确定。

7. 发布包

最终目标是将开发成果转化为具有实际价值的产品。发布过程通过将打包的构建移动至合适的安装或部署位置来实现。Omniverse 提供多样化的发布端点,包括集成的 ZIP 文件、云系统、流处理系统、启动器系统、Git 存储库及定制内容管理系统等。尽管不同平台上的功能内容保持一致,但交付与安装方法可能有所差异。本节将指导开发者完成将项目发布至目标受众的流程。

在发布过程中,需关注关键步骤,如选择合适的发布渠道、配置发布设置及处理可能的发布后支持。同时,为最终用户提供安装指南或文档,确保他们能够顺利使用项目。

通过规范的打包与发布流程,可将 Omniverse 项目推广至更广泛的受众,并使其从中受益。无论是企业内部使用、为社区提供工具还是作为商业产品出售,Omniverse 均提供强大支持与灵活性,助力项目成功发布与推广。

1.2.5　Connectors 概述

Omniverse Connectors 赋予用户将心仪的应用程序转化为 Omniverse 平台上一流的内容交付工具的能力。借助 Revit、Rhino、Maya、Unreal Engine 等业界领先工具,用户可充分释放 Omniverse 的潜能,实现更为卓越的功能提升。实时协作、路径追踪并排渲染、Nucleus 快照及 USD 转换等仅是 Omniverse Connectors 所带来的部分显著优势。此外,凭借简洁易用的集成界面,用户将发现,在 Omniverse 中为 3D 世界贡献创意远比想象中更为便捷。Connectors 实现其他应用程序与 Omniverse 交互的途径多种多样,其中许多方式具备实时性和自动化的材质转换功能。

1. 连接器

Omniverse Connectors 支持以下广泛的连接器,这些连接器为不同行业和应用领域的专家提供了无缝集成工作流程至 Omniverse 平台的能力,进而实现更高效协作、更真实渲染及更强大模拟功能:

①Adobe Substance 3D Painter;

②Autodesk 3ds Max;

③Autodesk Alias Automotive;

④Autodesk Maya;

⑤Autodesk Revit;

⑥Blender;

⑦Epic Games Unreal Engine;

⑧Graphisoft Archicad;

⑨ipolog;

⑩Kitware Paraview;

⑪McNeel Rhinoceros (Rhino);

⑫PTC Creo;

⑬Reallusion Character Creator;

⑭Reallusion iClone;

⑮SideFX Houdini;

⑯Trimble SketchUp;

⑰Unity;

⑱Visual Components。

无论是建筑、设计、游戏开发还是其他任何依赖 3D 内容的领域,Omniverse Connectors 均提供了一套强大的工具集,旨在释放用户的创造力并推动项目成功。除连接器提供的流畅体验外,还存在其他多种连接 Omniverse 的方式,这些方法给众多工作流程带来了极大便利。转换器无须依赖主机应用程序,即可实现快速导入与转换。

2. 转换器

常见的 CAD/3D 格式可通过以下原生的 Omniverse 扩展直接转换为 USD:

①资产导入器(Asset Importer);

②CAD 转换器(CAD Converter);

③3MF 转换器(3MF Converter);

④GeoJSON 转换器(GeoJSON Converter);

⑤OGC 地图瓦片加载器(OGC Map Tile Loader);

⑥SimScale 转换器(SimScale Converter);

⑦PTC Onshape 导入器(PTC Onshape Importer)。

这些转换器扩展为用户提供了极大的灵活性,允许他们从不同数据源导入数据并将其转换为 Omniverse 平台上的通用格式。无论是处理复杂的 CAD 模型、3D 打印文件、地理空间数据还是其他格式,Omniverse 的转换器扩展均可提供所需工具,简化导入与转换流程,确保数据的一致性与准确性。这种无缝集成使得处理 Omniverse 中的多种数据源变得更为简单高效。

第三方转换器是由合作伙伴开发的 Kit 扩展,旨在将他们的应用程序与 Omniverse 紧密连接。以下是一些代表性的第三方转换器:

①Lightmap HDR Light Studio;

②RADiCAL live;

③Replica。

这些第三方转换器为 Omniverse 平台增添了额外的功能与灵活性,允许用户将更多种类的应用程序和工具集成至其工作流程中。利用这些转换器,用户可在 Omniverse 中无缝使用他们熟悉的第三方应用程序,从而提高工作效率与协作能力。这些转换器通常经过专业开发团队的精心打造,确保与 Omniverse 平台的兼容性和稳定性,为用户提供卓越体验。

3. Omniverse Drive

DCC 应用程序可通过 Omniverse Drive 间接将内容提交至 Nucleus,为用户提供类似于单向连接器的体验,而无须使用任何连接器。目前支持 Omniverse Drive 的应用程序包括:

①Adobe Substance 3D Designer;

②Adobe Photoshop;

③Foundry Nuke3D;

④Maxon Redshift;

⑤Maxon ZBrush。

Omniverse Drive 提供了一种高效便捷的途径,使得各类应用程序能够与 Omniverse 平台实现顺畅交互。借助 Omniverse Drive,用户能够在这些应用程序中无缝创建和编辑内容,并将其直接同步至 Omniverse 的 Nucleus 服务器。这一功能不仅显著提升了跨应用程序协作的便捷性,还使用户能够在不同工具间自由切换,同时确保数据的一致性和实时性。通过利用 Omniverse Drive,用户能够获得一个灵活高效的解决方案,从而实现对 3D 内容的高效管理与共享。

1.2.6　OpenUSD 概述

在计算机图形和模拟领域,电影、游戏、工业工程及科学实验等应用均涉及海量的 3D 数据。从建模、着色、动画、照明、物理和粒子效果到渲染,每个应用程序在管道中都有其独特的场景表示方式,这些方式均针对特定需求和工作流程进行了优化。这些“场景描述”通常会被创建、序列化,并在多个数据管道中进行传输。然而,传统的表示方式往往无法被下游运行时理解或修改,从而导致数据被困在特定的宿主应用程序中。

因此,一种可扩展的互换格式的需求应运而生,这种格式必须能够高效地处理庞大的数据量,并且足够开放,能够兼容各种类型的场景数据。自 2016 年皮克斯(Pixar)首次发布 OpenUSD 的开源版本以来,其采用率在各行业中稳步增长,为全球各地的 3D 内容管道提供了强大的扩展支持。OpenUSD 正逐渐成为 3D 数据交互的标准格式,推动着整个行业的发展与创新。

OpenUSD 作为一种扩展文件格式,具有一系列显著的优势,同时也存在一些潜在的劣势。以下是对其优势和劣势的详细分析。

1. 优势

(1)跨平台兼容性。

OpenUSD 在多个 3D 应用程序中均可使用,如 Adobe Substance、Autodesk、Houdini 和 Maya 等,这为用户提供了在不同平台间无缝切换的便利,促进了跨平台的协作与数据共享。

(2)高效的数据处理。

OpenUSD 作为一种高性能的 3D 场景描述技术,能够实现工具、数据和工作流之间的强大互操作性,从而提高数据处理效率,降低成本。

(3)广泛的应用领域。

OpenUSD 不仅应用于电影、视觉效果和动画等领域,还逐渐扩展到其他依赖 3D 媒体数据的行业,如游戏开发、工业工程和科学实验等,显示了其广泛的应用前景。

(4)支持大规模协作。

OpenUSD 使得团队成员可以更加高效地合作,提高工作效率,特别适用于大规模 3D 工作流程上的协同工作。

2. 劣势

(1)技术门槛较高。

由于 OpenUSD 涉及复杂的 3D 数据处理和场景描述技术,因此对于初学者或非专业人士来说,可能需要较高的学习成本和技术门槛。

(2)生态系统成熟度。

虽然 OpenUSD 已经取得了一定的应用和发展,但其生态系统尚未完全成熟。在与其他工具和平台的集成方面,可能还需要进一步的完善和优化。

(3)兼容性问题。

尽管 OpenUSD 已经得到了多个 3D 应用程序的支持,但在某些特定场景或特定软件中可能仍存在兼容性问题,需要开发者进行额外的适配和调整。

综上所述,OpenUSD 在跨平台兼容性、数据处理效率、应用领域和大规模协作等方面具有显著优势,但也存在技术门槛高、生态系统成熟度不足和兼容性问题等劣势。在选择使用 OpenUSD 时,需要根据具体需求和场景进行权衡和考虑。

使用 OpenUSD 主要涉及几个关键步骤,这些步骤通常包括理解 OpenUSD 的基本概念、获取和使用相关的工具和应用程序,以及创建和编辑 USD 文件。然而,由于 OpenUSD 是一个复杂且专业的 3D 场景描述技术,因此具体的使用步骤可能会因应用场景和工具的不同而有所差异。

(1)理解基本概念。

首先,需要对 OpenUSD 的基本概念有所了解,包括其用途、优势、文件格式,以及与其他 3D 应用程序的交互方式等。这有助于更好地利用 OpenUSD 的功能和特性。

(2)获取相关工具。

为使用 OpenUSD,可能需要获取一些专门的工具和应用程序,这些工具通常支持 OpenUSD 文件的创建、编辑和导入导出等操作,确保选择的工具与工作流程和需求相匹配。

（3）创建和编辑 USD 文件。

使用相关工具，可以开始创建和编辑 USD 文件。这通常涉及导入 3D 模型、设置材质、添加动画和灯光等元素，以及调整场景参数等，确保按照 OpenUSD 的规范和要求进行操作，以保证文件的正确性和兼容性。

（4）导出和共享 USD 文件。

完成 USD 文件的创建和编辑后，可以将其导出为 USD 格式，并与其他团队成员或应用程序共享，确保在导出过程中选择正确的选项和设置，以保证文件的质量和可用性。

（5）在项目中应用。

将 USD 文件导入到项目中，并使用支持 OpenUSD 的应用程序进行查看、编辑或渲染等操作。根据需求和工作流程，可能还需要与其他团队成员协作，共同处理 USD 文件。

需要注意的是，由于 OpenUSD 是一个复杂且专业的技术，因此建议在使用之前仔细阅读相关文档和教程，以了解更多关于 OpenUSD 的详细信息和最佳实践。此外，如果遇到任何问题或困惑，也可以寻求专业社区或论坛的帮助和支持。

1.2.7　材质与渲染概述

在 Omniverse Kit 的基础应用程序体系中，材质与渲染功能作为核心共性，贯穿于整个工作流程。无论用户身处 Omniverse 的哪个工作环节，均能体验到流畅的操作和符合预期的结果。本节旨在为用户呈现关于材质与渲染的详尽信息，并确保其适用于所有 Omniverse Kit 的基础应用程序。

1. 材质

在 Omniverse 生态中，材质扮演着定义物体表面视觉特性的关键角色。它们通过调控物体对光线的反射与散射行为，进而塑造出渲染过程中的最终视觉呈现。材质通常由一系列参数构成，如色彩、光泽度及纹理等，这些参数为用户提供了精细调控物体表面外观的手段。

Omniverse 搭载了一套功能强大的材质系统，用户可借助此系统创建与编辑复杂材质，并轻松将其应用于场景中的各类物体。通过调整材质参数，用户能够迅速变换物体的外观，从而满足多样化的创作需求。

2. 渲染

渲染作为将三维场景转化为二维图像的关键环节，在 Omniverse 中扮演着至关重要的角色。它决定了最终图像的质感与视觉表现。渲染过程涵盖了光线追踪、阴影计算及纹理映射等多个方面。

Omniverse 的渲染引擎经过精心设计与优化，能够高效处理复杂场景与材质。它支持多种渲染模式与特效，如实时渲染、离线渲染及高级光线追踪等，以满足不同创作场景的需求。用户可根据实际需求调整渲染参数与设置，从而平衡图像的渲染质量与性能。

综上所述，材质与渲染是 Omniverse 不可或缺的重要组成部分。它们协同工作，为用户提供了强大的工具集，助力用户创建并呈现令人惊艳的三维场景。通过本节提供的信息，用户可深入了解了材质与渲染的相关知识，并在 Omniverse 中充分发挥其创造力与想象力。

1.2.8　扩展概述

Omniverse Extensions 是 Omniverse Kit 应用程序构建体系的核心基石,它们共同构筑了在 USD Explorer、USD Composer、USD Presenter 等一系列应用中使用的多功能工具箱。由于 Kit 应用是由这些扩展组合而成,因此用户可通过创建新扩展或编辑、激活既有扩展来扩充现有应用的功能,以满足个性化需求。

在 Omniverse 中,扩展是一种可插拔的组件,用于向平台添加新功能或修改现有功能。扩展可以是独立的工具、插件或模块,它们通过特定的接口与 Omniverse 平台集成。Omniverse 支持多种类型的扩展,包括工具扩展、节点扩展、界面扩展等。开发者可以根据需求选择适合的扩展类型进行开发。

1. 扩展分类

Omniverse 拥有多样化的扩展库,可助力用户精细定制工作流程。例如,模拟(Simulation)类扩展涵盖了从物理模拟到破坏模拟等广泛领域;而动画(Animation)类扩展则包含了从角色动画到时间线管理、曲线编辑等全套功能。

2. 自定义扩展开发

扩展不仅是优化开发管道、增强工作流程的关键工具,更是为 Omniverse 平台注入新功能的强大引擎。

1.2.9　服务概述

Omniverse 平台依托 Omniverse Kit 及其丰富的扩展,提供了一个内嵌的、高效的微服务(Services)框架。该框架旨在为开发者提供一套强大的工具集,以便他们能够轻松构建和部署服务,同时充分利用 Kit 扩展的卓越性能。这一框架的灵活性使得服务能够部署在 Kit 实例内部、本地环境、跨服务器和虚拟机,甚至能够无缝集成到云和 Kubernetes 等高级基础设施中。

根据特定的用例和服务需求,开发人员可以灵活选择服务的运行环境,并能在未来轻松迁移至不同的基础设施,而无须对服务本身进行任何修改。框架内所有组件均实现松耦合设计,使得它们能够作为独立的构建块灵活组合,从而构建出满足各种需求的系统配置。

这些可重用的组件在内部被用于实现一系列关键功能,如数据库访问、日志记录、指标收集和进度监控更新等,并将这些功能以统一的方式暴露给外部使用。这种设计方式极大地加速了工具和功能的开发流程,使得开发人员能够专注于业务逻辑的实现,而无须为底层细节分心。

在 Omniverse 平台的核心组成部分(如 Farm)中,这些组件得到了广泛应用。实践表明,由于功能的可重用性,因此迭代周期得以显著缩短,同时组件之间的松耦合设计也确保了系统的灵活性和可扩展性。

最终,Omniverse 的服务框架旨在实现一个目标:让开发人员能够构建出功能强大的应用程序,并随着业务需求的增长,轻松地将部分服务从应用程序中抽离出来进行分发。在这一过程中,无须对服务本身的代码进行任何修改。通过这种方式,可以构建出一个庞大的服务网络,利用数据中心强大的计算能力来优雅地扩展和增强应用程序的功能,而不受单台机器性能的限制。在整个过程中,应用程序的用户将完全感知不到这些底层的变化,从而保证了良好的用户体验。

1.2.10　实用工具概述

Omniverse 实用工具(Utilities)是专为增强用户在 NVIDIA Omniverse 平台上的工作效率而设计的辅助工具集。这些工具并非 Omniverse 的核心应用程序或连接器,但它们在日常使用中发挥着不可或缺的作用。例如,Drive 实用工具允许用户以直观的方式查看和修改 Nucleus 中的内容,就像操作计算机上的驱动器一样简单直观;Cache 实用工具则通过将文件存储在本地计算机上,加速处理速度并最小化网络流量,从而优化性能。

这些实用工具不仅简化了复杂任务的执行,还为用户提供了更加流畅和高效的工作体验。无论是查看和编辑场景内容,还是优化性能,Omniverse 实用工具都能为用户提供强大的支持。

1.3　应用程序概述

1.3.1　USD Composer 概述

NVIDIA Omniverse USD Composer 是一款功能强大的世界构建应用程序,它基于 NVIDIA Omniverse Kit 构建,专为组装、打光、模拟和渲染大规模场景而设计。USD Composer 充分利用了皮克斯动画工作室的 USD 技术,通过其场景描述和内存模型,为用户提供了高效且灵活的场景构建工具。

USD Composer 不仅支持 USD 的高级工作流程,如分层、变体和实例化等,还结合了 MDL 材质描述和 NVIDIA RTX 显卡上的 RTX 渲染器,使用户能够创建出视觉上引人入胜且物理上准确的虚拟世界。这种强大的组合使得 USD Composer 成为一款高效且逼真的场景构建工具。

此外,USD Composer 与皮克斯的 Hydra 渲染引擎相结合,支持使用任何针对适当版本的 USD 构建的 Hydra 渲染器(如 Storm、Embree、PRMan 等)来显示 USD 内容。这种灵活性使得用户可以根据项目需求选择最适合的渲染器,从而实现高质量的渲染效果。

当 USD Composer 连接到 Omniverse Nucleus 服务器时,多个 Omniverse 应用程序、机器和用户之间可以实现实时创建世界的功能,从而支持高级协作工作流程。这种协作能力使得团队能够更高效地共享和编辑场景内容,提高项目完成的效率和质量。

1.3.2　Omniverse CODE 概述

Omniverse CODE 作为一款专为开发者打造的集成开发环境(IDE),旨在助力用户高效构建 Omniverse 扩展、应用程序及微服务。其核心技术基础是由 C++和 Python 共同构筑的,充分利用 NVIDIA 的现代图形 API 与并行计算能力,实现卓越的性能表现。CODE 的代码架构遵循模块化和可扩展性原则,使得新功能与扩展的集成变得轻而易举。开发人员能够自由访问并修改代码,以满足个性化需求或创建 Omniverse 生态系统中的自定义应用程序。

在 CODE 2023 版本中引入了以下全新功能。

1. Kit 主要依赖项更新

USD 现已升级,进一步简化了对多个资产系统的支持。USD 作为皮克斯开发的开源 3D 场景描述标准,在 Omniverse 中发挥着至关重要的作用,广泛应用于 3D 场景的构建、渲染与协作流程。此次升级使得开发者能够更为便捷地在 Omniverse 平台中整合并运用各类 3D 资产。

2. 播放与导航性能优化

针对动画/模拟播放性能进行了显著提升,为用户带来了更为流畅的 3D 场景预览与导航体验。这一改进在 Omniverse 处理大规模场景创建、编辑与模拟任务时显得尤为重要,能够大幅加快用户的工作迭代与优化进程。

3. 按需扩展加载机制

基于 Kit 105+ 构建的应用程序,通过引入按需扩展加载机制,实现了更快的启动速度。这一创新意味着,只有在特定功能或扩展被实际使用时,它们才会被加载至内存中,从而有效提升了应用程序的启动效率,并降低了对系统资源的占用。

1.3.3 USD Presenter 概述

Omniverse USD Presenter 是一款兼具简易性和强大功能的参考应用程序,专门用于实现具备惊人物理精确度的照片级真实感交互,以支持对 3D 设计项目的查看与标注,并具有以下特性。

1. 简洁直观的操作体验

USD Presenter 拥有直观的设计界面,用户无须具备深厚的技术背景即可轻松进行导航操作,与物理精确的 USD 基础模拟进行自然流畅的交互。

2. 高效便捷的评审流程

该应用程序配备了易于使用的评审和标注工具,如相机路径点、标注和标记等,使得项目评审过程能够无缝进行。同时,USD Presenter 还提供完全可配置的截面工具,支持用户从平面图到照明方案等细节进行全面评估。

3. 卓越的真实感渲染效果

USD Presenter 的视图由 NVIDIA Omniverse RTX 渲染器提供支持。该渲染器作为一款高级且支持多 GPU 的渲染引擎,能够实时输出超复杂场景。渲染器提供两种模式:启用 RTX 的光线追踪模式可实现闪电般的性能;路径追踪模式则提供最高保真度的渲染结果。用户可通过一键切换轻松在大型场景中快速导航。

4. 实时无缝的协作体验

USD Presenter 通过连接技术设计团队、项目经理、主管、建筑师、客户等多方角色,实现了更顺畅的评审流程。该应用程序为所有参与项目的人员提供了一个直观、高效的平台,使他们能够轻松查看和讨论 3D 设计细节。USD Presenter 结合高级渲染技术和用户友好的界面设计,确保即使是非技术人员也能轻松理解和评估设计细节,从而有效促进团队成员之间的沟通与协作。无论是快速检查整体效果,还是深入研究特定元素,USD Presenter 都能满足需求,提升项目评审与沟通的效率。

1.3.4　Audio2Face 概述

NVIDIA Omniverse Audio2Face 是一款基于先进人工智能技术(AI)的组合工具,它仅凭音频源即可自动生成面部动画和口型同步,为 3D 角色的表演赋予生动自然的情感表达。其直观的角色重定向功能允许用户轻松连接并为自己定制的角色制作动画,极大地提升了角色制作的效率与灵活性。

使用 Audio2Face,将能够:

①分析音频样本,自动为角色的表演添加情感丰富的动画效果;

②为角色的面部所有特征,包括眼睛和舌头,生成精细的动画表现;

③通过角色设置和传输功能,将包括眼睛、牙齿和舌头在内的整个面部表演从 Audio2Face 默认模型重定向至用户自定义的角色;

④利用 LiveLink 技术,将混合形状动画实时传输到其他应用程序中,实现无缝的跨平台协作。

Audio2Face 可用于运行时环境或传统的内容创建流程中,支持多种输出格式,并具备连接自定义混合形状网格以及导出生成的混合权重的能力,为用户提供了极大的灵活性和便利性。

在使用 Audio2Face 进行全脸角色设置时,对网格的最低要求如下:

①Audio2Face 要求将头部网格分解为其独立的网格组件;

②头部网格、左眼、右眼、下排牙齿和舌头必须作为单独的网格存在,且不得包含子网格;

③为确保最佳的使用体验,建议查阅在线文档和 NVOD A2F 教程视频以获取更详细的指导和最佳实践。

Audio2Face 的出现为将音频与 3D 角色的面部动画和口型同步相结合提供了便捷的解决方案,为角色带来了更为生动自然的表演效果。无论是电影制作、游戏开发还是其他类型的交互式内容创作,Audio2Face 都将成为工具箱中不可或缺的强大工具。

如果使用 Audio2Face,需要满足以下条件:

①Windows 64 位版本:1909 或更高版本;

②Omniverse Nucleus;

③Ubuntu Linux 版本:20.04 或更高版本。

注意,如果尝试访问本地 Omniverse 挂载中的示例资源,必须从 Omniverse 启动器中安装 Nucleus 应用程序。

Audio2Face 可选地支持 Riva 文本转语音扩展。若要使用此扩展,需要通过扩展管理器进行启用。注意,Riva 扩展仅适用于 Audio2Face,并不适用于其他 NVIDIA Omniverse 应用程序。

Audio2Face 2023 新功能亮点如下:

①AI 模型。引入了全新的多语言 AI 模型——Claire,为用户带来更为丰富和精准的面部动画生成体验。

②实时链接和头像流。Audio2Face 现在支持输出混合形状动画数据的实时流,可轻松连接到外部应用程序,以驱动角色面部动画的实时性能表现。

1.3.5　Kaolin 概述

Omniverse Kaolin 是一款专为 3D 深度学习研究者精心打造的交互式应用程序。它依托 Omniverse 平台,结合 USD 格式和 RTX 渲染技术,为研究者提供了一整套高效的交互式工具集。这些工具不仅允许研究者在训练过程中实时可视化深度学习模型的 3D 输出,还能够助力研究者细致检查 3D 数据集,迅速识别并理解其中的不一致之处。此外,Kaolin 还具备从 3D 数据集中渲染大型合成数据集的能力,为研究者提供了丰富的数据资源。

Kaolin 的所有功能均被整合为 Omniverse 的扩展模块,并在用户手册中进行了详尽的描述,便于研究者快速上手和高效使用。随着技术的不断进步,Omniverse Kaolin 未来还将持续引入更多扩展功能,以满足研究者日益增长的需求。

总之,Omniverse Kaolin 为 3D 深度学习研究者提供了一个强大的工具平台,有助于提升模型训练的透明度和可解释性,从而加速科学研究的进程。

Omniverse Kaolin 在 3D 深度学习领域具有显著的技术优势,这些优势主要体现在以下几个方面。

①Kaolin 提供了一个灵活的模块化可微渲染器。这一创新使得研究人员能够使用常见的二维监督来执行三维任务。模块化设计让渲染器的操作更为灵活和便捷,同时也大大降低了开发可微渲染工具的难度。研究人员可以通过简单组合不同的模块来创建新的变体,满足其多样化的需求。

②Kaolin 在光照、着色、投影和光栅化等方面提供了丰富的支持。它支持多种照明模式(如环境光、定向光、高光)、着色方法(如 Lambertian、Phong、Cosine),以及投影和光栅化模式。这种全面的支持使得 Kaolin 能够处理各种复杂的 3D 场景,并生成高质量的渲染结果。

③Kaolin 还具备强大的性能优化能力。其可微渲染器是用 CUDA 实现的,这确保了其在处理大规模 3D 数据时的高效性。CUDA 的并行计算能力使得 Kaolin 能够充分利用现代 GPU 的性能优势,实现快速且准确的渲染。

④Kaolin 还提供了丰富的基线集合和预训练模型。这些资源为研究人员在选择 3D 表示、模型结构、损失函数等方面提供了极大的便利。研究人员可以基于这些基线进行快速的实验和比较,从而加速研究进程。

⑤Kaolin 还注重促进 3D 深度学习领域的评价方法和评价指标的标准化。其开发人员发布了针对各种 3D 任务的预训练模型,这些模型可以作为未来研究的基线,有助于统一评价标准,推动领域内的技术进步。

综上所述,Omniverse Kaolin 在模块化设计、光照和着色支持、性能优化、基线集合和预训练模型等方面具有显著的技术优势,这些优势使得它成为 3D 深度学习研究者不可或缺的工具之一。

1.3.6　Machinima 概述

NVIDIA Omniverse Machinima 是一款专为优化动画叙事而设计的 Omniverse 应用程序。通过集成多个创新的 Omniverse 扩展,用户能够轻松实现动画片段与角色、道具、摄像机等元素的融合。此外,结合基于 AI 的姿态估计和 Audio2Face 集成技术,Machinima 能够使角色的动画、面部表情及动作表现更加自然流畅,为用户带来前所未有的叙事体验。

在 Machinima 中,用户可充分利用 Omniverse Connectorsors,这些连接器基于流行的 DCC 应用程序构建,能够无缝地从广泛的应用程序列表中导入新的内容和动画。对于已经在 3D 环境中工作的用户,很可能已经存在与首选应用程序相匹配的连接器,从而确保了工作流程的顺畅与高效。

在技术支持方面,NVIDIA Omniverse Machinima 以 NVIDIA Omniverse Kit 为基础构建,其场景描述和内存模型均基于 Pixar 的 USD 标准。结合 MDL 材料描述及运行在 NVIDIA RTX 显卡上的 RTX 渲染器,Machinima 能够生成视觉效果惊艳且物理特性准确的虚拟世界。此外,Machinima 与 Pixar 的 Hydra 集成,支持使用任何已针对相应版本 USD 构建的 Hydra 渲染器(如 Storm、Embree、PRMan 等)来显示 USD 内容。

Machinima 2022 新功能的部分亮点如下。

(1)性能提升。

利用 DLSS3 和 Ada Lovelace GPU 技术,Machinima 实现了显著的性能提升,为用户带来更流畅、更高效的动画叙事体验。

(2)新的易用性特性。

新增了创建自定义快捷键、查看多个视口等功能,使用户能够以更美观的舞台开始工作,并提升操作便捷性。

(3)增强的协作功能。

Machinima 2022 引入了空间感知功能,能够感知其他用户的位置,并在实时工作流程中优化用户体验,从而加强团队协作与沟通效率。

总之,NVIDIA Omniverse Machinima 通过其强大的功能和技术支持,为用户提供了一个高效、易用的动画叙事平台,助力用户讲述独一无二的故事。

1.4　Omniverse Enterprise　概　述

NVIDIA Omniverse Enterprise 是一款高效、易部署的端到端协作与真实模拟平台,它从根本上革新了复杂设计工作流程,为不同规模的组织带来前所未有的便利。该平台通过整合团队、资产和软件工具,在共享虚拟空间中实现了无缝协作,使得多个工作组能够同步操作同一项目文件。实时互操作性的应用消除了迭代限制,无须承担任何潜在的成本损失。因此,设计团队能够最大化创意风险,以更快的上市时间实现更高质量和更创新的设计成果。

此外,Omniverse Enterprise 平台经过精心优化和认证,确保在 NVIDIA RTX 专业移动工作站以及包括 NVIDIA EGX 平台上的台式机和服务器在内的 NVIDIA-Certified Systems 上稳定运行,为用户提供卓越的性能和稳定性。

为满足不同用户的需求,NVIDIA Omniverse 提供了以下两种版本。

(1)Omniverse Workstation for Individuals。

Omniverse Workstation for Individuals 是专为开发人员和爱好者设计的免费版本。它

允许用户在工作站上利用 Omniverse 启用的客户端应用程序创建 3D 资产和场景,并支持单个用户与另一个用户进行协同工作。然而,这个版本不包含企业功能或企业技术支持。

（2）Omniverse Enterprise。

Omniverse Enterprise 是一款面向团队和组织的商业产品,旨在构建虚拟世界和 3D 内容管道。它提供了适用于各种规模的客户端和工作站的应用程序,以及丰富的协作和模拟功能。简而言之,Omniverse Enterprise 通过提供出色的扩展性、安全性和企业技术支持,为用户带来更加全面和专业的体验。

Omniverse Enterprise 与 Omniverse Individual 的主要差异对比如下。

1. Omniverse Enterprise 版本

①采用基于用户数量的许可证制度,适用于商业环境。

②提供专业的企业技术支持服务。

③附加功能丰富,包括针对大型组织和企业环境的 IT 管理启动器、企业 Nucleus 服务器及企业用户账户的单点登录/Active Directory 集成等。

④支持灵活的自带许可模型,确保资源使用的最大化。

⑤提供安全传输和大型文件传输缩放功能,确保数据传输的高效与安全。

⑥包含扩展的微服务,满足企业复杂工作流程的需求。

2. Omniverse Individual 版本

①每个项目、每个实体支持的用户数量上限为 2 人。

②适用于个人和业余爱好者的商业用途,但不可与 Omniverse Enterprise 混合使用。

③不包含企业功能或企业技术支持,专注于提供基本的创作和协作工具。

3. 各个组件的区别

（1）启动器。

①Omniverse Enterprise。配备工作站启动器及 IT 管理启动器,满足企业级管理需求。

②Omniverse Individual。仅包含工作站启动器,满足个人使用需求。

（2）连接器。

Omniverse Enterprise 与 Omniverse Individual 均支持多种连接器,包括但不限于 Autodesk 3ds Max、Maya、Epic Games Unreal Engine、Autodesk Revit、McNeel Rhinoceros 和 Trimble SketchUp 等,确保跨平台协作的顺畅进行。

（3）Omniverse 应用程序。

Omniverse Enterprise 与 Omniverse Individual 均支持 Omniverse USD Presenter 和 Omniverse USD Composer 等应用程序,保障创作与展示功能的完备性。

（4）Nucleus。

①Omniverse Enterprise。支持 Nucleus 工作站和企业 Nucleus 服务器,满足企业级数据存储与处理需求。

②Omniverse Individual。仅支持 Nucleus 工作站,满足个人数据存储需求。

（5）企业用户账户。

①Omniverse Enterprise。支持单点登录（SSO）和 Active Directory 集成,简化企业级用户管理。

②Omniverse Individual。不支持企业级用户账户管理功能。

（6）其他功能。

①Omniverse Enterprise 提供灵活的自带许可模型、安全传输、大型文件传输缩放及扩展的微服务等高级功能，全面提升企业用户的工作效率和安全性。

②Omniverse Individual 不包含这些企业级别的功能和支持，专注于提供满足个人用户需求的基本功能。

（7）扩展微服务与批处理。

①Omniverse Enterprise 提供丰富的扩展微服务和批处理功能，以应对企业级用户对于大规模数据处理和复杂工作流程的需求，显著提升团队协作效率并降低运营成本。

②Omniverse Individual 虽然也提供基本的微服务和批处理功能，但相较于 Enterprise 版本，可能在功能丰富性和灵活性上有所限制，但足以满足个人用户的基本需求。

（8）可扩展性。

Omniverse Enterprise 与 Omniverse Individual 均展现出强大的可扩展性，旨在满足不同用户的个性化需求，实现高度定制和灵活扩展。

Omniverse Kit SDK 的引入使得无论是 Enterprise 还是 Individual 版本的用户，均能够利用该工具集创建专属的 Omniverse 应用程序和插件。这一功能极大地丰富了平台的功能性，为用户提供了更广阔的创作和协作空间。

此外，Omniverse 还提供了 Connectors SDK Sample，为开发者提供了构建自定义连接器的范例代码及详细指南。这意味着用户可以轻松地将其他 3D 软件和工具无缝集成至 Omniverse 平台，进一步拓展了其应用范围和场景。

（9）集成的 NVIDIA SDK。

值得一提的是，Omniverse Enterprise 与 Omniverse Individual 均集成了众多 NVIDIA SDK，包括但不限于 Cloud-XR、MDL、PhysX 5.0、Flow、Blast 和 Iray 等。这些 SDK 为用户带来了丰富多样的功能和工具，显著提升了虚拟世界的真实感和交互体验，为用户带来了前所未有的沉浸式感受。

（10）支持服务。

在支持服务方面，Omniverse Enterprise 提供了全面的企业级技术支持，包括 8×5（即为企业提供每周工作日 5 d，每天 8 h 的技术支持）的企业支持，确保用户在使用过程中获得及时、专业的帮助。而 Omniverse Individual 则主要依赖公共论坛和社区支持，通过与其他用户的交流和学习，共同解决遇到的问题。

企业用户在使用 Omniverse 平台时，应明确了解并遵循企业支持许可证所规定的范围。在此范围内，用户可以自由使用平台提供的各项功能、应用程序、扩展及连接器。然而，任何超出许可证支持范围的操作可能都无法获得相应的技术保障与服务支持。

（11）支持的格式。

Omniverse 平台原生支持多种 3D 文件格式，包括但不限于 FBX、OBJ、GLTF、USD、USDZ、STEP、IGES、Alembic 及 LXO 等。此外，通过平台内置的广泛连接器导入方法，用户几乎可以将任何 3D 格式导入至 Omniverse 中。这一特性赋予了用户极高的灵活性和便利性，使得用户能够轻松地在平台上处理、展示及交互多种 3D 内容，满足了不同用户对于 3D 数据处理与应用的多元化需求。

1.5 本 章 小 结

本章概述了 NVIDIA Omniverse 平台的主要特点和功能。作为一个开放式图形平台，Omniverse 以其卓越的可扩展性，在虚拟协作与实时、物理精确模拟方面表现出色。该平台的核心架构由五大核心组件(Nucleus、Connectors、Kit、RTX Renderer、Simulation)和两大辅助组件(Launcher、Extensions)构成，这些组件共同构建了一个完整而强大的生态系统。

Omniverse 平台允许创作者、设计师、研究人员及工程师无缝连接各种工具、资产和项目，实现高效协同工作。此外，开发人员和软件提供商也能依托平台，构建并销售各种扩展程序、应用和微服务，从而不断丰富和拓展平台的功能边界。

平台的一个重要特点是其强大的互操作性，旨在跨越不同应用程序与供应商，实现普遍且强大的功能集成。通过提供高效的实时场景更新能力和坚守开放标准与协议，Omniverse 确保用户能够无缝连接并开展工作。

对于终端用户而言，Omniverse 平台提供了稳定且高效的工作环境及多样化的应用程序以满足各种需求。同时，通过不断扩展的连接器列表，用户可以轻松地在不同工具与资源间进行切换与整合，大大提升了工作效率。

对于开发人员，Omniverse Kit 提供了一个功能丰富的堆栈，包括程序集、应用程序、扩展程序、微服务、核心扩展等，帮助他们快速构建和扩展 Omniverse 应用。

总的来说，NVIDIA Omniverse 平台以其卓越的可扩展性、强大的互操作性及丰富的功能和工具，为创作者、设计师、研究人员和工程师提供了一个高效、便捷的虚拟协作与模拟环境。

第2章

Isaac Sim 安装指南

    Isaac Sim 是一款适用于 NVIDIA Omniverse 平台的机器人仿真工具包。Isaac Sim 具有构建虚拟机器人世界和实验所需的基本功能。它为研究人员和实践者提供了创建强鲁棒、物理准确的仿真和合成数据集所需的工具和工作流程。Isaac Sim 通过 ROS/ROS2 支持导航和操作应用程序。它模拟了来自深度相机 RGB-D、激光雷达 LIDAR 和惯性测量单元 IMU 等传感器的数据,用于各种计算机视觉技术,如域随机化、地面真实标记、分割和边界框。Isaac Sim 界面如图 2.1 所示,Isaac Sim 系统架构如图 2.2 所示,Isaac Sim 开发工作流程如图 2.3 所示。

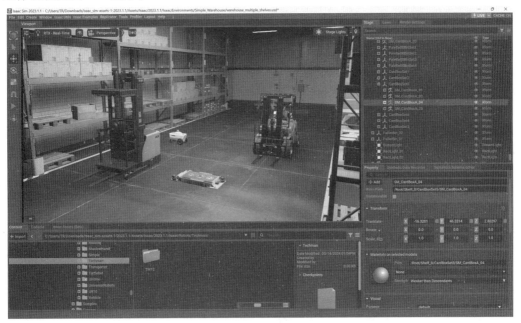

图 2.1　Isaac Sim 界面

    Isaac Sim 使用 NVIDIA Omniverse Kit SDK,这是一款用于构建原生 Omniverse 应用程序和微服务的工具包。Omniverse Kit 通过一组轻量级插件提供了多种功能。插件使用 C 接口保证 API 兼容性,但也提供了 Python 解释器以便于脚本编写和自定义。Python API 可用于编写 Omniverse Kit 的新扩展或为 Omniverse 编写新体验。

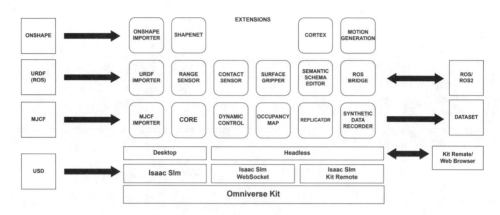

图 2.2　Isaac Sim 系统架构

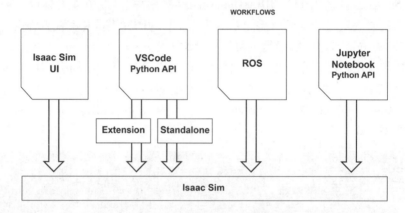

图 2.3　Isaac Sim 开发工作流程

Isaac Sim 使用 NVIDIA Omniverse Nucleus 来访问 USD 文件等环境和机器人的内容。Omniverse Nucleus 服务允许各种客户端应用程序、渲染器和微服务在 Isaac Sim 中共享和修改虚拟世界的表示。Nucleus 在发布/订阅模型下运行。受访问控制的 Omniverse 客户端可以将对数字资产和虚拟世界的修改发布到 Nucleus 数据库。

Nucleus 是一个基于发布/订阅模型运作的系统。这意味着在遵守访问控制的前提下，Omniverse 客户端可以将对数字资产和虚拟世界的修改发布到 Nucleus 数据库(DB)，或订阅这些更改。当应用程序之间建立连接时，这些更改会实时传输。

数字资产可以包括描述虚拟世界及其随时间演变的各种数据，如几何形状、灯光、材料、纹理等。通过 Nucleus 的这种机制，各种 Omniverse 支持的客户端应用程序(包括应用程序、连接器等)可以共享并修改虚拟世界的权威表示。

简单来说，Nucleus 提供了一个共享和同步虚拟世界数据的平台，使得不同的 Omniverse 客户端应用程序可以实时协作，共同构建一个一致且不断演变的虚拟世界。

Isaac Sim 使用 USD 交换文件格式来表示场景。USD 是一种由 Pixar 开发的易于扩展的开源 3D 场景描述和文件格式，用于不同工具之间的内容创建和交换。由于其强大和多功能性，因此 USD 不仅在视觉效果社区中得到了广泛应用，而且在建筑、设计、机器人技术、制造和其他领域也得到了广泛采用。

2.1　配 置 要 求

在进行 Isaac Sim 安装之前,请确保本地工作站满足工作站的系统要求(表 2.1)和 Isaac Sim 驱动程序要求(表 2.2)。这些要求是为了确保软件的顺畅运行和最佳性能。

表 2.1　工作站的系统要求

	最低规格(Minimum Spec)	较好规格(Good)	理想规格(Ideal)
操作系统 (OS)	Ubuntu 20.04/22.04 或 Windows 10/11	Ubuntu 20.04/22.04 或 Windows 10/11	Ubuntu 20.04/22.04 或 Windows 10/11
中央处理器 (CPU)	Intel Core i7(7 代) 或 AMD Ryzen 5	Intel Core i7(9 代) 或 AMD Ryzen 7	Intel Core i9,X-series 或更高, 或 AMD Ryzen 9, Threadripper 或更高
核心数(Cores)	4 核	8 核	16 核
随机存取内存 (RAM)	32 GB	64 GB	64 GB
存储(Storage)	50 GB SSD	500 GB SSD	1 TB NVMeSSD
图形处理器 (GPU)	GeForce RTX 2070	GeForce RTX 3080	RTX A6000
显存(VRAM)	8 GB	10 GB	48 GB

表 2.2　Isaac Sim 驱动程序要求

驱动程序版本支持	Windows	Linux
推荐	528.24、528.33(网格/vGPU)	525.85.05、525.85.12(网格/vGPU)
最低	473.47	510.73.05
不支持	495.0~512.59、525~526.91	515.0~515.17

注意:Isaac Sim 容器仅在 Linux 系统上受支持。对于 Isaac Sim 的高级使用,建议增加 RAM 和 VRAM。Ubuntu 18.04 仅支持到 Isaac Sim 2022.2.0 版本。需要稳定的网络连接,以便访问 Isaac Sim 的在线资源和运行一些扩展功能。

对于 Isaac Sim 的驱动程序,当前推荐的驱动版本是 528.24(Windows)或 525.85 (Linux)。

注意:如果系统中使用了新的 GPU 或遇到了与当前驱动程序相关的问题,建议在 Linux 上使用安装程序从 NVIDIA GPU 驱动程序存档中安装最新的 525.x.x 驱动程序。上述驱动程序版本推荐是基于 Isaac Sim 的最佳性能和稳定性考虑。在实际使用中,选择适当的驱动程序版本可能需要根据具体硬件配置和应用需求进行调整。请务必从官方渠道下载和安装驱动程序,以确保安全性和稳定性。在安装新驱动程序之前,建议备份重要数据并仔细阅读驱动程序安装说明。

2.2　安装所需组件

在开始安装 Isaac Sim 之前,请确保本地工作站满足运行 Isaac Sim 的系统要求(表2.1)和驱动程序要求(表2.2)。

Isaac Sim 所需组件的具体安装步骤如下。

步骤1:下载 Omniverse 启动器。

请从官方网站(https://www.nvidia.com/en-us/omniverse/download/)或其他可靠来源下载最新版本的 Omniverse 启动器,确保下载的安装程序与操作系统兼容。

步骤2:安装 Omniverse 启动器。

运行下载的安装程序,并按照屏幕上的指示完成安装过程。为确保充分利用 Omniverse 启动器的所有功能,建议在安装过程中使用本地管理员权限。尽管启动器可以在没有管理员权限的情况下安装,但某些工具、连接器和应用程序可能需要管理员权限才能完成安装。

在首次运行启动器时,将遇到一系列设置选项。请务必同意 NVIDIA 收集有关 Omniverse 平台使用情况的数据,以便其提供更好的服务和支持。接下来,将需要选择以下路径。

(1)库路径(library path)。

这是从启动器安装应用程序、连接器和工具时的默认安装位置。请选择一个合适的目录来存储这些组件。

(2)数据路径(data path)。

此选项用于指定本地 Nucleus 存储所有数据内容的位置。请选择一个易于访问且空间充足的目录。

(3)缓存路径(cache path)。

如果计划安装并使用 Omniverse Cache(一个可选组件,用于提高协作效率和性能),则需要指定缓存数据库存储其缓存文件的位置。

注意,虽然 Omniverse Cache 是可选的,但对于需要在网络上与其他 Omniverse 用户协作的用户来说,它是非常有用的。如果计划在将来使用此功能,请在安装过程中启用它。安装此组件可能需要管理员权限。

步骤3:通过 Omniverse 启动器安装 Omniverse Cache。

在 Omniverse 启动器中,导航并找到 Omniverse Cache 组件。按照界面上的指示进行安装。Omniverse Cache 作为一个基本的超文本传输协议(HTTP)守护程序,其资源分配应根据预期的负载进行优化。以下是关于资源分配的一些基本考虑因素。

(1)CPU。

Cache 的运行对 CPU 的需求并不高,因为它不会执行任何 CPU 密集型任务。确保系统拥有足够的 CPU 资源来满足基本的网络需求。

(2)RAM。

Omniverse Cache 本身对 RAM 的需求很小。然而,文件系统缓存的使用是一个需要考虑的因素。根据系统性能和需求,合理分配 RAM 资源。

（3）磁盘类型和大小。

磁盘的带宽和性能对 Cache 的运行至关重要。理想情况下,磁盘的速度应与网络速度和可用 RAM 平衡。较慢的磁盘可能导致需要更多的 RAM 来支持更大的文件系统缓存。

可以通过 Omniverse 启动器的"Exchange"选项卡下载适用于工作站的 Omniverse Cache。在搜索栏中输入".cache"以快速找到并下载该组件。

为验证 Cache 是否已成功安装并正在运行,可以通过以下两种方法之一进行检查。

①连接到系统托盘中的系统监视器,检查 Omniverse Cache 是否显示为"运行中"。

②在 Web 浏览器中打开 http://localhost:3080/,这将显示系统监视器界面,可以在其中确认 Cache 的运行状态。

如果对 Cache 的设置进行了更改,可能需要重新启动依赖缓存的任何应用程序,以确保这些更改生效。

步骤 4:通过 Omniverse 启动器安装 Nucleus Workstation。

为安装 Nucleus Workstation,请打开 Omniverse 启动器,选择 Nucleus 选项卡,并点击"Add Local Nucleus Service(添加本地 Nucleus 服务)"(图 2.4)。在随后的界面中,需要指定首选的数据路径,然后点击"下一步"。接下来,输入希望用于管理的账户信息,并点击"完成设置"。随后,Nucleus Workstation 将开始下载并安装。

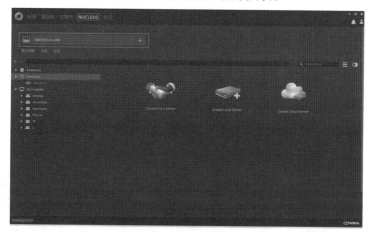

图 2.4　添加本地 Nucleus 服务

为验证安装是否成功,可以使用以下方法之一。

①点击本地 Nucleus 服务旁边的菜单图标,选择"设置"以启动系统监视器。在此界面中,可以检查所有服务是否正在正常运行。

②点击本地 Nucleus 服务旁边的文件夹图标以启动 Nucleus Navigator。使用之前设置的管理员账户进行登录。

③在 Web 浏览器中导航至 http://localhost:3080,这将连接到系统监视器,可以在此验证服务的运行状态。

④在 Web 浏览器中导航至 http://localhost:34080,这将连接到 Nucleus Navigator。

注意,Nucleus Workstation 运行在网络接口上,因此其 IP 地址或主机名必须对所有预期的客户端(如 USD Composer)及 Nucleus 本身可访问。不支持在防火墙后面运行

Nucleus Workstation 或使用 CSP 并将流量转发到入站端口。确保网络配置满足这些要求,以确保 Nucleus Workstation 的正常运行和访问。

步骤 5:安装 Visual Studio Code。

为进行源代码的查看和调试工作,需要安装 Visual Studio Code。可以从 Visual Studio Code 的官方网站下载(地址:https://code.visualstudio.com/download)并安装该软件。

完成上述步骤后,工作站就已经配置好了运行 Isaac Sim 所需的所有组件。对于 Linux 用户的重要提示如下。

①文件位置。请将 omniverse-launcher-linux. AppImage 文件移动至一个专门的文件夹或桌面上,以避免意外删除。

②执行权限。在终端中运行以下命令,为文件添加执行权限:sudo chmod+x omniverse-launcher-linux. AppImage。

③安装 Omniverse 启动器。通过双击 omniverse-launcher-linux. AppImage 文件来安装 Omniverse 启动器。

接下来就可以开始使用 Isaac Sim 进行相关的开发工作了。

2.3 安装与启动 Isaac Sim

首先,打开 Omniverse 启动器,并导航至"EXCHANGE(交易所)"选项卡。在这里,可以找到并安装 Isaac Sim。为简化搜索过程,请在搜索栏中输入"isaac sim",如图 2.5 所示。

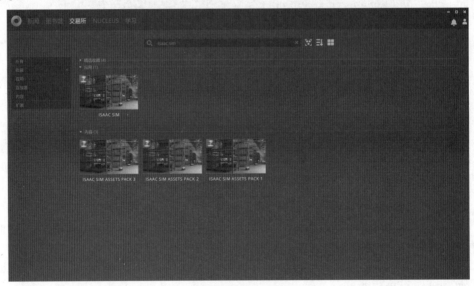

图 2.5　启动 Isaac Sim

安装完成后,请转到"LIBRARY(图书馆)"选项卡,并在侧边栏中选择 Isaac Sim。要启动 Isaac Sim App Selector,请点击"LAUNCH(启动)"按钮。此小窗口应用程序旨在协助以不同模式运行 Isaac Sim。当从 Omniverse 启动器启动 Isaac Sim 时,Isaac Sim App Selector 将自动运行,如图 2.6 所示。

图 2.6　从 Launch 启动 Isaac Sim

接下来,点击"START(开始)"以运行 Isaac Sim 主应用程序。至此,就已经在本地工作站上完成了 Isaac Sim 的基本安装。注意,Isaac Sim 应用程序在首次运行时可能需要一些时间来预热着色器缓存。

此外,请留意"资产(asset)下载器"对话框已不再可用。Isaac Sim 资产现在位于每个 Nucleus 的 /NVIDIA/Assets/Isaac/2023.1.1 路径下。要验证 Isaac Sim 资产的位置,请转到 Isaac Utils → Nucleus Check 菜单。需要注意的是,此检查默认是禁用的。

如果希望使用新的配置来运行 Isaac Sim,可以使用--reset-user 标志。可以在 Isaac Sim App Selector 的"额外参数"部分中输入此标志,或在命令行中运行 Isaac Sim 时输入。请确保来自 /NVIDIA/Assets/Isaac/2023.1.1 文件夹的当前资产仅与 Isaac Sim 2023.1.1 版本兼容。

Isaac Sim 被设计为在 Python 环境中作为原生应用程序运行,而非作为独立可执行文件。这种设计提供了对 Omniverse 应用程序初始化、设置和管理的更底层控制。

Isaac Sim 内置了一个 Python 3.10 环境,类似于系统级别的 Python 安装。这个环境允许使用软件包来扩展其功能。为确保与 Isaac Sim 的兼容性,建议在运行 Python 脚本时采用此内置环境。可以通过在 Isaac Sim 根目录下运行以下命令来启动 Python 脚本:

bash

./python. sh path/to/script. py

Isaac Sim App Selector 提供了一个方便的功能,允许直接在 Isaac Sim 根目录下打开一个终端。如果需要安装额外的软件包,可以使用 pip 工具,并运行以下命令:

bash

./python. sh –m pip install name_of_package_here

注意,在 Windows 操作系统上,应使用 python. bat 而不是 python. sh。此外,Isaac Sim 还支持通过 Jupyter Notebook 执行脚本。可以通过以下命令启动 Jupyter Notebook:

bash

./jupyter_notebook. sh path/to/notebook. ipynb

首次运行 jupyter_notebook. sh 时,它将在 Isaac Sim 的 Python 环境中安装 Jupyter Notebook 软件包,这可能需要几分钟时间。目前,Jupyter Notebook 仅支持 Linux 系统。

Isaac Sim 软件包还提供了一个预配置的工作区(.vscode),该工作区在 Visual Studio Code(VSCode)中打开时,提供了以下功能:

①在独立 Python 模式或交互式 GUI 中运行启动配置;

②Python 自动完成环境配置。

可以通过在 VSCode 中打开主要的 Isaac Sim 软件包文件夹来访问这个工作区。

2.4 安装 ROS 和 ROS2

2.4.1 安装 ROS

为安装 ROS Noetic,请访问 ROS 的官方网站,下载适用于系统的安装包。可以遵循官方提供的详细安装指南来完成整个安装过程。指向 Ubuntu 上 ROS Noetic 安装指南的链接为 http://wiki.ros.org/noetic/Installation/Ubuntu。

安装步骤通常包括以下几步:

①添加 ROS 仓库到软件包管理系统中;

②更新软件包列表以确保包含最新的 ROS 包;

③安装 ROS 的核心包,这些包提供了 ROS 的基础功能;

④设置环境变量,以确保系统能够识别 ROS 的安装路径。

完成安装后,请打开一个新的终端窗口,并运行以下命令来设置 ROS 的环境脚本:

```bash
source /opt/ros/noetic/setup.bash
```

每次打开新的终端或重启计算机后,都需要执行上述命令,以确保 ROS 的环境变量被正确加载。最后,通过运行以下命令来启动 ROS 的核心节点(master):

```bash
roscore
```

roscore 是 ROS 的核心进程,它管理着节点间的通信。启动它后,ROS 环境就已经准备好,可以开始运行和管理 ROS 节点了。

2.4.2 安装 ROS2

Isaac Sim 目前支持 ROS2 的 Foxy 和 Humble 版本。以下将指导完成 ROS2 Humble(推荐版本)的安装。

首先,访问 ROS2 的官方网站,下载适用于系统的 ROS2 Humble 安装包。官方安装指南提供了详细的步骤,可以通过链接 https://docs.ros.org/en/humble/Installation/Ubuntu-Install-Debians.html 访问。

安装过程通常包括以下步骤:

①添加 ROS2 仓库到软件包管理系统;

②更新软件包列表以包含最新的 ROS2 包;

③安装 ROS2 的核心包,这些包提供了 ROS2 的基础功能;

④设置环境变量,以确保系统能够识别 ROS2 的安装路径。

完成安装后,打开一个新的终端窗口,并运行以下命令来设置 ROS2 的环境脚本:

bash

source /opt/ros/humble/setup. bash

每次打开新的终端或重启计算机后,都需要执行此命令,以确保 ROS2 的环境变量被正确加载。ROS2 使用数据分发服务（data distribution service,DDS）作为通信后端,通常不需要手动启动核心节点。然而,根据所使用的 DDS 实现（如 FastDDS 或 CycloneDDS）,可能需要启动 DDS 服务。要启动 DDS 服务（如 FastDDS）,可以运行以下命令:

bash

ros2 daemon start

这将启动 ROS2 的后台服务,它是处理节点间通信的关键组件。完成此步骤后,ROS2 环境就已配置完毕,可以开始使用 ROS2 功能和开发应用程序了。

2.4.3　ROS 与 ROS2 桥接

为在 Isaac Sim 中整合 ROS 或 ROS2 功能,首先需要确保 Isaac Sim 已正确安装,并且已经遵循先前的指导安装了相应的 ROS 或 ROS2 版本。随后,可以在 Isaac Sim 内部启用专用的桥接扩展。

在 Isaac Sim 中,通过选择菜单栏的"Window→Extensions"来访问扩展管理器。在列出的扩展中,找到并启用 ROS Bridge 或 ROS2 Bridge（图 2.7）。注意,这两个桥接扩展在任何时候只能启用一个。因此,如果计划在两个桥接之间切换,务必在激活另一个之前先禁用当前的桥接。

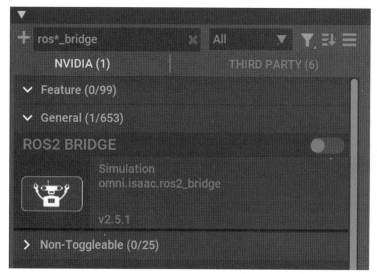

图 2.7　ROS/ROS2 桥接

一旦桥接扩展被启用,可以在 Isaac Sim 的设置中细化 ROS 或 ROS2 桥接的具体参数,如指定 ROS 或 ROS2 的主机名、端口号等。完成这些配置后,Isaac Sim 将能够与 ROS 或 ROS2 生态系统进行无缝集成,从而增强模拟和自动化功能。

在 Isaac Sim 项目中,还可以通过编辑 isaac-sim. sh 文件来启用或配置 ROS 和 ROS2 桥接扩展。首先,定位到<YOUR_PACKAGE_PATH>/apps/omni. isaac. sim. base. kit 路径

下的 isaac-sim. sh 文件,其中<YOUR_PACKAGE_PATH>是 Isaac Sim 项目的包路径。

打开 isaac-sim. sh 文件后,请搜索与 ROS 桥接相关的行。可能会找到以下选项之一:

```plaintext
isaac. startup. ros_bridge_extension="omni. isaac. ros2_bridge"
isaac. startup. ros_bridge_extension=""
isaac. startup. ros_bridge_extension="omni. isaac. ros_bridge"
```

如果要禁用两个桥接,请将相关行设置为空字符串:

```plaintext
isaac. startup. ros_bridge_extension=""
```

如果要自动加载 ROS 桥接,将相关行设置如下:

```plaintext
isaac. startup. ros_bridge_extension="omni. isaac. ros_bridge"
```

如果要自动加载 ROS2 桥接(默认设置),将相关行设置如下:

```plaintext
isaac. startup. ros_bridge_extension="omni. isaac. ros2_bridge"
```

完成编辑后,请保存并关闭文件。请注意,对 isaac-sim. sh 文件所做的更改需要重新启动 Isaac Sim 才能生效。此外,在启动 Isaac Sim 之前,请确保 ROS 或 ROS2 环境已正确配置,这通常涉及运行以下命令之一:

```bash
source /opt/ros/noetic/setup. bash    # 对于 ROS Noetic
source /opt/ros/humble/setup. bash    # 对于 ROS2 Humble
```

确保在执行这些步骤后,Isaac Sim 将根据在 isaac-sim. sh 文件中所做的配置自动加载所需的 ROS 或 ROS2 桥接扩展。

当使用 ROS2 桥接与 Isaac Sim 进行交互时,必须确保 FastDDS 中间件在传递 ROS2 消息的所有终端上正确设置。如果使用的是 Isaac Sim 提供的 ROS2 工作区,那么在<ros2_ws>文件夹的根目录下应该存在一个 fastdds. xml 文件。在这种情况下,需要在所有使用 ROS2 功能的终端中,以及在从 NVIDIA Omniverse 启动器启动 Isaac Sim 时,在"Extra Args"部分设置以下环境变量:

```bash
export FASTRTPS_DEFAULT_PROFILES_FILE=<path_to_ros2_ws>/fastdds. xml
```

如果没有使用 Isaac Sim 的 ROS2 工作区,那么需要在 ~/. ros/目录下创建一个名为 fastdds. xml 的文件,并将以下代码段粘贴到该文件中:

```xml
<? xml version="1.0" encoding="UTF-8" ? >

<license>Copyright（c）2022,NVIDIA CORPORATION. All rights reserved.
NVIDIA CORPORATION and its licensors retain all intellectual property
and proprietary rights in and to this software,related documentation
and any modifications thereto. Any use,reproduction,disclosure or
distribution of this software and related documentation without an express
```

license agreement from NVIDIA CORPORATION is strictly prohibited. </license>

```
<profiles xmlns="http://www.eprosima.com/XMLSchemas/fastRTPS_Profiles" >
<transport_descriptors>
<transport_descriptor>
<transport_id>UdpTransport</transport_id>
<type>UDPv4</type>
</transport_descriptor>
</transport_descriptors>

<participant profile_name="udp_transport_profile" is_default_profile="true">
<rtps>
<userTransports>
<transport_id>UdpTransport</transport_id>
</userTransports>
<useBuiltinTransports>false</useBuiltinTransports>
</rtps>
</participant>
</profiles>
```

　　然后,需要在所有使用 ROS2 功能的终端中,以及在从 Nucleus 启动器启动 Isaac Sim 时,在"Extra Args"部分设置以下环境变量:

bash

```
export FASTRTPS_DEFAULT_PROFILES_FILE=~/.ros/fastdds.xml
```

　　请确保按照上述步骤正确设置环境,以便能够顺利使用 ROS2 桥接与 Isaac Sim 进行交互。如果在设置过程中遇到任何困难或问题,请检查环境变量是否已正确设置,以及 ROS2 的安装和工作区配置是否正确。

2.4.4　设置 ROS 和 ROS2 工作区

　　设置 Isaac Sim 的 ROS 工作区,请遵循以下步骤。

　　(1)克隆 Isaac Sim ROS 工作区存储库。

　　从 https://github.com/NVIDIA-Omniverse/IsaacSim-ros_workspaces 中克隆 Isaac Sim 的 ROS 工作区存储库。此存储库提供了包含必要软件包的完整 ROS 和 ROS2 工作区,以简化操作。

　　(2)设置 ROS 工作区。

　　①构建和源化。若要使用提供的工作区,请按照以下步骤构建并源化软件包。

　　a. 确保原生 ROS 环境已源化。若尚未源化,请执行以下命令:

bash

```
source /opt/ros/noetic/setup.bash
```

　　b. 通过检查环境变量 ROS_PACKAGE_PATH 来确认源化是否成功:

bash

```
echo $ROS_PACKAGE_PATH
```

输出中应包含/opt/ros/noetic/share(以及其他可能的路径)。

②安装 MoveIt 软件包。Isaac Sim ROS 工作区中包含一个使用 MoveIt 来控制 Franka Emika 的"Panda"机械臂的软件包。为构建此软件包,请首先安装 MoveIt 的预构建二进制文件(Debian):

```bash
sudo apt install ros-noetic-moveit
```

注意:将 noetic 替换为正在使用的 ROS 发行版的名称。

③安装 panda_moveit_config 软件包。将 panda_moveit_config 软件包安装到 ROS 工作区中。

④解决依赖关系。从 ROS 工作区的根目录运行以下命令来解决任何软件包依赖关系:

```bash
cd noetic_ws
rosdep install -i --from-path src --rosdistro noetic -y
```

⑤构建 Isaac 文件夹并源化覆盖。在 ROS 已源化的终端中,构建 Isaac 文件夹,然后源化覆盖:

```bash
catkin_make
source devel/setup.bash
```

这将把 Isaac Sim ROS 工作区添加到 ROS_PACKAGE_PATH 中。再次使用 echo $ ROS_PACKAGE_PATH 来验证 Isaac Sim ROS 工作区的路径是否已被添加到原始路径的前面。

如果想让 Isaac Sim 访问现有的软件包,请确保在同一终端中设置环境变量 ROS_PACKAGE_PATH 以包含所需的 ROS 工作区,然后启动 Isaac Sim。

(3)ROS2 工作区。

若从源代码构建 ROS2,请在构建其他工作区之前替换相关命令:

```bash
source /opt/<ros_distro>/setup.bash   #<ros_distro>是 ROS 发行版名称
source <path_ros2_ws>/install/setup.bash   #<path_ros2_ws>替换为实际路径
```

①Ubuntu 系统。为构建 ROS2 工作区,需要安装以下额外的软件包:

```bash
sudo apt install python3-rosdep python3-rosinstall python3-rosinstall-generator python3-wstool build-essential
sudo apt install python3-colcon-common-extensions
```

确保已经源化了原生 ROS2 环境(如果尚未源化):

```bash
source /opt/ros/humble/setup.bash
```

从 ROS2 工作区的根目录运行以下命令,以解决任何包依赖关系:

```bash
cd humble_ws
rosdep install -i --from-path src --rosdistro humble -y
```

构建工作区：

```
bash
colcon build
```

在根目录下,将创建新的 build、install 和 log 目录。开始使用此工作区中构建的 ROS2 软件包,请打开一个新终端,并使用以下命令源化工作区：

```
bash
source /opt/ros/humble/setup. bash
cd humble_ws
source install/local_setup. bash
```

上述步骤确保 ROS2 环境正确配置,并且新构建的包可用于 ROS2 工作。请注意,这些命令需要根据实际 ROS2 安装路径和版本进行调整。如果使用其他版本的 ROS2(如 Foxy),则需要将命令中的 humble 相应地更改为 foxy 或所使用的版本名称。

②Windows 系统。

打开"x64 Native Tools Command Prompt for VS 2019"快捷方式并以管理员身份运行。然后,源化 ROS2 安装和本地工作区：

```
cmd
c:\opt\ros\humble\x64\setup. bat
c:\ros2_workspace\install\local_setup. bat
c:\<path_to_cloned_repo_humble_ws>\install\local_setup. bat
```

注意,上述路径(<path_to_cloned_repo_humble_ws>等)应替换为实际路径。如果遇到任何问题,请检查环境变量和路径设置。

2.4.5　扩展包

1. ROS 扩展包

Isaac Sim 平台开发了一系列 ROS 扩展包,这些扩展包为各种机器人模拟和控制任务提供了全面的支持。以下是对每个扩展包的功能性概述。

(1)carter_2dnav。

carter_2dnav 扩展包包含了 NVIDIA Carter 机器人在二维环境中导航所需的启动文件和 ROS 导航参数。它支持路径规划和避障功能,确保机器人在复杂的二维场景中能够高效、安全地移动。

(2)carter_description。

carter_description 扩展包提供了 NVIDIA Carter 机器人的详细描述,主要通过 URDF (统一机器人描述格式)文件展现。这些文件定义了机器人的几何形状、关节配置、传感器布局等信息,保证了机器人在仿真环境中的准确表示。

(3)cortex_control。

为建立 Cortex(NVIDIA 的 AI 平台)与控制器之间的通信,开发了 cortex_control 扩展包。它包含了用于发送控制指令、接收传感器数据等功能的节点和工具,确保实时仿真和机器人控制的顺畅进行。

（4）cortex_control_franka。

cortex_control_franka 扩展包专为 Franka 机器人（一款常用于研究和教育的七关节机器人臂）设计。它包含了通过 Cortex 控制 Franka 机器人的启动文件和 Python 节点，提供了与机器人硬件通信的接口，实现了精准的控制和数据交互。

（5）isaac_moveit。

isaac_moveit 扩展包包含了运行 ROS MoveIt！所需的启动和配置文件。MoveIt！是一个广受欢迎的机器人运动规划和轨迹生成框架。通过此扩展包，Isaac Sim 中的机器人能够利用 MoveIt！的功能实现复杂的运动规划任务。

（6）isaac_ros_messages。

为传递 2D/3D 边界框和姿态服务消息，定义了一套自定义的 ROS 消息类型，并通过 isaac_ros_messages 扩展包提供。这些消息类型在机器人仿真和控制中扮演着关键角色，确保不同节点之间位置、姿态、形状等信息的准确传递。

（7）isaac_ros_navigation_goal。

isaac_ros_navigation_goal 扩展包为 ROS 导航提供了自动设置随机或用户定义目标姿态的功能。ROS 导航是一个全面的移动机器人导航套件，包括路径规划和全局定位。通过 isaac_ros_navigation_goal，用户可以轻松地设置和管理导航目标。

（8）isaac_tutorials。

为帮助用户熟悉 Isaac Sim 和相关 ROS 包的使用，开发了 isaac_tutorials 扩展包。它包含了用于教程系列的启动文件、RViz 配置文件和脚本。RViz 是一个强大的 ROS 可视化工具，允许用户直观地查看和交互模拟实际机器人系统。

（9）isaac_vins。

针对 Unitree A1 四足机器人，提供了 isaac_vins 扩展包，包含了运行 VINS Fusion 所需的启动文件、参数和配置文件。VINS Fusion 是一种视觉惯性导航系统，它通过融合视觉和惯性传感器数据来精确估计机器人的姿态和位置，为机器人的导航和控制提供了关键信息。

综上所述，这些 ROS 扩展包共同为 Isaac Sim 平台上的机器人仿真和控制提供了全面而强大的工具和功能集，从机器人描述、导航到运动规划和视觉惯性导航均得到了涵盖和支持。

2. ROS2 扩展包

Isaac Sim 平台还精心打造了一系列 ROS2 扩展包，为机器人在 ROS2 环境中的导航、仿真和控制提供了全面的工具和功能。以下是这些扩展包的简要概述。

（1）carter_navigation。

carter_navigation 扩展包为 NVIDIA Carter 机器人提供了在 ROS2 环境中进行导航所需的启动文件和参数。这些配置确保了 Carter 机器人在 ROS2 框架内能够流畅、精确地执行导航任务。

（2）isaac_ros2_messages。

为满足 Isaac Sim 在 ROS2 环境中的通信需求，定义了一套自定义的 ROS2 消息类型。这些消息专门设计用于处理二维/三维边界框和姿态服务信息，确保机器人状态、位置和姿态等数据在 ROS2 节点之间的高效、准确传输。

（3）isaac_ros_navigation_goal。

为在 ROS2 导航中轻松设置目标姿态，开发了 isaac_ros_navigation_goal 扩展包。无论用户选择随机生成还是手动输入，此包都提供了一种便捷的方式来指定机器人的导航目标。

（4）isaac_tutorials。

为帮助用户快速熟悉 Isaac Sim 和 ROS2 在机器人仿真和控制方面的应用，isaac_tutorials 教程包含了启动文件、RViz2 配置文件和脚本，覆盖了从基础设置到高级功能的各个方面。RViz2 作为 ROS2 的可视化工具，为用户提供了直观、易用的界面，帮助他们更好地理解和操作机器人系统。

结合这些扩展包，用户可以轻松地将 ROS2 与 Isaac Sim 相结合，实现机器人系统的高效开发和测试。在操作过程中，请确保在打开新终端或引入新 ROS2 包时重新加载（source）ROS2 工作空间，并从同一终端运行 Isaac Sim。这确保了环境变量的更新和依赖项的正确加载，从而避免了潜在的运行错误。通过遵循这些最佳实践，将充分利用 Isaac Sim 和 ROS2 的强大功能，加速机器人技术的创新和应用。

2.5　本章小结

Isaac Sim 使用 NVIDIA Omniverse Kit SDK 进行构建。该 SDK 提供了一组轻量级插件以支持多种功能。插件采用 C 接口确保 API 的兼容性，同时也提供了 Python 解释器，方便脚本编写和自定义。此外，Isaac Sim 还利用 NVIDIA Omniverse Nucleus 来访问 USD 文件等环境和机器人的内容。Nucleus 是一个基于发布/订阅模型的系统，允许不同的 Omniverse 客户端应用程序实时共享和修改虚拟世界的表示。

Isaac Sim 使用 USD 交换文件格式来表示场景，这是一种易于扩展的开源 3D 场景描述和文件格式，得到了广泛应用。在进行 Isaac Sim 安装之前，用户需要确保本地工作站满足特定的系统要求和驱动程序要求，以保证软件的顺畅运行和最佳性能。

总的来说，Isaac Sim 是一款功能强大的机器人仿真工具，能够满足用户在创建、模拟和测试虚拟机器人世界方面的需求。它利用 NVIDIA Omniverse 平台的技术优势，结合 USD 文件格式和 Nucleus 数据同步机制，为用户提供了一个高效、便捷的仿真环境。同时，Isaac Sim 对于硬件和软件的要求也做了明确的说明，方便用户进行配置和准备。

第 **3** 章

Isaac Sim 界面与基本操作

本章将引领读者深入探索 Isaac Sim 的核心功能,通过图形用户界面(GUI)进行虚拟世界的构建与模拟,掌握其基础操作,并理解如何在这个虚拟环境中创造、配置和操控对象、机器人、传感器等关键组件。

OmniGraph 作为 Isaac Sim 的可视化编辑和交互式脚本工具,将极大地丰富虚拟世界的交互性和功能性。通过它,用户可以更加直观地编辑和修改虚拟世界,为机器人和其他对象赋予更加复杂和智能的行为。

本章将聚焦于物理模拟环境中机器人结构的设置与控制。通过学习如何使用关节将刚体连接起来,构建机器人的基本框架,以及如何通过添加关节驱动器使关节具有动态响应能力,读者将能够掌握在物理模拟环境中设置和控制机器人结构的关键技术。此外,关节链的引入将帮助读者更好地理解如何简化关节的管理和控制,使机器人模型更好地模拟真实世界中的动力学特性。

通过本章的学习,读者将能够熟练掌握 Isaac Sim 的基础操作,为后续的虚拟世界构建、机器人模型创建和高级功能应用打下坚实的基础。

3.1　界面概览与实操引导

本节将深入探索 Isaac Sim 的界面元素及其功能,并通过实例操作来熟悉这些工具。本节将从添加一个立方体开始,逐步练习移动、旋转、缩放对象,并学习如何在本地坐标与全局坐标之间灵活切换。

3.1.1　添加立方体至场景

首先,在 Isaac Sim 界面的顶部菜单栏中依次选择"创建(Create)"→"形状(Shapes)"→"立方体(Cube)"。这将在视口中央放置一个立方体对象。一旦立方体被添加,它将被自动选中(显示为橙色高亮),并且默认情况下,"移动(Move)"工具将被激活。

接下来将通过以下步骤来变换这个立方体。

(1)移动立方体。将鼠标悬停在移动工具(Gizmo)上,并点击并拖动以改变立方体的位置。

（2）旋转立方体。按下"E"键,这将切换到旋转工具。随后,点击并拖动工具以围绕其轴旋转立方体。

（3）缩放立方体。按下"R"键,切换到缩放工具。然后,点击并拖动工具以改变立方体的尺寸。

（4）返回移动工具。再次按下"W"键,将返回到移动工具。

（5）本地坐标移动。再次按下"W"键,此时将切换到本地坐标模式。在此模式下,点击并拖动工具将按照立方体的本地轴来移动它,而不是全局坐标轴。

（6）取消选择。按下"ESCAPE"键以取消选择立方体,使其不再高亮显示。

通过以上步骤,已经熟悉了 Isaac Sim 界面的基本操作,包括添加对象、移动、旋转、缩放及在本地与全局坐标之间的切换。这些技能是进一步进行机器人仿真和控制的基础。

3.1.2　利用属性面板进行对象变换与视口导航

在 Isaac Sim 中,当通过视口操作对象时,工作区右下角的属性面板会实时显示并更新所选对象的变换属性。下面将通过属性面板对立方体进行变换操作。

（1）选择立方体。首先,确保立方体已被选中,以便其属性填充到属性（Property）面板中。

（2）沿 X 轴移动。在属性面板的"变换（Transform）"部分下,找到"平移（Translate）"字段。点击 X 值旁边的区域并拖动,以沿 X 轴移动立方体。

（3）设置 Y 值。为更精确地控制立方体的位置,可以双击 Y 值框,然后输入"1",这样立方体就会移动到 $Y=1$ 的位置。

（4）重置平移值。若要将立方体的平移值恢复到默认设置（0,0,0）,请点击 Z 值右侧的蓝色重置按钮。

（5）重置旋转和缩放。同样,也可以将旋转（Orient）和缩放（Scale）值重置为其默认状态。

（6）自定义变换。最后,通过双击相应的 X、Y、Z 值并输入特定值,可以精确设置立方体的平移和旋转。例如,将平移设置为 {0,−2,−0.5},旋转设置为 {0,22.5,0}。

通过以上步骤,已经学会了如何通过属性面板来精确控制 Isaac Sim 中对象的变换。这种方法特别适用于需要精细调整或需要快速重复特定变换的场景。

3.1.3　局部坐标与世界坐标的灵活切换

在 Isaac Sim 中,根据需求灵活切换局部坐标和世界坐标是至关重要的。以下是几种实现这一操作的方法。

（1）使用快捷键切换。多次按下"W"键,即可在"全局移动"与"局部移动"之间循环切换。类似地,多次按下"E"键,可以轻松地在"全局旋转"与"局部旋转"之间切换。

（2）通过工具栏图标选择。在工具栏中,可以找到"移动/旋转"图标。按住此图标不放,将弹出一个选项菜单,允许选择当前激活的坐标系。

（3）视觉提示。当局部坐标系处于活动状态时,为提供直观的反馈,工具栏中的相应图标会变成橙色。这一设计能够快速识别当前正在使用的是哪种坐标系。

通过上述方法,可以轻松地在局部坐标与世界坐标之间切换,确保在 Isaac Sim 中的操作更加精确和高效。

3.1.4 视口导航操作

为更好地理解 Isaac Sim 中的导航功能,将通过添加一个球体来实践平移、旋转、缩放等操作,并探索如何在本地坐标和全局坐标间自由切换。首先,在界面顶部菜单栏中选择"创建(Create)"→"形状(Shapes)"→"球体(Sphere)",从而在视口中创建一个球体,并默认选中它。

接下来,请按照以下步骤进行操作。

(1)平移球体。将球体移动到指定的坐标位置{0,2,0}。可以通过直接在属性面板中输入这些值,或使用移动工具来实现。

(2)聚焦并缩放相机。按下"F"键,这将使视口相机自动居中并缩放到所选的球体上,便于观察。

(3)围绕球体旋转。按住"左键"和"ALT"键,将能够围绕球体进行旋转,从而从各个角度观察它。

(4)放大操作。使用鼠标的"滚动轮"或同时按住"右键"和"ALT"键,可以放大视口,使球体显示得更加清晰。

(5)平移视口。要平移整个视口,只需按下"中键"并拖动鼠标。

(6)取消选择。完成上述操作后,按下"ESCAPE"键取消对球体的选择,这样就可以自由地在场景中导航了。

(7)缩放所有内容。当没有任何对象被选中时,再次按下"F"键,这将缩放视口以显示场景中的所有内容,提供一个全局视角。

通过上述步骤,已经掌握了在 Isaac Sim 视口中导航的基本技能,这将更高效地浏览和编辑场景。

3.1.5 利用舞台与属性面板进行高效管理

在 Isaac Sim 的用户界面中,舞台(Stage)和属性(Property)面板是组织和管理场景内容的两大核心工具。舞台位于工作区的右上角,它以基于树的控件形式提供了一个直观的视图,能够轻松地浏览和管理场景中的所有对象。

为深入了解这两个面板的使用方法,请遵循以下步骤。

1. 创建与组织对象

在 Isaac Sim 的顶部菜单栏中,选择"创建(Create)"→"Xform"。此时,舞台面板中将出现一个新的"Xform"空原始项作为"World"的子项。

接下来,将"Cube"和"Sphere"对象从舞台拖放到"Xform"下。这样,就在"Xform"下创建了一个包含"Cube"和"Sphere"的子层级。

2. 探索父子关系

尽管视口中对象的位置看似没有变化,但已经在"Xform""Sphere"和"Cube"之间建立了一个父子关系。当选择"Xform"并移动它时,由于子对象继承了父对象的变换,因此"Sphere"和"Cube"也会随之移动。这是 Isaac Sim 中构建复杂对象(如机器人)时的关键概念。

3. 理解本地变换与世界变换

当只选择"Cube"并移动"Xform"时,会注意到"Cube"在属性面板中的变换属性保持不变。这是因为这些变换属性表示的是对象相对于其父对象的本地变换。

4. 管理父子关系与删除操作

若要取消"Cube"的父对象关联,可以将其从舞台中拖放到"World"下。随后,可以选择删除"Xform",这将导致与其关联的"Sphere"也被删除,因为它们都是"Xform"的子对象。

通过本节的学习,应该已经掌握了如何在 Isaac Sim 中利用舞台和属性面板来高效组织和管理场景对象,以及如何创建和管理父子关系。这些技能对于构建复杂的场景和模型至关重要。

在之前的讨论中,已经对属性面板中的变换属性有了初步了解。然而,这个面板所蕴含的功能远不止于此,它为用户提供了一个直接与几何、材质、视觉和 USD 属性进行交互的丰富界面。接下来将通过以下步骤进一步探索这些功能。

(1)浏览属性面板。

首先,从舞台中选择一个对象,并仔细观察其属性面板。通过点击每个子面板的标题,可以轻松地折叠或展开不同的属性组。这种灵活的布局设计有助于根据需要快速定位和管理信息。

(2)比较对象属性。

接下来选择舞台上的"Cube"对象。在浏览其属性面板时,会注意到与"defaultLight"对象相比,它显示了不同的信息集。这是因为每个对象类型都有其独特的属性集,这些属性反映了它们在场景中的功能和角色。

(3)探索光照属性。

再次从舞台中选择"defaultLight"对象。其属性面板与"Cube"对象截然不同。这是因为"defaultLight"是一个光照对象,它具有与光源相关的特定属性,如颜色、亮度和照射范围等。

这些属性面板之间的差异源于 Isaac Sim 中的数据类型多样性。正如舞台最右边的列中所示,World 是一个 Xform(变换),defaultLight 是一个 DistantLight(远光灯),而 Cube 则是一个 Cube(立方体)。每种数据类型都有其特定的属性和行为,这些都在属性面板中得到了充分体现。

通过深入了解这些属性和数据类型,将更加精确地控制场景中的对象,实现更高级的视觉效果和模拟功能。

3.1.6　探索原始 USD 属性

在属性面板中,一个不可或缺的部分是"Raw USD Properties(原始 USD 属性)"子面板。这个子面板全面展示了所选对象的所有活动 USD 属性。对于在 Isaac Sim 中构建更复杂应用程序的开发者来说,这个子面板是一个不可或缺的参考工具。

3.1.7　打造个性化工作区

Isaac Sim 的工作区设计充满灵活性,允许用户根据自己的需求进行定制。调整面板大小、停靠位置甚至添加和删除界面元素都只需简单的拖放操作。接下来将指导如何添加另一个视口到工作区。

（1）添加新视口。

在 Isaac Sim 的顶部菜单栏中选择"窗口（Window）"→"视口（Viewport）"，然后从下拉菜单的底部点击"视口 2（Viewport 2）"。此时，应该会在工作区看到一个名为"视口 2（Viewport 2）"的新视口，它当前处于浮动状态。

（2）调整视口布局。

点击并拖动"视口 2"的顶部标题栏。此时，将看到停靠控件被激活。接着，将"视口 2"拖放到原始视口的右侧，使两个视口并排显示。

（3）调整视口大小。

同样，点击并拖动"视口 2"的左侧边缘，向左移动，直到两个视口大小相等。

（4）更改相机视图。

在"视口 2"中点击左上角的"透视相机"按钮。这将把相机视图更改为"顶视图"。

通过上述步骤，已经成功定制了 Isaac Sim 的工作区，并添加了一个并排显示的第二个视口。根据具体需求和工作流程，可以继续调整和定制工作区，以提高工作效率和便利性。

在 Isaac Sim 中，可以通过简单的操作动态地控制视口的显示与隐藏。以下是具体步骤。

（1）通过菜单栏管理视口。

在 Isaac Sim 的顶部菜单栏中，选择"窗口（Window）"→"视口（Viewport）"。此时，会注意到"视口 2（Viewport 2）"旁边有一个勾选标记。通过点击这个勾选标记，可以轻松地隐藏或重新显示"视口 2"。此外，还可以点击视口选项卡旁边的"×"来彻底关闭它。

（2）探索其他面板选项。

仔细观察"窗口（Window）"下拉菜单中的其他项，会发现带有勾选标记的项已经在工作区中可见。通过点击这些项的勾选标记，可以查看工作区的变化。例如，可以尝试点击"控制台（Console）""舞台（Stage）""属性（Property）"和"分析器（Profiler）"等选项，以观察它们对工作区布局的影响。

通过这些操作，可以轻松自定义和管理工作区中的面板，从而满足工作需求。根据实际工作流程，灵活地隐藏或显示面板，使工作区更加整洁和高效。

3.1.8　运行模拟

在 Isaac Sim 中，为激活关节、脚本或碰撞网格等模拟功能，必须启动模拟进程。以下是启动、暂停和停止模拟的操作步骤。

（1）启动模拟。

在工具栏中，找到并点击"播放（Play）"按钮，这将触发模拟的开始。

（2）暂停模拟。

一旦模拟开始，会发现"播放（Play）"按钮已转变为"暂停（Pause）"按钮。点击此按钮，模拟将暂停，但仍会从当前状态恢复，允许进行后续操作或观察。

（3）停止并重置模拟。

在模拟运行或暂停状态下，会在"播放/暂停（Play/Pause）"按钮下方看到"停止（Stop）"按钮。点击此按钮将完全终止模拟，并将其重置为初始配置。这样，可以重新开始模拟过程。

通过这些操作，可以轻松地在 Isaac Sim 中控制模拟的启动、暂停和重置，从而更有效地探索、测试和优化模拟场景。

3.1.9　时间线

时间线（timeline）是一个功能强大的扩展工具，为开发人员提供了查看和编辑可滚动、高度可自定义的时间线设置的能力。默认情况下，时间线功能处于禁用状态。要启用它，请按照以下步骤操作。

（1）启用时间线。

转到菜单栏的"窗口（Window）"→"扩展程序（Extensions）"。在搜索框中输入"omni. anim. window. timeline"，点击相应的切换按钮以启用时间线扩展。

（2）使用时间线。

一旦启用，会在屏幕底部看到时间线小部件的出现。当点击工具栏中的"播放（Play）"按钮时，时间线标记将开始沿时间线移动，并在达到时间线末尾时循环回开始。还可以在时间线上直观地查看模拟的开始、停止和当前进度，这一功能位于默认布局的屏幕底部。

时间线扩展为 Isaac Sim 提供了强大的时间控制功能，使开发人员能够更精确地管理模拟过程，从而优化工作流程和提高开发效率。

3.2　工 作 流 程

在使用 Isaac Sim 进行项目开发时，存在三种核心工作流程：GUI、扩展程序及独立的 Python 程序。每种流程都有其独特的功能和优势，为开发者提供了灵活的选择，以便根据特定需求和应用场景来优化工作流程。Isaac Sim 的这三种工作流程为开发者提供了强大的工具集，以满足不同项目的需求。开发者可以根据具体的应用场景和目标，选择最适合的工作流程来优化他们的开发工作。

3.2.1　GUI 工作流程

Isaac Sim 的 GUI 功能强大，与专门用于世界构建的 Omniverse USD Composer 应用程序具有相似的直观性和易用性。其核心组件——Create 工具，为开发者提供了一套全面的解决方案，用于组装、照明、模拟和渲染各种规模的场景。因此，GUI 是构建虚拟世界、组装机器人及检查物理特性的理想场所。

通过 GUI，开发者能够轻松地将各种元素和组件整合到他们的模拟环境中，同时利用直观的界面进行精确控制和调整。这使得无论是用于机器人开发、自动驾驶测试还是其他领域的模拟研究，GUI 都成为创建复杂、逼真的虚拟世界的有力工具。

此外,GUI 还支持与其他工具的无缝集成,如 ROS 桥接,这进一步扩展了其在机器人开发和自动化领域的应用范围。通过 ROS 桥接,开发者可以方便地将 Isaac Sim 中的模拟数据与真实世界的机器人系统进行交互,从而进行更加全面和高效的测试验证。

综上所述,Isaac Sim 的 GUI 工作流程为开发者提供了一个高效、直观的平台,用于构建、模拟和渲染虚拟世界。通过其强大的功能和灵活的扩展性,GUI 工作流程能够满足不同领域和应用场景的需求,为开发者带来更加便捷和高效的开发体验。

3.2.2 扩展程序工作流程

扩展程序是基于 Omniverse Kit 的应用程序的核心组件,它们作为独立构建的应用程序模块存在。在 Isaac Sim 中使用的所有高级工具均是以扩展程序的形式构建的。这些扩展程序只需通过扩展程序管理器进行简单安装,便可在不同的 Omniverse 应用程序之间无缝集成和使用。

这一工作流程的关键特性在于其异步运行的能力,这意味着扩展程序应用程序可以在与 USD 舞台交互的同时,不会阻塞渲染和物理模拟步骤。此外,它还支持热重载功能,允许开发者在 Isaac Sim 运行时修改应用程序代码,并在保存文件后即时查看更改效果,无须关闭或重新启动应用程序。扩展程序中的大多数操作都是通过回调机制完成的,这些回调会在特定事件(如物理或渲染步骤、舞台事件、时间刻度)发生时执行。

要开始使用扩展程序工作流程,最简单的方法是使用 Isaac Sim 提供的扩展程序模板生成器。这个工具可以在本地计算机上快速创建一个基于简单用户界面的扩展程序。可用的扩展程序模板为许多 Isaac Sim 应用程序提供了一个良好的起点,并且它们的结构旨在帮助用户理解如何构建符合自己需求的自定义 UI 工具。

以下是使用扩展程序模板生成器创建并启用新扩展程序的步骤。

(1)在计算机上创建一个文件夹,用于存放 Isaac Sim 将搜索的用户扩展程序。

(2)在工具栏中,导航至"Isaac Utils"→"Generate Extension Templates",并选择希望作为起点的模板类型,填写必要的字段。

(3)在工具栏中,选择"Window"→"Extensions"以打开扩展程序管理器。

(4)在扩展程序管理器中,点击三条短线图标,然后在子菜单中选择"Settings(设置)",添加为用户扩展程序创建的文件夹的路径。

(5)在扩展程序管理器的"Third Party Extensions(第三方扩展程序)"部分找到扩展程序并启用它。现在,它应该会出现在工具栏中以供使用。

另一种启用扩展程序的方法是在从终端运行 Isaac Sim 时添加命令行参数。例如:

bash

isaac_sim. sh –ext–folder {path_to_user_ext_folder} –enable {ext_directory_name}

通过这种方式,可以轻松地创建、管理和使用扩展程序,以满足在 Isaac Sim 中的特定需求和工作流程。

3.2.3 独立应用程序工作流程

在独立应用程序工作流程中,Isaac Sim 通过自定义的 Python 脚本来启动,这些脚本能够手动管理渲染和物理模拟步骤的执行。这种控制确保了步骤仅在完成一组特定命令后才进行,从而提供了对模拟过程的精细控制。

为启动一个独立应用程序,需要打开终端,导航到 Isaac Sim 的软件包路径,并运行相应的 Python 脚本。例如,运行 follow_target_with_rmpflow. py 脚本的命令如下:

```bash
./python. sh standalone_examples/api/omni. isaac. franka/follow_target_with_rmpflow. py
```

此脚本演示了如何集成 C++代码并手动控制渲染和物理步骤。在这个例子中,Franka 机器人将跟随视口中的目标对象,从而展示了 Isaac Sim 在机器人跟随任务中的应用。独立应用程序工作流程特别适用于需要更精细控制或特殊集成需求的场景。通过结合 C++和 Python 编程,开发者可以充分利用 Isaac Sim 的功能,并根据自己的需求定制模拟过程。这种灵活性使得 Isaac Sim 成为复杂模拟任务和系统集成的理想选择。

3.2.4　利用 Jupyter 开发独立应用程序

在此工作流程中,Isaac Sim 可以以无头模式启动,这意味着它不会显示或更新 GUI。同时,它还支持通过 Jupyter Notebook(仅限于 Linux 环境)进行集成,这意味着开发者可以在 Jupyter Notebook 中编写和测试代码,而这些更改将实时同步到 USD 中,并在另一个通过终端或启动器启动的 Isaac Sim 进程中得到反映。

为运行此工作流程,开发者需要在 Linux 环境中正确设置 Jupyter Notebook 和 Isaac Sim。此外,对 USD 的理解也是至关重要的,因为 USD 在 Isaac Sim 中扮演着场景描述和同步的核心角色。

通过结合 Jupyter Notebook 和 Isaac Sim,开发者可以更加高效地编写、测试和调试代码,而无须频繁地重新启动 Isaac Sim。这种无缝集成的工作流程大大加速了开发过程,使得开发者能够更快速地迭代和优化他们的独立应用程序。

3.3　图形用户界面

Isaac Sim 建立在 NVIDIA Omniverse 的基础之上,并充分利用了 Omniverse Kit 提供的丰富工具集。这套工具集中包含一个精心设计的默认用户界面(UI),旨在为用户提供无缝、直观的编辑体验,尤其是针对 USD Stage(舞台)。本章将指导完成设置环境的基本步骤,包括在 USD 舞台上添加和编辑简单对象及其属性、使用关节和刚体设置、添加相机和传感器等。

通过遵循这些步骤,可以掌握在 Isaac Sim 中导航的基本技能,熟悉常用的术语和概念,并通过图形界面构建和定制自己的虚拟世界。此外,还将详细介绍如何使用 Isaac Sim 的用户界面 OmniGraph 和内置的 Python 交互式脚本工具,这些工具将更加高效地构建、测试和优化虚拟环境中的机器人和模拟场景。

无论是初学者还是经验丰富的开发者,通过本节的学习,都将能够充分利用 Isaac Sim 的强大功能,构建出复杂而逼真的虚拟世界,以满足各种模拟和测试需求。

3.3.1 环境设置

本节将深入探讨如何使用 Isaac Sim 的 GUI 来构建一个启用物理的虚拟世界,指导如何设置全局阶段属性、调整全局物理属性、添加地面平面及配置照明。

首先,请打开 Isaac Sim,并转到"文件"菜单,选择"新建"来创建一个新的 USD 舞台。新提供的舞台默认包含一个 World Xform 和一个 defaultLight,这些都可以在右侧的"Stage"标签下找到。

接下来要设置舞台属性。在添加任何内容到舞台之前,检查当前舞台属性的设置是否符合预期是非常重要的。为此,请转到"编辑"菜单,然后选择"偏好设置"以打开"偏好设置"面板。在此面板中,可以浏览由 Omniverse Kit 按类别分组的多种设置类型,这些类别位于面板右侧的列表中。从右侧列表中选择"Stage",将能够检查和调整以下属性。

(1)上方向轴。在 Isaac Sim 中,默认值是 Z 轴作为上方向。如果资产是在使用不同上轴的程序中创建的,那么在导入时资产可能会被旋转,确保这个设置与资产创建环境相匹配。

(2)舞台单位。请注意,在 Isaac Sim 的不同版本中,舞台单位可能有所不同。早期的版本可能默认以 cm 为单位,而现在的版本可能默认以 m 为单位。同时,Omniverse Kit 的默认单位仍然是 cm。如果发现 USD 单位似乎偏离了 100 倍,请记住这一点,并进行适当的调整。

(3)默认旋转顺序。可以设置默认的旋转顺序,通常是首先执行 X 轴旋转,然后是 Y 轴,最后是 Z 轴。确保这个设置符合期望,以便在添加和编辑对象时得到正确的旋转行为。

通过仔细检查和调整这些属性,可以确保虚拟世界环境设置是正确的,从而避免在构建和模拟过程中遇到不必要的麻烦。在继续添加和编辑对象之前,花费一些时间来设置舞台属性是一种良好的实践。

接下来将构建一个物理场景,为整个虚拟世界提供基础的物理模拟属性。这些属性包括重力方向和大小,以及物理时间步长,它们共同决定了世界中物体的运动和行为。在菜单栏中,选择"创建(Create)"→"物理(Physics)"→"物理场景(Physics Scene)",这将向舞台树中添加一个名为 PhysicsScene 的新节点。单击此节点以展开其属性。会注意到重力默认设置为沿 $-Z$ 轴方向,大小为 9.8 m/s^2,这是地球表面的标准重力加速度。对于大多数模拟任务,使用 CPU 求解器通常比 GPU 更高效,尤其是在不涉及大量刚体和机器人模拟的情况下。因此,推荐在"物理场景(Physics Scene)"的"属性(Property)"选项卡中禁用 GPU 动力学,并选择 MBP Broadphase 作为碰撞检测算法。

配置完物理场景后,将向虚拟环境中添加一个地面平面。这个平面不仅为场景提供了一个视觉上的参考,更重要的是,它防止任何启用物理模拟的物体穿透场景底部。在顶部菜单栏中,选择"创建(Create)"→"物理(Physics)"→"地面平面(Ground Plane)"来添加地面。虽然地面平面在视觉上只显示为一个有限大小的平面(默认为 25 m×25 m),但其碰撞属性会无限延伸,确保物体不会意外地掉落到场景之外。为更清楚地看到地面平面的位置和范围,可以打开其网格显示。这样,在构建和模拟过程中,可以更直观地定位物体,并确保它们的行为符合预期。

通过添加物理场景和地面平面,并合理配置相关属性,为虚拟世界提供了一个逼真的物理环境。这对于模拟机器人运动、碰撞检测及其他物理交互至关重要。确保这些设置正确无误将有助于提高模拟的准确性和效率。

每个新建的 USD 舞台都默认包含一个光源,这是为了确保场景中的物体能够可见。现在将作为练习创建一个额外的聚光灯,以增强场景的光照效果。首先,如果尚未添加地面平面,请执行以下步骤。

(1)转到"创建(Create)"→"物理(Physics)"→"地面平面(Ground Plane)",为场景提供一个反射面,使得光源的效果更加明显。

(2)接下来将创建一个聚光灯。选择"创建(Create)"→"光照(Light)"→"球体光(Sphere Light)",以在场景中添加一个点光源。

(3)将新创建的光源向上移动,使其位于一个合适的位置。调整其变换属性,使其面向下方。具体操作为:向上移动 7 个单位,并消除 X 轴和 Y 轴上的旋转。

(4)选中光源,在"属性(Property)"选项卡中选择"主要(Main)"→"颜色(Color)",单击颜色条以选择您喜欢的颜色,这将改变光源的主要颜色。

(5)接下来调整光源的强度和其他属性。将"主要(Main)"→"强度(Intensity)"设置为 1e6,以增强光源的亮度。将"主要(Main)"→"半径(Radius)"设置为 0.05,以限制光源的影响范围。在"塑形(Shaping)"→"锥体(cone)"部分,设置角度为 45°,以定义光源的照射范围,并将"锥体(cone)"→"柔度(softness)"设置为 0.05,以柔化光源的边缘,避免产生过于生硬的光影效果。

(6)为平衡场景中的光照,并突出新创建的聚光灯的效果,将调整默认光源的强度。选中默认光源,并在其"属性"选项卡中,将"主要(Main)"→"强度(Intensity)"设置为 300,以降低其亮度。

光照在场景设计中扮演着至关重要的角色,它不仅影响着物体的可见性,还能营造出不同的氛围和视觉效果。通过添加额外的聚光灯并精细调整其属性,可以为场景增添更多的层次感和细节。同时,平衡默认光源的强度也是确保场景光照效果自然、逼真的关键。

本节完成了虚拟世界环境设置的一系列步骤,包括添加地面平面、光照和物理场景。这些元素共同构成了一个功能齐全、适合进行物理模拟和测试的虚拟环境。地面平面为物理对象提供了一个基础表面,光照增强了场景的视觉效果,而物理场景则提供了必要的物理属性和设置。现在已经具备了一个可用于模拟和测试各种物理交互和机器人行为的基础场景。

3.3.2　添加并编辑场景对象

本节将学习如何使用 Isaac Sim 的 GUI 添加基本形状到场景中,以及如何检查和调整它们的物理和材质属性。这包括添加和操作简单的几何体、启用物理属性、检查碰撞属性、编辑物理特性(如摩擦力)及调整材质属性(如颜色和反射性)。

首先从向场景中添加一个立方体开始,这个立方体将作为移动机器人的主体。

（1）打开菜单栏，选择"创建（Create）"→"形状（Shapes）"→"立方体（Cube）"，这将在场景中添加一个新的立方体对象。

（2）接下来需要调整立方体的大小。在舞台树中选择刚创建的"立方体（Cube）"对象，然后转到其"属性（Property）"选项卡。在这里，找到"几何（Geometry）"→"大小（Size）"选项，并将其值更改为1.0。

（3）使用提供的 gizmo 小工具可以轻松移动和旋转对象。保持立方体的属性选项卡打开，会发现通过小工具进行的任何移动或旋转都会实时反映在对象的变换属性中。

（4）除使用 gizmo 小工具进行交互式调整外，还可以直接在属性窗口中输入数值来更改对象的变换。例如，将立方体的"变换（Transform）"→"平移（Translate）"设置为（0，0，1），并将"变换（Transform）"→"缩放（Scale）"设置为（1，2，0.5）。

（5）以相同的方式向场景中添加一个圆柱体。在添加后，编辑其"几何（Geometry）"属性，将"半径（Radius）"更改为0.5，并将"高度（Height）"更改为1.0。然后，设置平移参数将其放置在 $x=1.5$ 和 $z=1.0$ 的位置，并绕 y 轴旋转90°。

（6）为创建场景的对称性，将复制刚创建的圆柱体。右键单击舞台树中的圆柱体对象，选择"复制（Duplicate）"，然后将复制的对象移动到 $x=-1.5$ 的位置，保持其他参数不变。

通过完成这些步骤，已经在场景中添加了两个基本的几何体，并学习了如何编辑它们的变换、大小和位置。接下来将进一步探索如何为这些对象启用物理属性，以及如何检查和调整它们的碰撞和物理特性。

在 Isaac Sim 中，新添加的对象默认仅为视觉对象，没有物理或碰撞属性。为确保对象能够响应物理模拟，如重力和碰撞，需要为它们启用物理属性。现在将为之前添加的立方体和圆柱体启用物理属性，使它们成为具有碰撞功能的刚体。

（1）选择需要添加物理属性的对象。在舞台树中，按住 Ctrl+Shift 键（如果对象连续列出，则只需按住 Shift 键），单击立方体和两个圆柱体进行选择。

（2）在选定对象的"属性（Property）"选项卡中单击"+Add"添加按钮。从下拉菜单中选择"物理（Physics）"→"带有碰撞器的刚体预设（Rigid Body with Colliders Preset）"。这将同时为所选对象添加刚体 API 和碰撞 API，使它们能够参与物理模拟和碰撞检测。

（3）当按下"播放（Play）"按钮开始模拟时，这三个对象应该受到重力的影响并落到地面上。这是因为它们已经是具有物理属性的刚体，可以响应重力和与其他对象的碰撞。

"带有碰撞器的刚体预设（Rigid Body with Colliders Preset）"是一种便捷的方式，它同时添加了刚体和碰撞器属性。然而，也可以单独添加这两个 API。例如，可以创建一个具有质量并受重力影响但没有碰撞属性的对象，或创建一个可以与其发生碰撞但悬挂在空中且不受重力影响的对象。要检查选定对象具有哪些 API，请转到其"属性（Property）"选项卡，并向下滚动以找到标有"刚体（Rigid Body）"和"碰撞器（Collider）"的部分，这些部分将显示对象的物理属性和碰撞设置。如果需要单独添加或删除 API，可以在相同的"+Add"添加按钮下找到它们。要删除 API，只需单击相应的"×"按钮即可。这样，就可以根据需要自定义对象的物理行为，确保它们在模拟中按照预期表现。

在 Isaac Sim 中，为确保对象的物理交互准确无误，有时需要可视化地检查其碰撞网格。同时，调整物理材料属性如摩擦和恢复系数对于模拟的真实性也至关重要。

　　首先检查碰撞网格。在视口顶部的眼睛图标处找到并单击"按类型显示（Show By Type）"→"物理（Physics）"→"碰撞器（Colliders）"→"全部（All）"。这将使得应用了碰撞 API 的对象周围显示紫色轮廓，从而直观地确认碰撞网格的正确性。在此示例中，应该能看到长方体、圆柱体及地面平面周围都是带有颜色的轮廓（图 3.1）。

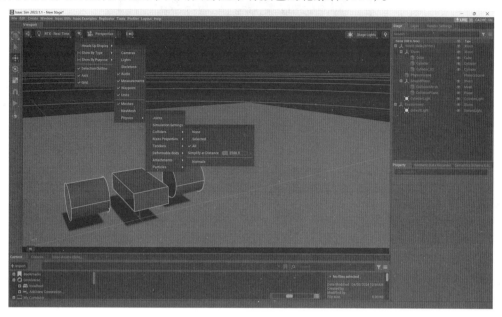

图 3.1　检查碰撞网格示例

　　接下来添加并调整接触和摩擦参数。为修改这些属性，需要创建物理材料并将其分配给相应的对象。在菜单栏中选择"创建（Create）"→"物理（Physics）"→"物理材料（Physics Material）"，并从弹出框中选择"刚体材料（Rigid Body Material）"。这将在场景中创建一个新的物理材料。在新创建的物理材料的属性选项卡中可以调整各种参数，如摩擦系数和恢复系数。这些参数将影响对象在模拟中的物理行为，如滑动和弹跳等。要将物理材料应用于对象，请在舞台树中选择该对象。然后，在属性选项卡中找到"选定模型的材质（Materials on Selected Model）"菜单项，并从下拉菜单中选择刚刚创建的物理材料（图 3.2）。这样，所选对象就会使用新的物理材料属性进行模拟。

　　通过上述步骤，不仅可以可视化地检查对象的碰撞网格，还可以为它们分配不同的物理材料，从而精确控制模拟中的物理行为，这对于创建逼真且精确的模拟至关重要。

　　在 Isaac Sim 中，材质属性对于模拟的视觉逼真度至关重要。默认情况下，场景中的对象可能没有分配具体的颜色或材质，但它们可能会受到场景中光源的影响，如聚光灯。为明确这一点，可以尝试关闭聚光灯来观察对象在无光照条件下的表现。若要更改对象的颜色或外观，需创建并分配自定义材质。以下步骤将指导为汽车的车身和车轮创建并分配不同的材质。

　　（1）在菜单栏中，连续两次选择"创建（Create）"→"材质（Materials）"→"OmniPBR"以创建两种新的材质。

　　（2）在舞台树中，右键单击新创建的材质，并将它们分别重命名为"body"和"wheel"，以便更好地识别和应用。

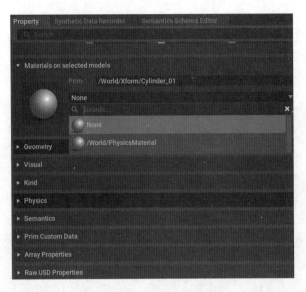

图 3.2 创建物理材料

（3）要将材质分配给场景中的对象，请首先在舞台树中选择该对象，然后在对象的属性选项卡中找到"选定模型的材质（Materials on selected models）"项，从下拉框中选择与对象相对应的材质（如"body"用于车身，"wheel"用于车轮）。

（4）通过编辑新分配材质的属性来自定义对象的外观。在舞台树中选择一个材质，然后在属性选项卡中调整其"材质（Material）"和"着色器/反照率（Shader/Albedo）"设置。可以更改基本颜色、反射粗糙度及其他感兴趣的属性。这些更改将实时反映在场景中的对象上，以便直观地看到颜色和其他视觉特性的变化。

通过遵循上述步骤，可以在 Isaac Sim 中创建和分配自定义材质，从而精确控制场景中对象的外观和视觉表现，这对于创建逼真且引人入胜的模拟至关重要。

3.3.3　使用 USD 格式

在 Isaac Sim 中，USD 是一种强大的场景文件格式，它允许用户以结构化和可互操作的方式保存、加载和引用场景内容。本节将学习如何保存 USD 舞台、加载和引用现有的 USD 舞台，以及如何组织舞台树层次结构。

1. 保存 USD 舞台

（1）保存当前 USD 舞台。

在菜单栏中选择"文件（Files）"→"保存（Save）"以覆盖当前文件，或选择"文件（Files）"→"另存为…（Save As…）"以保存为新文件。

（2）合并组件为网格。

在保存 USD 文件时，可以选择合并所有组件为一个网格，以简化场景结构。

（3）保存为.usda 文件。

除标准的.usd 格式外，还可以选择保存为.usda 文件。这是一种可读文本文件格式，用于表示给定 USD 舞台的完整结构。

（4）收集资源。

如果 USD 舞台引用了其他文件夹或服务器上的 USD 舞台、材质和纹理,可以使用"收集资源（Collect Assets）"功能来确保所有外部引用都被收集到一个文件夹中。为此,先本地保存当前的 USD 文件,然后在"内容（Content）"选项卡中找到它,右键单击并选择"收集资源（Collect Assets）"。

2. 加载 USD 舞台

（1）打开 USD 舞台。

要加载 USD 舞台,请转到菜单栏并单击"文件（Files）"→"打开（Open）"。这将打开 USD 舞台,允许直接编辑其内容。

（2）添加引用。

还可以选择"文件（Files）"→"添加引用（Add Reference）"来将 USD 文件作为引用添加到当前舞台。被引用的 USD 文件将不可编辑,但可以在主舞台中进行实例化和位置调整。同样,也可以通过在"内容（Content）"选项卡中找到文件并将其拖放到视口中来完成此操作。

3. 组织舞台树层次结构

为更好地组织和管理场景内容,可能需要调整舞台树中的层次结构。以下是一个示例流程,演示如何将文件作为引用添加并重新组织层次结构。

（1）创建新的 Xform Prim。

在"舞台（Stage）"选项卡内右键单击,选择"创建（Create）"→"Xform"。将新添加的 Xform 重命名为"mock_robot",并将其放置在"World" Prim 下。

（2）移动和重命名对象。

通过拖放操作,将立方体、两个圆柱体、物理材质和外观文件夹移动到"mock_robot"下。同时,将立方体和圆柱体重命名为"body" 和"wheel_left""wheel_right",以便于识别和管理。

（3）保存 USD 文件。

完成层次结构调整后,记得将 USD 舞台保存为文件,以便后续加载和使用。

在加载多个 USD 引用时,请注意每个 USD 文件都有自己的默认 Prim（通常是"World"或文件名）,这可能导致 PhysicsScene、defaultLight 和 GroundPlane 等内容的重复。为避免这种情况,可以在原始 USD 文件中删除这些重复的元素,或在加载引用时仔细管理它们的实例化。

在使用 USD 格式时,为确保在引用 USD 舞台时只导入所需的部分,而不包括不需要的环境元素,需要对舞台的层次结构进行适当的设置,并将非引用项移出默认 Prim。这确保了当引用 USD 舞台时,只有指定的内容被导入。以下是具体的操作步骤。

（1）选择机器人父 Prim。

在 USD 舞台的层次结构中找到希望设置为引用的根节点。在提供的示例中,这应该是名为/mock_robot 的 Prim。

（2）解除父子关系。

选中/mock_robot Prim 后,打开"编辑（Edit）"菜单,并选择"取消父级（unparent）"。这一操作将/mock_robot 提升为与"World" Prim 同级的节点,而不是作为其子节点。

（3）设置默认 Prim。

现在，/mock_robot 已经与"World"平级，可以将其设置为新的默认 Prim。为此，在舞台上右键单击/mock_robot Prim，并选择"设置为默认 Prim（Set as a Default Prim）"。

（4）保存更改。

在完成上述步骤后，确保保存 USD 舞台的更改。

完成这些步骤后，当打开一个新的 USD 舞台并将先前的 USD 文件作为引用加载时，只有/mock_robot 及其子节点（即机器人及其组件）会被导入。这样，就可以避免导入不必要的环境元素，并保持场景的整洁和组织。这种层次结构管理的方法对于创建可重用和模块化的 USD 场景非常有用，尤其是在复杂的项目中，需要频繁地引用和组合不同的场景元素。

3.3.4　组装一个简单机器人

Isaac Sim 的 GUI 功能与 NVIDIA Omniverse USD Composer 应用程序中的功能是一致的，后者专门用于构建复杂的虚拟世界。本节将重点关注与机器人操作最为相关的 GUI 功能，并通过装配一个简单的"机器人"来介绍关节和关节运动的基本概念。采用在 3.3.2 节中添加到舞台上的对象，并将它们转换成一个具有矩形主体和两个圆柱形车轮的模拟移动机器人。虽然对于从"URDF 导入器"中导入的机器人来说，这一步骤不是必需的，但对于调整机器人和用关节装配对象来说，这是一个重要的概念。

1. 添加关节

如果已经完成了之前的教程并保存了名为 mock_robot.usd 的文件，请使用"文件（File）"→"打开（Open）"来加载它；否则，请加载提供的资产 Isaac/Samples/Rigging/MockRobot/mock_robot_no_joints.usd。注意，这次不要将其作为引用加载，因为需要对文件进行永久修改。

为在两个物体之间添加关节，首先单击父物体（在本例中为矩形主体 body），然后在按住 Ctrl+Shift 的同时单击子物体（左轮 wheel_left）。当两个物体都被高亮显示时，右键单击并选择"创建（Create）"→"物理（Physics）"→"关节（Joints）"→"旋转关节（Revolute Joint）"。在舞台树中，左轮 wheel_left 下将出现一个新的关节，将其重命名为 wheel_joint_left。

在"属性（Property）"选项卡中，确保 body0 为 /mock_robot/body（立方体），而 body1 为 /mock_robot/wheel_left（圆柱体）。将关节的轴更改为 Y 轴。可能会注意到关节的两个局部框架没有对齐。要纠正这一点，请转到"局部旋转 0（Local Rotation 0）"并将 X 轴旋转设置为 0°。接下来，转到"局部旋转 1（Local Rotation 1）"并将 X 轴旋转设置为-90°。这里仅显示了方向不对齐的情况，根据机器人的实际情况，可能还需要调整平移对齐。

对右轮关节重复上述步骤。

在添加关节之前，播放动画时，三个刚体会分别落到地上。现在有了连接的关节，这些物体会像连接在一起一样落下。通过按住 Shift 键并在视口中的机器人任何部分上单击并拖动，可以看到它们像通过旋转关节连接在一起一样一起移动。这证明了关节已成功添加到机器人中，并使其成为一个整体。

2. 添加关节驱动

仅仅添加关节并不足以实现机器人的运动控制。为操纵和驱动这些关节，需要为它们配置关节驱动 API。首先,选择两个关节,然后在"属性"选项卡中点击"+Add"添加按钮,并从下拉菜单中选择"物理(Physics)"→"角驱动(Angular Drive)",从而为两个关节同时添加驱动。

对于不同类型的关节控制,需要设置不同的参数。

(1)位置控制。

对于需要精确位置控制的关节,应该设置较高的刚度值,同时保持阻尼值相对较低或为零。

(2)速度控制。

对于速度控制更为关键的关节(如轮子),应该设置较高的阻尼值和零刚度。

对于机器人轮子上的关节,速度控制更为适用。因此,将两个轮子的阻尼(Damping)设置为 1e4,并将目标速度(Target Velocity)设置为 200。如果关节具有特定的运动范围限制,还可以在"属性(Property)"选项卡的"原始 USD 属性(Raw USD Properties)"→"下限(上限)(Lower (Upper) Limit)"中设置相应的限制值。完成这些设置后,按下播放(Play)键,将看到模拟的移动机器人开始行驶。

3. 添加关节链

尽管直接驱动关节能够使机器人移动,但这种方式在计算效率上可能不是最优的。将多个物体组织成关节链可以提高模拟的精度,减少关节误差,并更好地处理关节之间较大的质量差异。为将一系列连接的刚体和关节转化为关节链,需要指定一个关节链根来锚定整个关节链树。定义关节链树的步骤如下。

(1)对于具有固定基座的关节链,有两种关节链根组件添加方案:将关节链基座连接到世界的固定关节;USD 层次结构中该固定关节的上级祖先。选择第二种方案允许从添加到场景中的单个根组件创建多个关节链,其中每个后代固定关节都会定义一个关节链基链接。

(2)对于浮动基座的关节链,应将关节链根组件添加到:根刚体链接;USD 层次结构中根链接的上级祖先。

现在,将关节链根添加到机器人主体。选择 body,在"属性(Property)"选项卡中点击"+Add"添加按钮,并选择"物理(Physics)"→"关节链根(Articulation Root)"。完成这些步骤后,机器人应该与 Isaac/Samples/Rigging/MockRobot/mock_robot_rigged. usd 中提供的示例资源具有相似的结构和配置。

3.3.5　添加相机和传感器

在 Isaac Sim 中,传感器扮演着至关重要的角色,它们能够感知环境并为机器人提供必要的信息以做出决策。本节将通过实例展示如何将相机传感器附加到模拟机器人上,并介绍如何管理和配置这些传感器。

1. 添加相机

打开菜单栏,并选择"创建(Create)"→"相机(Camera)"。新相机将出现在舞台树中,并且舞台上将出现一个灰色的线框,代表相机的视野。这个线框可以像其他舞台对象一样进行移动和旋转。

2. 使用相机检查器扩展

当相机被添加到场景中后,可以利用相机检查器扩展来进一步管理和配置它。这个扩展允许为每个相机创建多个视口、检查相机的覆盖范围,以及获取/设置在特定帧中的相机姿态。

要打开相机检查器扩展,请转到菜单栏,并选择"Isaac 工具(Isaac Utils)"→"工作流程(Workflows)"→"相机检查器(Camera Inspector)"。一旦扩展启动,将能够在下拉列表中看到已选择的相机。当添加新相机时,请确保点击"刷新(Refresh)"按钮,以确保扩展能够识别这个新相机。在扩展的顶部附近,将找到一个相机状态文本框(图3.3)。这个文本框提供了一个便捷的方式,可以直接将相机的位置和方向信息复制到代码中。只需点击文本框右侧的复制图标即可将信息复制到剪贴板。

图 3.3　相机状态文本框

选中相机后,可以为其创建一个新视口。为此,请点击相机下拉菜单右侧的"创建视口(CREATE VIEWPORT)"按钮(图3.4)。默认情况下,这将创建一个新的视口并将当前选定的相机分配给它。可以使用扩展中的下拉菜单和按钮来将不同的相机分配给不同的视口。

图 3.4　创建新视口

在启动视口后,可以通过位于左上角的菜单来更改分辨率(图3.5)。注意,Omniverse Kit 仅支持方形像素,这意味着分辨率的长宽比必须与光圈比相同。

相机和视口下拉菜单的下方是相机状态面板(图3.6),此面板显示相机在局部坐标系和世界坐标系中的位置和方向。默认情况下,它显示世界坐标系中的坐标。但是,通过使用相机轴下拉菜单,可以将其更改为 USD 轴或 ROS 轴。当在舞台上使用小工具移动相机时,相机状态面板将自动更新。同样,如果在属性面板中更新了相机的位置或方向,它也会相应地更新。

3. 将相机附加到机器人上

为确保相机能够跟随机器人移动并捕捉其视角,需要将相机附加到机器人的机身上。首先,将新添加的相机重命名为"car_camera",这样做有助于更轻松地跟踪和管理相机。

为更好地定位相机,需要在两个不同的视口中查看场景。点击菜单栏中的"窗口(Window)"→"视口(Viewport)"→"视口2(Viewport 2)",以打开第二个视口窗口。将其

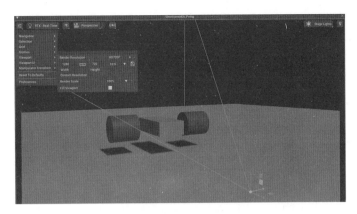

图 3.5　基于菜单更改分辨率

图 3.6　相机状态面板

中一个视口设置为透视相机视图,另一个则切换到“car_camera”视图。这样,可以同时看到车载相机的实时画面和整个场景的概览。

　　将相机附加到机器人机身上的操作相对简单。只需将相机 Prim 拖动到机器人的 body Prim 下方,相机就会随机器人一起移动。在调整相机的位置和方向时,确保它能够捕捉到机器人前方和地面的视图。推荐将相机的变换平移设置为 $x=-0.6,y=0,z=2.2$,方向设置为 $x=0,y=-80,z=-90$,比例保持为 $x=1,y=1,z=1$。

　　完成这些设置后,按下播放按钮,将看到相机随着机器人的移动而移动,提供了机器人的实时视角。当为机器人添加其他传感器时,可以采用类似的策略将它们附加到机身上。

　　值得注意的是,如果在调整相机视图时不小心更改了相机的属性,可以通过将相机附加到一个新的 Prim(该 Prim 具有正确的偏移量)来重置这些属性。这样,即使意外移动了相机的位置,也可以通过将相机的位置和方向参数相对于这个新的 Prim 重置为 0 来快速恢复。这种方法确保了相机的稳定性和准确性,同时减少了误操作的可能性。

3.3.6　交互式脚本

　　Omniverse Kit 的 GUI 提供了丰富的操作界面,而这些操作背后都对应着 Python API。这意味着,通过 Python 命令,可以实现 GUI 中所有功能(尽管并非所有 Python API 都有直接的 GUI 对应项)。本节将介绍两种在运行时执行 Python 交互式脚本的方式:GUI 环境内的"脚本编辑器"和 Isaac Python REPL 扩展。这两种工具对于调试和实验非常有用。下面将通过 Python 代码片段来重现 GUI 教程中的某些步骤。

1. 脚本编辑器

脚本编辑器是 Omniverse Kit 内部集成的 Python 编程环境。它允许用户运行 Python 代码片段与舞台进行交互。要打开脚本编辑器,请从菜单栏选择"窗口(Window)"→"脚本编辑器(Script Editor)",这将弹出一个可停靠的窗口。可以通过点击脚本编辑器下的"选项卡(Tab Menu)"菜单来打开多个选项卡。值得注意的是,所有选项卡共享相同的环境,因此在其中一个环境中导入的库或定义的变量可以在其他环境中访问和使用。

2. REPL 扩展

REPL(代表"读取-求值-打印循环")是一种编程 shell,它能够读取和评估一小段代码,并允许用户以交互式方式查询环境内部变量的状态。IPython 或 Jupyter Notebook 就是 REPL 环境的典型示例。通过 Isaac REPL 扩展(仅限 Linux 系统)为用户提供了对 REPL 环境的访问。要使用 REPL 扩展,请按照以下步骤操作。

(1)确保已有一个 Isaac Sim 实例正在运行。

(2)启用 REPL 扩展。选择"窗口(Windows)"→"扩展(Extensions)",然后搜索"Isaac Sim REPL"。如果尚未启用,请点击以启用它。如果希望在启动 Isaac Sim 时始终加载此扩展,请选中"自动加载"选项。

(3)打开一个新的终端,并在命令行中输入 telnet localhost 8223。这将在终端中启动一个 Python shell,现在可以开始通过 Python 与 Isaac Sim 中打开的舞台进行交互。可以复制并粘贴下面的代码片段进行测试,可以一次执行整个代码块,也可以逐行执行:

```python
import numpy as np
from omni.isaac.core.objects import DynamicCuboid
from omni.isaac.core.objects.ground_plane import GroundPlane
from omni.isaac.core.physics_context import PhysicsContext


PhysicsContext()
GroundPlane(prim_path="/world/groundPlane", size=1000, color=np.array([0.5, 0.5, 0.5]))
DynamicCuboid(prim_path="/World/cube", position=np.array([0.5, 0.2, 1.0]), size=np.array([0.5, 0.5, 0.5]), color=np.array([0.2, 0.3, 0.0]))


from pxr import UsdPhysics, PhysxSchema, Gf, PhysicsSchemaTools, UsdGeom
import omni
stage = omni.usd.get_context().get_stage()
stage


path = '/world/Cube_2'
cube_2 = UsdGeom.Cube.Define(stage, path)
cubePrim = stage.GetPrimAtPath(path)
cubePrim
```

(4)使用 Ctrl+D 组合键退出 shell 环境。

通过这些工具,可以更深入地探索 Omniverse Kit 的功能,并以编程方式实现更复杂的操作和自动化流程。

3. USD API

NVIDIA Omniverse 的核心构建块和底层格式是 USD。USD 提供了一套丰富的 API，允许开发者以编程方式创建、编辑和渲染复杂的 3D 场景。以下是一个示例脚本，它利用 USD API 创建了一个地面平面、默认灯光，以及一个带有物理和碰撞预设的长方体。

在开始之前，请确保有一个空白的 Omniverse Kit 舞台。然后，将以下代码复制并粘贴到"脚本编辑器"窗口中，并运行它：

```
from pxr import UsdPhysics,PhysxSchema,Gf,PhysicsSchemaTools,UsdGeom
import omni

stage=omni.usd.get_context().get_stage()

# Setting up Physics Scene
gravity=9.8
scene=UsdPhysics.Scene.Define(stage,"/World/physics")
scene.CreateGravityDirectionAttr().Set(Gf.Vec3f(0.0,0.0,-1.0))
scene.CreateGravityMagnitudeAttr().Set(gravity)
PhysxSchema.PhysxSceneAPI.Apply(stage.GetPrimAtPath("/World/physics"))
physxSceneAPI=PhysxSchema.PhysxSceneAPI.Get(stage,"/World/physics")
physxSceneAPI.CreateEnableCCDAttr(True)
physxSceneAPI.CreateEnableStabilizationAttr(True)
physxSceneAPI.CreateEnableGPUDynamicsAttr(False)
physxSceneAPI.CreateBroadphaseTypeAttr("MBP")
physxSceneAPI.CreateSolverTypeAttr("TGS")


# Setting up Ground Plane
PhysicsSchemaTools.addGroundPlane(stage,"/World/groundPlane","Z",15,Gf.Vec3f(0,0,0),Gf.Vec3f(0.7))


# Adding a Cube
path="/World/Cube"
cubeGeom=UsdGeom.Cube.Define(stage,path)
cubePrim=stage.GetPrimAtPath(path)
size=0.5
offset=Gf.Vec3f(0.5,0.2,1.0)
cubeGeom.CreateSizeAttr(size)
cubeGeom.AddTranslateOp().Set(offset)


# Attach Rigid Body and Collision Preset
rigid_api=UsdPhysics.RigidBodyAPI.Apply(cubePrim)
rigid_api.CreateRigidBodyEnabledAttr(True)
UsdPhysics.CollisionAPI.Apply(cubePrim)
```

完成后,按下播放按钮以启动模拟。注意,此脚本应仅在全新的空白舞台上运行一次。

4. Isaac Sim 核心 API

虽然原始的 USD API 提供了丰富的功能和细节,但对于初学者来说,其复杂性可能是一个挑战。为简化常见的机器人模拟任务并抽象默认的参数设置,Isaac Sim 提供了一套核心 API。下面是一个使用这些核心 API 在舞台上设置并添加一个具有物理和碰撞预设的长方体的示例,同时还展示了如何设置物理和视觉材质属性。

请注意,以下脚本只能在空白的新舞台上运行一次。将以下代码复制并粘贴到"脚本编辑器"窗口中,然后运行它:

```
import numpy as np
from omni. isaac. core. objects import DynamicCuboid
from omni. isaac. core. objects. ground_plane import GroundPlane
from omni. isaac. core. physics_context import PhysicsContext


PhysicsContext( )
GroundPlane( prim_path = "/World/groundPlane", size = 10, color = np. array([0.5,0.5,0.5]))
DynamicCuboid( prim_path = "/World/cube",
    position = np. array([-.5,-.2,1.0]),
    scale = np. array([.5,.5,.5]),
    color = np. array([.2,.3,0. ]))
```

完成后,可以按下播放按钮进行模拟。

利用 Isaac Sim 的核心 API,可以编写出既轻量级又易于阅读的代码。这些 API 专为机器人模拟的常见任务而设计,提供了简洁且高效的接口,从而降低了学习和使用的门槛。当然,对于需要更精细控制或 USD 特定功能的复杂场景,USD API 仍然是一个强大的工具。但在日常使用中,Isaac Sim 的核心 API 提供了更加直观和方便的方式来构建和模拟复杂的机器人系统。

3.3.7 OmniGraph

OmniGraph 是 Omniverse 的核心视觉编程框架,它将直观的图形界面与强大的计算功能相结合。这个框架不仅简化了 Omniverse 内部多个系统之间的连接,还允许用户创建高度定制化的节点,以扩展和集成自己的功能。在 Isaac Sim 中,OmniGraph 发挥着至关重要的作用,可作为生成器(Replicators)、ROS 和 ROS2 桥接器、传感器、控制器、外部输入/输出设备及用户界面的核心引擎。

本节将深入探讨如何利用 OmniGraph 进行视觉编程,以在 Isaac Sim 中构建一个动作图来控制机器人,特别是 Jetbot。

1. 设置舞台

首先,在一个新的舞台上,通过右键单击并选择"创建"→"物理"→"地面平面"来添加一个地面平面。然后,利用内容(Conten)浏览器定位到"Isaac/Robots/JetBot",单击并将 jetbot. usd 文件拖放到舞台上,确保 Jetbot 被放置在地面平面之上。一旦完成上述步骤,应该在上下文树中看到 Jetbot 位于"/World/jetbot"路径下。此时,舞台的视图应该类似于提供的示例图像(图 3.7)。

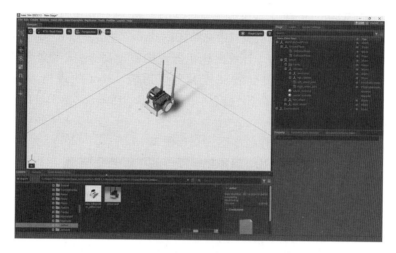

图 3.7　显示 Jetbot 在舞台上的位置

点击播放按钮,将看到 Jetbot 落下并稳定地停放在舞台上。在继续下一步之前,请确保点击停止按钮以暂停模拟。此外,为提升视觉体验,可以点击视口中图 3.8 中的眼睛图标,并选择"按类型显示(Show By Type)"→"摄像机(Cameras)"以隐藏任何不必要的占位符网格,如 Jetbot 的摄像机网格。这将使视图更加清晰,便于后续的编程和调试工作。

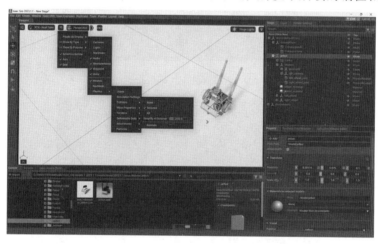

图 3.8　隐藏不必要的占位符网格

2. 构建动作图形

首先,从编辑器顶部的下拉菜单中选择"窗口(Window)"→"视觉脚本(Visual Scripting)"→"动作图(Action Graph)"。这将打开一个新的图形编辑器窗格。在此窗格中点击"新建动作图(New Action Graph)"以初始化一个空白的图形编辑界面。然后,在图形编辑器的搜索框中输入"controller",从建议的列表中拖动"Articulation Controller"和"Differential Controller"节点到图形画布上。

"Articulation Controller"用于向具有关节根的 Prim 应用驱动命令,这些命令可以是力、位置或速度的形式。为配置控制器以控制特定的机器人,选择图形中的"Articulation Controller"节点,并打开其属性窗格。在这里,启用 usePath 选项,并在 robotPath 字段中输入机器人的完整路径"/World/jetbot"。或可以选择禁用 usePath,然后在属性窗格的顶部附近点击"添加目标(Add Targets)",在弹出的窗口中选择"targetPrim",并从列表中选择 Jetbot。

"Differential Controller"则用于计算两轮机器人的驱动命令,这些命令基于给定的目标线性和角速度。同样地,需要配置此控制器以适应 Jetbot 的规格。选择图形中的"Differential Controller"节点,并在属性窗格中设置 wheelDistance 为 0.1125, wheelRadius 为 0.03, maxAngularSpeed 为 0.2。

完成上述配置后,控制器属性应如图 3.9 和图 3.10 所示。

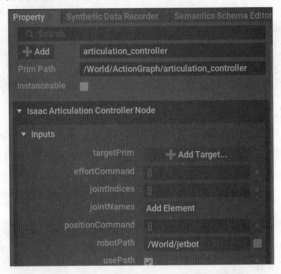

图 3.9　Articulation Controller 设置

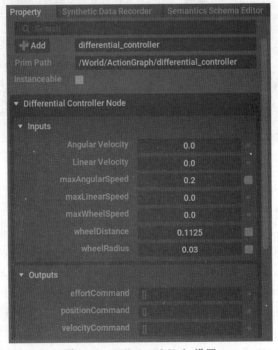

图 3.10　Differential Node 设置

　　这些设置确保了控制器能够正确地与 Jetbot 的物理特性相匹配,从而有效地控制其运动。接下来,可以将这些控制器连接到其他节点,以构建完整的动作图形,进而控制 Jetbot 在 Isaac Sim 中的行为。

　　要使"Articulation Controller"正确驱动 Jetbot 的关节,需要知道具体要驱动哪些关节,这些信息通常以令牌(token)或索引值的形式提供。在 Jetbot 机器人中,每个关节都有一个独特的名称,而 Jetbot 恰好拥有两个这样的关节。通过查看舞台上下文树中的 Jetbot (图 3.11),可以验证这一点。在"/World/jetbot/chassis"路径下,可以找到两个旋转物理关节,分别命名为"left_wheel_joint"和"right_wheel_joint"。

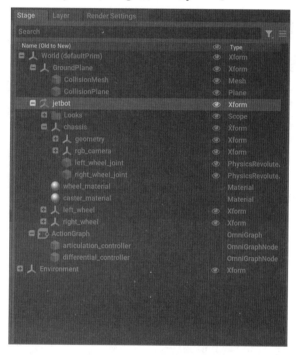

图 3.11　舞台上下文树验证

　　在图形编辑器的搜索框中输入"token",然后将两个"常量令牌(Constant Token)"节点拖入图形中。对于其中一个节点,在属性窗格中设置其值为"left_wheel_joint";对另一个节点,执行相同的操作,但将其值设置为"right_wheel_joint"。

　　接下来,在图形编辑器的搜索框中输入"make array",并将一个"创建数组(Make Array)"节点添加到图形中。选择这个节点,然后点击属性窗格菜单输入部分中的"+"图标,以添加第二个输入。将数组大小设置为 2,并从同一窗格中的下拉菜单中将输入类型设置为 token[ ](令牌数组)。

　　最后,将之前创建的两个常量令牌节点分别连接到"创建数组(Make Array)"节点的 A 和 B 输入端。这样,数组将包含两个令牌,分别代表 Jetbot 的左右轮关节。接下来,将"创建数组(Make Array)"节点的输出连接到"Articulation Controller"节点的"Joint Names"输入。这样,"Articulation Controller"就知道它应该控制 Jetbot 的哪两个关节。

　　完成这些步骤后,动作图形已经配置好了关节名称,接下来可以引入一个事件节点来驱动整个控制流程,从而实现 Jetbot 的精确操控。

在图形编辑器的搜索框中输入"playback"，并将"On Playback Tick"节点添加到图形中。这个节点会在模拟播放时的每一帧发出执行事件。将"On Playback Tick"节点的 Tick 输出连接到两个控制器节点的 Exec In 输入，确保控制器在每一帧都能接收到执行信号。接下来，将差分控制器的 Velocity Command 输出连接到关节控制器的 Velocity Command 输入，从而建立起速度指令的传递路径。完成上述连接后，图形应该类似于简单的 JetBot 差分控制（图3.12）。点击播放按钮，然后在图形中选择"Differential Controller"节点。在属性窗格中，可以通过点击并拖动角速度或线速度值来调整这些值，或直接点击并输入所需的精确数值。

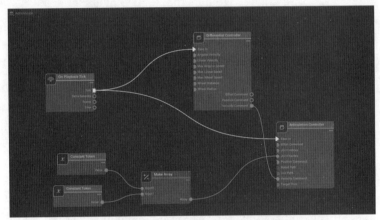

图 3.12　简单的 JetBot 差分控制

作为一个练习，可以进一步探索 OmniGraph 提供的丰富节点集，并尝试构建一个使用键盘输入来控制 JetBot 的图形。这不仅能够加深对 OmniGraph 的理解，还能提升实践技能。图 3.13 所示 JetBot 的键盘控制动作图展示了如何使用键盘输入来驱动 JetBot 的动作。可以尝试复制这个图形，并根据需要进行调整和优化。

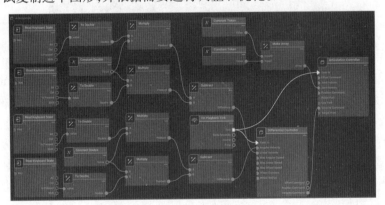

图 3.13　JetBot 的键盘控制动作图

3.3.8　OmniGraph 与输入设备

本节将探讨如何利用 OmniGraph 连接各种输入设备，如游戏手柄或键盘，以实现在 Isaac Sim 环境中的交互式模拟。本节将重点关注如何将游戏手柄的输入映射到模拟中移动机器人的操作,并通过键盘输入在虚拟舞台上操纵对象。注意:本节主要针对XBox控制器进行说明,其他游戏手柄虽然可能兼容,但其绑定配置可能与本节中的有所不同。

1. 游戏手柄输入集成

(1)运行示例。

NVIDIA Kaya机器人是一个三轮全向驱动机器人,设计简单且易于访问。这款机器人采用3D打印部件和业余爱好者组件构建,并配备了RealSense深度相机用于环境感知、定位和对象识别。其板载IMU及来自车轮电机的位置反馈提供了精确的里程计信息。在Isaac Sim中,Kaya机器人的传感器阵列和全向运动都得到了精确的模拟。以下是如何操作并体验其功能的步骤。

①将游戏手柄控制器连接到运行Isaac Sim的工作站上。

②打开Kaya Gamepad示例。从顶部菜单栏选择"Isaac Examples"→"Input Devices"→"Kaya Gamepad"。

③点击"LOAD"按钮,将Kaya机器人加载到虚拟场景中。

④按下"Play"按钮,开始通过游戏手柄控制Kaya机器人的移动。

(2)OmniGraph布局详解。

要深入了解图形的构建和布局,请遵循以下步骤。

①确保Kaya Gamepad示例已加载,并且场景中有一个Kaya机器人。接着,通过选择"窗口(Window)"→"视觉脚本(Visual Scripting)"→"动作图(Action Graph)"来打开视觉编程窗口。

②在动作图表选项卡内点击"编辑图表(Edit Graph)"图标。

③在弹出的窗口中,选择"/World/ActionGraph"。请注意,对于给定的舞台,可能存在多个动作图,它们都会在此处列出。

④此时将展示一个图形界面(图3.14),显示了各个节点及其连接关系。要检查特定节点的属性,只需在图形显示上选择该节点,相应的属性将显示在底部右侧的"属性(Property)"选项卡中。此外,节点也列在舞台树中,也可以通过那里选择节点进行查看和编辑。

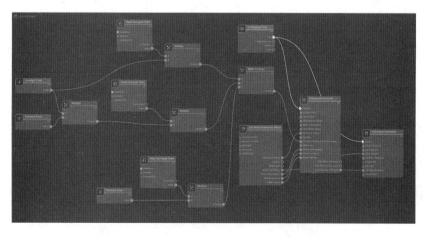

图3.14　Kaya机器人各个节点及其连接关系

在游戏手柄方面,每个操纵杆轴或按钮都有一个专用的节点与之对应。所有的映射和硬件连接在后台自动完成,而节点的输出仅仅是所选控制的数字读数。这些读数随后被处理和输入到全向控制器中,该控制器计算车轮的旋转速度,然后将其输入到分配给机器人的关节控制器中,从而实现精确的控制。

2. 键盘交互

(1)运行并体验示例。

OmniGraph 的键盘示例旨在演示如何捕捉键盘输入,并将其与修改舞台上对象属性的动作相连接。以下是操作步骤。

①打开示例。从顶部菜单栏选择"Isaac 示例(Isaac Examples)"→"输入设备(Input Devices)"→"Omniverse 键盘(Omniverse Keyboard)"。

②开始模拟。点击"播放(Play)"按钮。此时,可以通过按下键盘上的 A 键来增大舞台上的立方体尺寸,而按下 D 键则会缩小它。

(2)解析 OmniGraph 布局。

为深入理解图形的结构和功能,请遵循以下步骤。

①确保示例已加载,并且舞台上有一个立方体显示。随后,通过选择"窗口(Window)"→"视觉脚本(Visual Scripting)"→"动作图(Action Graph)"来打开视觉编程界面。

②在动作图(Action Graph)表选项卡内,点击"编辑图表(Edit Graph)"图标以进入编辑模式。

③在弹出的窗口中,选择"/World/ActionGraph"。注意,每个舞台可能包含多个动作图,它们都会在此处列出。

④将看到图 3.15 所示的界面,展示了各个节点及其相互连接的关系。要查看节点的具体属性,只需在图形界面上选择该节点,相应的属性信息将显示在底部右侧的"属性(Property)"选项卡中。此外,节点也会列在舞台树中,也可以通过那里选择和查看节点。值得注意的是,对于键盘上的每一个按键,图形中都有一个专门的节点与之对应。

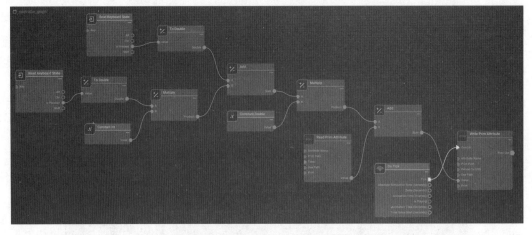

图 3.15 键盘交互节点及其连接关系

3.4　本 章 小 结

　　本章内容详尽地介绍了在 Isaac Sim 中通过 GUI 进行虚拟世界构建与模拟的核心要素。通过遵循这些指导流程,用户能够熟练掌握 GUI 的基础功能,并学会如何在虚拟环境中创建、配置和操纵对象、机器人、传感器等关键组件。此外,本章还深入探讨了 OmniGraph 这一可视化编辑和交互式脚本工具的应用,它极大地丰富了虚拟世界的交互性和功能性。

第 **4** 章

应用程序编程接口

NVIDIA Omniverse Kit 是 Isaac Sim 的核心开发工具,内置 Python 解释器,支持脚本编写,提供 GUI 和 Python API 两种交互方式。为简化 Pixar USD Python API 的学习,NVIDIA 专为机器人应用设计了一组 API,旨在简化操作、提高开发效率。这些 API 通过抽象底层复杂性,让开发者更轻松地完成常见任务,减少冗余步骤。

本章将指导初学者如何使用这些 API 控制轮式机器人和机械臂。通过学习,将掌握 Omniverse Kit 的关键技巧,为构建先进机器人应用打下坚实基础。

4.1 Hello World 示 例

本节将学习 Isaac Sim 的核心 API,从空白舞台开始,逐步构建机器人场景。首先,初始化空舞台,为创作提供基础。然后,通过 API 添加物体如立方体,并设置其属性。最后,调整场景参数如光照和背景,增强真实感。完成本节后,将具备构建复杂机器人场景的基础能力。

4.1.1 开启"Hello World"示例

首先,定位到顶部菜单栏,并点击"Isaac Examples" → "Hello World"。此时,应该能在工作区中看到一个名为"Hello World"的扩展窗口。接下来,点击"打开源代码(Open Source Code)"按钮,以便在 Visual Studio Code 中编辑源代码。

为进一步探索示例文件,点击"打开包含文件夹(Open Containing Folder)"按钮,这将打开包含示例文件的目录。会发现有三个文件:hello_world. py、hello_world_extension. py 和_init_. py。其中,hello_world. py 脚本是应用程序逻辑的所在地,而 hello_world_extension. py 脚本用于添加应用程序的用户界面元素,并将其与逻辑相连接。

现在,按照以下步骤操作。

(1)点击"LOAD"按钮,以加载世界(World)。

(2)在菜单栏中点击"文件(File)" → "从舞台模板新建(New From Stage Template)" → "空(Empty)"来创建一个新舞台。当提示保存当前舞台时,选择"不保存(Don't Save)"。

(3)再次点击"LOAD"按钮,重新加载世界(World)。

（4）打开 hello_world. py 文件，并按"Ctrl+S"使用热重载功能。注意到菜单从工作区中消失，因为它已被重新启动。

（5）最后，再次打开示例菜单并点击"LOAD"按钮。

现在，已经为在"Hello World"示例中添加内容做好了准备。

4.1.2　示例代码解析

HelloWorld 示例扩展应用程序继承自 BaseSample，后者为机器人扩展应用程序提供了一个基础模板。BaseSample 提供了许多功能，例如：使用按钮加载含有对应资产的世界；在创建新舞台时清除当前世界；世界中的对象重置为默认状态；处理热重载功能。

World 类是核心组件，它简化了与模拟器的交互过程，管理着与时间相关的事件，如添加回调、推进物理模拟、重置场景及添加任务等。World 类内部包含一个 Scene 实例。Scene 类负责管理 USD 舞台中模拟所需的资产，它提供了一个简洁的 API，用于在舞台上添加、操作、检查和重置不同的 USD 资产。

下面是 HelloWorld 类的简化代码示例：

```python
from omni. isaac. examples. base_sample import BaseSample # 机器人扩展应用程序的样板代码


class HelloWorld( BaseSample) :
  def_ _init_ _( self)->None :
    super( ). _ _init_ _( )  # 调用父类的构造函数进行必要的初始化
    return


  # 这个函数用于首次设置场景中的资产
  # 不应在这里分配类变量，因为这个函数在热重载后不会被调用，它只用于从一个空的舞台开始加载世界时调用一次
  # after a hot-reload, its only called to load the world starting from an EMPTY stage
  def setup_scene( self) :
# 从 BaseSample 获取 World 实例，该实例在 BaseSample 中定义，并可以在除_init_外的任何地方访问
    world=self. get_world( )
    world. scene. add_default_ground_plane( )  # 向场景中添加一个默认的地面平面
    return
```

这段代码展示了如何从 BaseSample 继承并创建一个新的 HelloWorld 示例，以及如何在场景中添加一个默认的地面平面。

在 Isaac Sim 中，World 类被设计为单例模式，这意味着在任何给定的仿真会话中，只能存在一个 World 的实例。这种设计选择是为了确保数据的一致性和仿真环境的稳定性。由于 World 是单例的，因此开发者可以在不同的文件和扩展中通过统一的方式检索到它，从而避免了创建和管理多个实例的需求。

以下代码展示了如何在不同的文件和扩展中检索并使用当前的 World 实例：

```python
from omni. isaac. examples. base_sample import BaseSample
from omni. isaac. core import World
```

```
class HelloWorld( BaseSample) :
  def_ _init_ _( self) ->None :
    super( ). _ _init_ _( )
    return


  def setup_scene( self) :
    # 使用 World. instance( ) 方法检索当前的 World 实例
    world = World. instance( )
# 使用检索到的 World 实例来操作场景,如添加默认的地面平面
    world. scene. add_default_ground_plane( )
    return
```

在这段代码中,HelloWorld 类继承自 BaseSample。在 setup_scene 方法中,通过调用
World. instance( )来获取当前的 World 实例,并随后使用它来向场景中添加一个默认的地
面平面。这种方法确保了无论在哪个文件或扩展中,操作的总是同一个 World 实例,从而
维持了数据的一致性和仿真的稳定性。

4.1.3　向场景中添加物体

在 Isaac Sim 中,若要向场景添加一个作为刚体的立方体,需利用 USD API 来定义并
实例化一个立方体 Prim,并随后将其集成到物理模拟中。USD 是一种开放标准格式,用
于精确描述三维场景内容。

下面提供的示例代码演示了如何通过 USD API 结合 Isaac Sim 的 Python 绑定,向场景
中添加一个立方体刚体:

```
python
from omni. isaac. examples. base_sample import BaseSample
import numpy as np
from omni. isaac. core. objects import DynamicCuboid    #用于创建新立方体或指向舞台上已存在的立方体


class HelloWorld( BaseSample) :
  def_ _init_ _( self) ->None :
    super( ). _ _init_ _( )
    return


  def setup_scene( self) :
    world = self. get_world( )    # 获取 World 实例
    world. scene. add_default_ground_plane( )    # 添加默认地面平面
    # 使用 DynamicCuboid 类向场景中添加立方体
    fancy_cube = world. scene. add(
      DynamicCuboid(
        prim_path ="/World/random_cube",    # 立方体在 USD 舞台中的 Prim 路径
        name ="fancy_cube",    # 用于稍后从场景中检索对象的唯一名称
        position = np. array( [0,0,1.0] ),# 立方体的位置,默认单位为 m
```

```
scale = np. array([0.5015,0.5015,0.5015]),# 立方体的尺寸,接受 numpy 数组作为参数
color = np. array([0,0,1.0]),   # 立方体的颜色,RGB 通道,取值范围为 0 ~ 1
))
return
```

在这段代码中,HelloWorld 类继承自 BaseSample。在 setup_scene 方法中,首先获取 World 实例,然后添加一个默认的地面平面。接着,使用 DynamicCuboid 类来向场景中添加一个立方体,并指定其 Prim 路径、名称、位置、尺寸和颜色。最后,这个方法可以返回新创建的立方体对象,以便在后续的代码中进行进一步的操作或检索。

接下来进行以下步骤操作。

(1)使用键盘快捷键 Ctrl+S 保存代码,并对 Isaac Sim 执行热重载,确保更改生效。

(2)重新打开菜单,选择"文件(File)"→"从舞台模板新建(New From Stage Template)"→"空(Empty)",点击"加载(LOAD)"创建新场景。若 setup_scene 中有自定义更改,请确保应用;否则,仅加载默认空场景。

(3)点击"播放(PLAY)"按钮启动模拟,观察立方体下落行为,记录异常。

4.1.4　检查物体属性

接下来将执行一系列操作,目的是打印出立方体的世界姿态(包括其位置和旋转信息)及其速度数据。在此过程中,将了解到如何利用对象的名称来获取其引用,并据此查询相关属性:

```python
from omni. isaac. examples. base_sample import BaseSample
import numpy as np
from omni. isaac. core. objects import DynamicCuboid

class HelloWorld(BaseSample):
  def _ _init_ _(self)->None:
    super(). _ _init_ _()
    return

  def setup_scene(self):
    world = self. get_world()
    world. scene. add_default_ground_plane()
    fancy_cube = world. scene. add(
      DynamicCuboid(
        prim_path ="/World/random_cube",
        name ="fancy_cube",
        position = np. array([0,0,1.0]),
        scale = np. array([0.5015,0.5015,0.5015]),
        color = np. array([0,0,1.0]),
      ))
```

```
        return

    async def setup_post_load(self):
        self._world = self.get_world()
        self._cube = self._world.scene.get_object("fancy_cube")  #通过对象名称获取立方体引用
        position, orientation = self._cube.get_world_pose()  #获取立方体的世界姿态(位置和旋转)
        linear_velocity = self._cube.get_linear_velocity()    # 获取立方体的线速度
        print("Cube position is:" + str(position))
        print("Cube's orientation is:" + str(orientation))
        print("Cube's linear velocity is:" + str(linear_velocity))
        return
```

在这段代码中,在 setup_post_load 异步方法中,首先通过调用 get_object 方法并传入立方体的名称"fancy_cube"来获取其引用;然后使用 get_world_pose 方法获取立方体的世界姿态,包括其位置和旋转信息,并使用 get_linear_velocity 方法获取其线速度;最后打印出这些属性值以供查看。

为在 Isaac Sim 这类异步运行的模拟环境中持续监控物体的属性,如立方体的世界姿态和速度,需要在物理模拟的每一步执行时触发相应的回调函数。虽然不能直接控制物理步骤的执行时机,但 Isaac Sim 允许设置回调函数(callbacks),以便在特定事件发生时执行自定义代码。

以下示例代码展示了如何在 Isaac Sim 中添加物理回调,以在每个模拟步骤中打印立方体的相关信息:

```python
from omni.isaac.examples.base_sample import BaseSample
import numpy as np
from omni.isaac.core.objects import DynamicCuboid


class HelloWorld(BaseSample):
    def __init__(self) -> None:
        super().__init__()
        return

    def setup_scene(self):
        world = self.get_world()
        world.scene.add_default_ground_plane()
        fancy_cube = world.scene.add(
            DynamicCuboid(
                prim_path="/World/random_cube",
                name="fancy_cube",
                position=np.array([0, 0, 1.0]),
                scale=np.array([0.5015, 0.5015, 0.5015]),
                color=np.array([0, 0, 1.0]),
            ))
```

```
        return

    async def setup_post_load(self):
        self._world = self.get_world()
        self._cube = self._world.scene.get_object("fancy_cube")
        # 在每个物理步骤之前注册回调函数 print_cube_info
        self._world.add_physics_callback("sim_step", callback_fn=self.print_cube_info)  # 回调名称必须
是唯一要调用的方法
        return


    # 定义物理回调函数,该函数在每个物理步骤之前被调用
    # 可选的步长参数,用于传递当前模拟步长
    def print_cube_info(self, step_size):
        position, orientation = self._cube.get_world_pose()
        linear_velocity = self._cube.get_linear_velocity()
        # 在终端打印立方体信息
        print("Cube position is:"+str(position))
        print("Cube's orientation is:"+str(orientation))
        print("Cube's linear velocity is:"+str(linear_velocity))
```

在这段代码中,在 setup_post_load 方法中通过 add_physics_callback 函数注册了一个名为"sim_step"的回调函数 print_cube_info,这意味着在每个物理模拟步骤开始时,print_cube_info 方法都会被调用,从而持续打印出立方体的世界姿态和线速度。通过这种方式,可以在模拟过程中实时监控物体的属性变化。

4.1.5　在菜单中添加新示例

随着对"Hello World"示例的深入了解和编辑,相信已经对 Isaac 框架的基础结构有了清晰的认知。接下来将通过一系列步骤在"Isaac Examples"菜单中创建一个全新的示例,从而进一步扩展技能。

步骤 1:将文件复制到用户示例文件夹。

请定位当前正在编辑的"Hello World"示例文件,该文件通常位于"omni/isaac/examples"目录下。然后,将该文件复制到"omni/isaac/examples/user_examples"文件夹中。在复制时,建议为其选择一个更具描述性的名称,如"hello_world_extension.py",以便与原始示例和您的扩展版本进行区分。

在终端执行以下命令,用于完成此操作:

```bash
cd omni/isaac/examples
cp hello_world/hello_world * user_examples/
```

步骤 2:编辑_init_.py 文件。

在"omni/isaac/examples/user_examples"目录下将找到一个名为"_init_.py"的文件,这个文件用于初始化用户自定义示例的模块。打开该文件,并在其中添加以下行:

```python
from omni.isaac.examples.user_examples.hello_world import HelloWorld
from omni.isaac.examples.user_examples.hello_world_extension import HelloWorldExtension
```

这段代码的作用是将新创建的示例(hello_world_extension.py)导入到 user_examples 模块中。这样,Isaac 框架就能够识别和使用新示例了。通过导入,新示例将作为 user_examples 模块的一部分,可以在 Isaac 的菜单或其他相关组件中调用。

步骤 3:编辑 hello_world_extension.py 文件。

现在,请打开之前复制到 user_examples 文件夹中的 hello_world_extension.py 文件。在这个文件中,将有机会根据自己的需求对原始的"Hello World"示例进行扩展和定制。可以添加新功能、修改现有功能,甚至集成其他 Isaac 组件,以丰富和扩展示例的功能。

以下是一个示例代码框架,以供参考和编辑:

```python
import os
from omni.isaac.examples.base_sample import BaseSampleExtension
from omni.isaac.examples.user_examples import HelloWorld


class HelloWorldExtension(BaseSampleExtension):
    def on_startup(self, ext_id: str):
        super().on_startup(ext_id)
        super().start_extension(
            menu_name="",    #如果想将此示例添加到现有菜单下,请提供菜单名称
            submenu_name="",    #如果想将此示例添加到现有子菜单下,请提供子菜单名称
            name="Awesome Example",    #示例的名称,将在菜单中显示
            title="My Awesome Example",    #示例的标题,将在示例启动时显示
            doc_link="https://docs.omniverse.nvidia.com/app_isaacsim/app_isaacsim/tutorial_core_hello_world.html",
            overview="This Example introduces the user on how to do cool stuff with Isaac Sim through scripting in asynchronous mode.",    #概述
            file_path=os.path.abspath(_file_),    #当前文件的绝对路径
            sample=HelloWorld(),    #示例实例
        )
        return
```

在上面的代码中,需要根据自己的需求修改或填充以下部分。

(1)menu_name 和 submenu_name。如果希望将新示例添加到现有的菜单或子菜单中,请提供相应的名称。

(2)name 和 title。这些是示例的名称和标题,它们将在 Isaac 框架的菜单中显示。

(3)doc_link。提供一个指向相关文档或教程的链接,以帮助用户更好地理解示例。

(4)overview。提供关于示例的简短描述或概述。

完成这些编辑后,保存并关闭 hello_world_extension.py 文件。现在,新示例 hello_world_extension 将被成功添加到 Isaac 框架的"Isaac Examples"菜单中。可以在 Isaac 框架中轻松访问并使用这个扩展示例,以进一步探索和学习 Isaac 框架的更多功能和潜力。

4.1.6　将示例转换为独立应用程序

在 Isaac Sim 的工作流程中,将 Python 环境中的机器人应用程序转换为独立应用程序意味着需要控制整个模拟生命周期,包括初始化环境、构建场景、管理物理模拟和渲染过程。以下是将示例代码转化为独立应用程序的步骤,以及相应的代码示例。

创建一个新的 Python 脚本文件,命名为 my_application. py,并添加以下代码:

```python
# 在任何其他导入之前启动 Isaac Sim
# 任何独立应用程序中的前两行默认设置
from omni. isaac. kit import SimulationApp
simulation_app = SimulationApp({"headless":False})  # 也可以以无头模式运行
from omni. isaac. core import World
from omni. isaac. core. objects import DynamicCuboid
import numpy as np


world = World( )
world. scene. add_default_ground_plane( )
fancy_cube = world. scene. add(
    DynamicCuboid(
        prim_path = "/World/random_cube",
        name = "fancy_cube",
        position = np. array([0,0,1.0]),
        scale = np. array([0. 5015,0. 5015,0. 5015]),
        color = np. array([0,0,1.0]),
    ))
# 在查询与关节相关的任何内容之前,需要调用 world 的 reset 方法
# 建议在添加资产后始终执行重置操作,以便正确处理物理句柄
world. reset( )
for i in range(500):
    position, orientation = fancy_cube. get_world_pose( )
    linear_velocity = fancy_cube. get_linear_velocity( )
    # 将在终端上显示
    print("Cube position is:"+str(position))
    print("Cube's orientation is:"+str(orientation))
    print("Cube's linear velocity is:"+str(linear_velocity))
    # 在此工作流程中,可以控制物理和渲染的步骤
    # 事物同步运行
    world. step(render = True)  # 执行一个物理步骤和一个渲染步骤

simulation_app. close( )  # 关闭 Isaac Sim
```

要运行此应用程序,请在命令行中使用以下命令:

bash

./python. sh. /omni/isaac/examples/user_examples/my_application. py

此命令假定已经配置好了 Isaac Sim 的开发环境,并且 python. sh 是一个用于在 Isaac Sim 环境中运行 Python 脚本的脚本。这个脚本将启动应用程序,并在模拟中运行定义的物理和渲染循环。注意,可能需要根据 Isaac Sim 安装和配置情况调整文件路径或环境变量。此外,此示例展示了如何创建一个简单的模拟世界,并在其中添加一个动态的立方体。可以根据需要扩展此代码,以包含更复杂的场景和机器人模型。

4.2 Hello Robot 示 例

本节将深入探讨如何在 Isaac Sim 的扩展应用程序中集成并控制一个移动机器人。完成本节的学习后,将掌握如何将机器人添加到模拟环境中,并通过 Python 脚本对其行为(如车轮运动)进行编程控制。

4.2.1 添加机器人

向场景中添加一个 NVIDIA Jetbot 机器人,这允许通过 Python 脚本访问 Omniverse Nucleus Server 上的机器人、传感器和环境库,并通过"Content"窗口进行浏览和选择。

请确保已按照之前的步骤连接到了服务器。添加资产到 Isaac Sim 通常可以通过将资产直接拖动到舞台窗口或视口来完成。然而,如果希望通过 Python 脚本在"Awesome Example"中实现这一功能,请遵循以下步骤。

(1)创建新舞台。

首先,通过选择"文件(File)"→"新建(New)"→"不保存(Don't Save)"来初始化一个新的模拟舞台。这将提供一个干净的舞台环境,以便开始添加资产和配置模拟。

(2)打开示例源代码。

接下来,需要打开 extension_examples/user_examples/hello_world. py 文件。可以通过在"Awesome Example"窗口中点击"打开源代码(Open Source Code)"按钮来定位并打开此文件。这个文件包含了之前在"Hello World"教程中使用的代码基础。

(3)编辑代码以添加机器人。

现在,需要编辑 Python 文件,以便在模拟环境中集成 NVIDIA Jetbot 机器人。这可以通过利用 Isaac Sim 的 Python API 来实现。需要在代码中加入适当的函数调用,以便从服务器加载机器人模型,并将其添加到模拟舞台中。可能还需要配置机器人的初始位置和姿态,以及任何必要的传感器或控制器。

以下是一个基本示例代码片段,展示了如何使用 Python 添加资产到模拟中:

```python
from omni. isaac. examples. base_sample import BaseSample
from omni. isaac. core. utils. nucleus import get_assets_root_path
from omni. isaac. core. utils. stage import add_reference_to_stage
from omni. isaac. core. robots import Robot
import carb

class HelloWorld( BaseSample) :
```

```python
def __init__(self) -> None:
    super().__init__()
    return


def setup_scene(self):
    world = self.get_world()
    world.scene.add_default_ground_plane()
    # 获取资产根路径
    assets_root_path = get_assets_root_path()
    if assets_root_path is None:
        # 使用 carb 记录错误日志
        carb.log_error("Could not find nucleus server with /Isaac folder")
    asset_path = assets_root_path + "/Isaac/Robots/Jetbot/jetbot.usd"
    # 将 USD 资产添加到舞台,并指定其在舞台中的位置
    add_reference_to_stage(usd_path=asset_path, prim_path="/World/Fancy_Robot")
    # 使用 Robot 类包装 Jetbot 机器人,并将其添加到场景中
    # 这样可以使用高级 API 来设置/获取属性,以及初始化所需的物理句柄等
    jetbot_robot = world.scene.add(Robot(prim_path="/World/Fancy_Robot", name="fancy_robot"))
    # 注意:在首次重置之前,无法访问与 Articulation 相关的信息
    # 因为物理句柄尚未初始化。setup_post_load 在首次重置后被调用,因此可以在那里执行这些操作
    print("Num of degrees of freedom before first reset:" + str(jetbot_robot.num_dof))  # prints None
    return


async def setup_post_load(self):
    self._world = self.get_world()
    self._jetbot = self._world.scene.get_object("fancy_robot")
    print("Num of degrees of freedom after first reset:" + str(self._jetbot.num_dof))
    print("Joint Positions after first reset:" + str(self._jetbot.get_joint_positions()))
    return
```

按下“播放”按钮后,Isaac Sim 开始模拟机器人,但此时机器人不会自主移动。为使机器人活跃起来,需要在机器人的关节上施加动作。在 Isaac Sim 中,机器人由物理精确的关节组成,对这些关节施加动作可以驱动它们移动。

以下是一个示例代码片段,演示了如何为 Jetbot 机器人的关节控制器应用随机速度,从而使其移动起来:

```python
python
from omni.isaac.examples.base_sample import BaseSample
from omni.isaac.core.utils.types import ArticulationAction
from omni.isaac.core.utils.nucleus import get_assets_root_path
from omni.isaac.core.utils.stage import add_reference_to_stage
from omni.isaac.core.robots import Robot
import numpy as np
```

```
import carb

class HelloWorld(BaseSample):
    def _init_(self)->None:
        super().__init__()
        return

    def setup_scene(self):
        world=self.get_world()
        world.scene.add_default_ground_plane()
        assets_root_path=get_assets_root_path()
        if assets_root_path is None:
            carb.log_error("Could not find nucleus server with /Isaac folder")
        asset_path=assets_root_path+"/Isaac/Robots/Jetbot/jetbot.usd"
        add_reference_to_stage(usd_path=asset_path,prim_path="/World/Fancy_Robot")
        jetbot_robot=world.scene.add(Robot(prim_path="/World/Fancy_Robot",name="fancy_
robot"))
        return

    async def setup_post_load(self):
        self._world=self.get_world()
        self._jetbot=self._world.scene.get_object("fancy_robot")
        # 这是 Jetbot 的关节(articulation)的隐式 PD(位置-速度)控制器
        # 通过这个控制器,可以设置 PD 增益、应用动作、切换控制模式等
        # 注意:这个控制器应该只在世界首次重置后调用
        self._jetbot_articulation_controller=self._jetbot.get_articulation_controller()
        # 添加一个物理回调,用于在每个物理步骤执行时发送动作
        self._world.add_physics_callback("sending_actions",callback_fn=self.send_robot_actions)
        return

    def send_robot_actions(self,step_size):
        # 每个关节控制器都有一个 apply_action 方法
        # 这个方法接受一个 ArticulationAction 对象,其中包含 joint_positions、joint_efforts 和 joint_velocities
作为可选参数
        # 它接受浮点数的 numpy 数组或浮点数列表,以及 None 值
        # None 表示在此步骤中不对此 dof 索引应用任何内容
        # 另一种方式是直接从 self._jetbot 调用此方法,如 self._jetbot.apply_action(...)
        self._jetbot_articulation_controller.apply_action(ArticulationAction(joint_positions=None,
                                    joint_efforts=None,
                                    joint_velocities=5 * np.random.rand(2,)))
        return
```

按下"播放"按钮,启动 Jetbot 模拟流程。注意,若在执行过程中先按下"停止"再按下"播放",可能不会实现世界状态的正确重置。为此,推荐使用"重置"按钮以确保模拟

环境回归初始状态。若需要通过代码来操控机器人,则需访问其关节控制器,并据此设定目标速度、位置或其他控制参数。

以 Jetbot 的关节控制器应用随机速度为例,读者尝试进行以下练习。

(1)控制 Jetbot 后退。

要实现 Jetbot 的后退动作,需识别控制其后退功能的关节(通常是轮子或其他相关机构),并为其设定一个负向的速度目标。例如,若后退动作是由单个轮子完成的,应针对该轮子的关节控制器设定一个负向速度值。

(2)控制 Jetbot 向右转。

要使 Jetbot 向右转,需定位控制其转向的关节(可能是轮子或舵机等),并据此设定相应的速度或角度目标。这通常涉及多个关节的协同工作,以确保转向动作的流畅与准确。

(3)控制 Jetbot 在 5 s 后停止。

若希望 Jetbot 在模拟开始后的 5 s 内停止,应在适当的时间节点将其关节控制器的速度目标设置为 0。这样做将确保机器人在预定时间后能够平稳地停止运动。

4.2.2 使用 WheeledRobot 类

Isaac Sim 针对机器人提供了高级扩展功能,进一步增强了定制性和对其他控制器及任务的访问能力(将在后续部分深入探讨)。在此,将利用 WheeledRobot 类对之前的代码进行重构,实现更为简洁的控制逻辑。WheeledRobot 类专为轮式移动机器人设计,提供了直接的控制接口。以下示例展示了如何使用此类来操控 Jetbot 机器人:

```python
from omni.isaac.examples.base_sample import BaseSample
from omni.isaac.core.utils.nucleus import get_assets_root_path
from omni.isaac.wheeled_robots.robots import WheeledRobot
from omni.isaac.core.utils.types import ArticulationAction
import numpy as np

class HelloWorld(BaseSample):
    def __init__(self)->None:
        super().__init__()
        return

    def setup_scene(self):
        world = self.get_world()
        world.scene.add_default_ground_plane()
        assets_root_path = get_assets_root_path()
        jetbot_asset_path = assets_root_path+"/Isaac/Robots/Jetbot/jetbot.usd"
        self._jetbot = world.scene.add(
            WheeledRobot(
                prim_path = "/World/Fancy_Robot",
                name = "fancy_robot",
                wheel_dof_names = ["left_wheel_joint", "right_wheel_joint"],
```

```
            create_robot = True,
            usd_path = jetbot_asset_path,
        )
    )
    return

async def setup_post_load(self):
    self._world = self.get_world()
    self._jetbot = self._world.scene.get_object("fancy_robot")
    self._world.add_physics_callback("sending_actions", callback_fn = self.send_robot_actions)
    return

def send_robot_actions(self, step_size):
    self._jetbot.apply_wheel_actions(ArticulationAction(joint_positions = None,
                            joint_efforts = None,
                            joint_velocities = 5 * np.random.rand(2,)))
    return
```

4.3　添加控制器

4.3.1　创建自定义控制器

在 Isaac Sim 中,机器人的控制通常是通过控制器来实现的。控制器可以基于不同的算法和模型,用于生成机器人的动作。本节将创建一个简单的自定义控制器,该控制器使用差速驱动模型来控制移动机器人的速度。

需要定义一个类,该类继承自 Isaac Sim 提供的 BaseController 接口。这个类将实现一个 forward 方法,该方法接收命令并返回相应的关节动作。下面是一个示例代码,展示了如何创建一个基于差速驱动模型的自定义控制器:

```python
from omni.isaac.examples.base_sample import BaseSample
from omni.isaac.core.utils.nucleus import get_assets_root_path
from omni.isaac.wheeled_robots.robots import WheeledRobot
from omni.isaac.core.utils.types import ArticulationAction
from omni.isaac.core.controllers import BaseController
import numpy as np

class CoolController(BaseController):
    def __init__(self):
        super().__init__(name = "my_cool_controller")
        # 使用单轮模型的开环控制器
        self._wheel_radius = 0.03
        self._wheel_base = 0.1125
```

```
        return

    def forward(self,command):
        # 命令将有两个元素,第一个元素是前进速度,第二个元素是角速度(仅偏航)
        joint_velocities = [0.0,0.0]
        joint_velocities[0] = ((2 * command[0])-(command[1] * self._wheel_base)) / (2 * self._
wheel_radius)
        joint_velocities[1] = ((2 * command[0])+(command[1] * self._wheel_base)) / (2 * self._
wheel_radius)
        # 控制器必须返回一个 ArticulationAction
        return ArticulationAction(joint_velocities = joint_velocities)


class HelloWorld(BaseSample):
    def __init__(self)->None:
        super().__init__()
        return


    def setup_scene(self):
        world = self.get_world()
        world.scene.add_default_ground_plane()
        assets_root_path = get_assets_root_path()
        jetbot_asset_path = assets_root_path+"/Isaac/Robots/Jetbot/jetbot.usd"
        world.scene.add(
            WheeledRobot(
                prim_path = "/World/Fancy_Robot",
                name = "fancy_robot",
                wheel_dof_names = ["left_wheel_joint","right_wheel_joint"],
                create_robot = True,
                usd_path = jetbot_asset_path,
            )
        )
        return


    async def setup_post_load(self):
        self._world = self.get_world()
        self._jetbot = self._world.scene.get_object("fancy_robot")
        self._world.add_physics_callback("sending_actions",callback_fn = self.send_robot_actions)
        # 在加载后和第一次重置之后初始化我们的控制器
        self._my_controller = CoolController()
        return


    def send_robot_actions(self,step_size):
        #应用控制器计算出的动作
```

```
self. _jetbot. apply_action(self. _my_controller. forward(command=[0.20,np. pi / 4]))
return
```

4.3.2 使用可用的控制器

在 Isaac Sim 中,不仅可以创建自定义控制器,还可以使用预构建的控制器,这些控制器是针对特定类型的机器人或特定任务而设计的。本节将重点介绍如何使用 Differential-Controller,这是一个专为差速驱动机器人设计的控制器。

DifferentialController 允许直接设置机器人的线速度和角速度,使得控制差速驱动机器人变得更加简单和直观。以下是如何在模拟场景中使用 DifferentialController 的示例:

```python
from omni. isaac. examples. base_sample import BaseSample
from omni. isaac. core. utils. nucleus import get_assets_root_path
from omni. isaac. wheeled_robots. robots import WheeledRobot
#这个扩展包含几个通用控制器,可以与多个机器人一起使用
from omni. isaac. motion_generation import WheelBasePoseController
# 机器人特定控制器
from omni. isaac. wheeled_robots. controllers. differential_controller import DifferentialController
import numpy as np


class HelloWorld(BaseSample):
    def __init__(self)->None:
        super(). __init__()
        return


    def setup_scene(self):
        world=self. get_world()
        world. scene. add_default_ground_plane()
        assets_root_path=get_assets_root_path()
        jetbot_asset_path=assets_root_path+"/Isaac/Robots/Jetbot/jetbot. usd"
        world. scene. add(
            WheeledRobot(
                prim_path="/World/Fancy_Robot",
                name="fancy_robot",
                wheel_dof_names=["left_wheel_joint","right_wheel_joint"],
                create_robot=True,
                usd_path=jetbot_asset_path,
            )
        )
        return


    async def setup_post_load(self):
        self. _world=self. get_world()
```

```
self._jetbot = self._world.scene.get_object("fancy_robot")
self._world.add_physics_callback("sending_actions", callback_fn = self.send_robot_actions)
# 在加载后和第一次重置之后初始化控制器
self._my_controller = WheelBasePoseController(name = "cool_controller",
    open_loop_wheel_controller =
    DifferentialController(name = "simple_control", wheel_radius = 0.03, wheel_base = 0.1125),
    is_holonomic = False)
return


def send_robot_actions(self, step_size):
    position, orientation = self._jetbot.get_world_pose()
    self._jetbot.apply_action(self._my_controller.forward(start_position = position,
        start_orientation = orientation,
        goal_position = np.array([0.8, 0.8])))
    return
```

按下键盘 Ctrl+S 来保存并热重载这个示例,然后按下 LOAD 按钮来重新加载场景。

4.4 添加机械臂

本节将向 Isaac Sim 的模拟环境中添加 Franka Panda 机械臂,并展示如何为其配置 PickAndPlaceController 类。完成这一节后,将更深入地了解如何在 Isaac Sim 中集成不同的机器人模型并利用相应的控制器。

4.4.1 构建场景

从 omni.isaac.franka 扩展中引入 Franka 机器人,并在场景中放置一个立方体作为 Franka 的机械臂的抓取目标,代码如下:

```python
from omni.isaac.examples.base_sample import BaseSample
# 该扩展包含了与 Franka 相关的任务和控制器
from omni.isaac.franka import Franka
from omni.isaac.core.objects import DynamicCuboid
import numpy as np


class HelloWorld(BaseSample):
    def __init__(self) -> None:
        super().__init__()
        return


    def setup_scene(self):
        world = self.get_world()
        world.scene.add_default_ground_plane()
        # 使用 Franka 类将机械臂添加到场景中,并为其指定位置和名称
```

```
franka = world. scene. add( Franka( prim_path = "/World/Fancy_Franka", name = "fancy_franka") )
# 在场景中放置一个动态立方体,作为 Franka 的抓取目标
world. scene. add(
    DynamicCuboid(
        prim_path = "/World/random_cube",
        name = "fancy_cube",
        position = np. array( [0. 3,0. 3,0. 3] ),
        scale = np. array( [0. 0515,0. 0515,0. 0515] ),
        color = np. array( [0,0,1. 0] ),
    )
)
    return
```

通过这段代码,成功地在 Isaac Sim 中创建了一个包含 Franka Panda 机械臂和可抓取立方体的场景。接下来可以为 Franka 机械臂配置 PickAndPlaceController,以实现抓取和放置立方体的功能。可以更加熟悉 Isaac Sim 中机器人和控制器类的使用,为后续的机器人开发和研究打下基础。

在 Isaac Sim 中,还可以通过以下步骤来添加 Franka 机器臂和立方体。

(1)在场景编辑器中,点击"添加组件"按钮。

(2)在组件库中,展开 omni. isaac. franka 分类,找到 Franka 机器臂模型(通常是 franka_panda 或类似的名称)。

(3)将 Franka 机器臂模型拖放到场景中。可以通过单击并拖动模型来调整其位置,并使用旋转控件来调整其方向。

(4)接下来回到组件库,并查找一个立方体模型(通常在 omni. isaac. primitive 分类下)。

(5)将立方体模型也拖放到场景中,并将其放置在 Franka 机器人可以接近的位置。

这样,应该有一个 Franka 机器人在场景中,以及一个立方体供其抓取。接下来,需要配置 Franka 机器人的控制器来执行抓取和放置操作。

4.4.2　使用 PickAndPlace 控制器

本节将为 Franka 机器人配置 PickAndPlaceController,使其能够抓取场景中的立方体并将其放置到指定位置。这涉及从 omni. isaac. franka. controllers 模块中引入 PickPlaceController 类,并正确设置其参数。

以下是实现这一功能的代码:

```python
from omni. isaac. examples. base_sample import BaseSample
from omni. isaac. franka import Franka
from omni. isaac. core. objects import DynamicCuboid
from omni. isaac. franka. controllers import PickPlaceController
import numpy as np

class HelloWorld( BaseSample ) :
```

```
def _init_ _(self)->None:
    super()._ _init_ _()
    return


def setup_scene(self):
    world = self.get_world()
    world.scene.add_default_ground_plane()
    franka = world.scene.add(Franka(prim_path = "/World/Fancy_Franka", name = "fancy_franka"))
    world.scene.add(
        DynamicCuboid(
            prim_path = "/World/random_cube",
            name = "fancy_cube",
            position = np.array([0.3,0.3,0.3]),
            scale = np.array([0.0515,0.0515,0.0515]),
            color = np.array([0,0,1.0]),
        )
    )
    return


async def setup_post_load(self):
    self._world = self.get_world()
    self._franka = self._world.scene.get_object("fancy_franka")
    self._fancy_cube = self._world.scene.get_object("fancy_cube")
    #初始化拾取和放置控制器
    self._controller = PickPlaceController(
        name = "pick_place_controller",
        gripper = self._franka.gripper,
        robot_articulation = self._franka,
    )
    # 添加物理回调,在每个模拟步骤中调用 physics_step 函数
    self._world.add_physics_callback("sim_step", callback_fn = self.physics_step)
    # 设置机器人的抓取器为打开状态
    self._franka.gripper.set_joint_positions(self._franka.gripper.joint_opened_positions)
    await self._world.play_async()
    return


# 当按下重置按钮时调用此函数
# 在这里执行世界中的任何重置操作
async def setup_post_reset(self):
    self._controller.reset()
    self._franka.gripper.set_joint_positions(self._franka.gripper.joint_opened_positions)
    await self._world.play_async()
    return
```

```
def physics_step(self,step_size):
    cube_position,_=self._fancy_cube.get_world_pose()
    goal_position=np.array([-0.3,-0.3,0.0515/2.0])
    current_joint_positions=self._franka.get_joint_positions()
    actions=self._controller.forward(
        picking_position=cube_position,
        placing_position=goal_position,
        current_joint_positions=current_joint_positions,
    )
    self._franka.apply_action(actions)
    if self._controller.is_done():
        self._world.pause()
    return
```

当配置和使用 Franka 机器臂的 PickAndPlaceController 时,还可以按照以下步骤操作。

(1)添加控制器。

在场景编辑器中选择 Franka 机器人。点击"添加控制器"按钮,并从下拉菜单中选择 omni.isaac.franka.PickAndPlaceController。

(2)配置控制器。

一旦 PickAndPlaceController 被添加到机器人上,将看到与该控制器相关的参数。通常,需要指定抓取目标(即立方体)的 ID,以及放置目标的位置和姿态。可以手动设置这些参数,或通过编写脚本来动态指定它们。

(3)运行模拟。

配置好控制器后,启动模拟。观察 Franka 机器臂如何移动到立方体处,抓取它,然后将其移动到指定的放置位置。

(4)调试和优化。

如果 Franka 机器臂的行为不符合预期,可能需要调整控制器的参数或检查机器人的初始姿态和位置。还可以使用调试工具,如视觉化目标点或轨迹,来帮助识别问题。

(5)集成到脚本中。

如果希望自动化这个过程或与其他模拟元素交互,可以将控制器的配置和激活集成到模拟脚本中。这允许动态地更改目标或根据模拟中的其他事件触发抓取和放置行为。

4.4.3 Task 类核心组件

在 Isaac Sim 中,Task 类是一种核心组件,它提供了一种结构化的方式来创建模块化场景、检索信息及计算评估指标。Task 类使得开发者能够构建具有复杂逻辑和交互性的场景,特别是在涉及多个实体、条件和计算时。

通过使用 Task 类,可以定义一系列与特定任务相关的操作,如初始化场景、设置目标、获取观察数据及评估任务是否完成。这使得任务执行更加清晰、可维护,并允许轻松地集成高级逻辑和自定义行为。

以下是一个使用 Task 类重写的示例代码,展示了如何创建一个名为 FrankaPlaying 的自定义任务：

```python
from omni. isaac. examples. base_sample import BaseSample
from omni. isaac. franka import Franka
from omni. isaac. core. objects import DynamicCuboid
from omni. isaac. franka. controllers import PickPlaceController
from omni. isaac. core. tasks import BaseTask
import numpy as np


class FrankaPlaying(BaseTask):
    ##注意:这里只涵盖了部分可用的任务功能,查看所有可覆盖的基类函数,如计算指标、是否完成等
    def __init__(self,name):
        super().__init__(name=name,offset=None)
        self._goal_position=np.array([-0.3,-0.3,0.0515/2.0])
        self._task_achieved=False
        return


    # Here we setup all the assets that we care about in this task.
    def set_up_scene(self,scene):
        super().set_up_scene(scene)
        scene.add_default_ground_plane()
        self._cube=scene.add(DynamicCuboid(prim_path="/World/random_cube",
                        name="fancy_cube",
                        position=np.array([0.3,0.3,0.3]),
                        scale=np.array([0.0515,0.0515,0.0515]),
                        color=np.array([0,0,1.0])))
        self._franka=scene.add(Franka(prim_path="/World/Fancy_Franka",
                        name="fancy_franka"))
        return


    # Information exposed to solve the task is returned from the task through get_observations
    def get_observations(self):
        cube_position,_=self._cube.get_world_pose()
        current_joint_positions=self._franka.get_joint_positions()
        observations={
            self._franka.name:{
"joint_positions":current_joint_positions,
                },
            self._cube.name:{
"position":cube_position,
"goal_position":self._goal_position
                }
```

```
        }
        return observations

    # Called before each physics step,
    # for instance we can check here if the task was accomplished by
    # changing the color of the cube once its accomplished
    def pre_step(self, control_index, simulation_time):
        cube_position, _ = self._cube.get_world_pose()
        if not self._task_achieved and np.mean(np.abs(self._goal_position - cube_position)) < 0.02:
            # Visual Materials are applied by default to the cube
            # in this case the cube has a visual material of type
            # PreviewSurface, we can set its color once the target is reached.
            self._cube.get_applied_visual_material().set_color(color=np.array([0, 1.0, 0]))
            self._task_achieved = True
        return

    # Called after each reset,
    # for instance we can always set the gripper to be opened at the beginning after each reset
    # also we can set the cube's color to be blue
    def post_reset(self):
        self._franka.gripper.set_joint_positions(self._franka.gripper.joint_opened_positions)
        self._cube.get_applied_visual_material().set_color(color=np.array([0, 0, 1.0]))
        self._task_achieved = False
        return


class HelloWorld(BaseSample):
    def __init__(self) -> None:
        super().__init__()
        return

    def setup_scene(self):
        world = self.get_world()
        # We add the task to the world here
        world.add_task(FrankaPlaying(name="my_first_task"))
        return

    async def setup_post_load(self):
        self._world = self.get_world()
        # The world already called the setup_scene from the task (with first reset of the world)
        # so we can retrieve the task objects
        self._franka = self._world.scene.get_object("fancy_franka")
        self._controller = PickPlaceController(
            name="pick_place_controller",
```

```python
        gripper = self._franka.gripper,
        robot_articulation = self._franka,
    )
    self._world.add_physics_callback("sim_step", callback_fn = self.physics_step)
    await self._world.play_async()
    return


async def setup_post_reset(self):
    self._controller.reset()
    await self._world.play_async()
    return


def physics_step(self, step_size):
    # Gets all the tasks observations
    current_observations = self._world.get_observations()
    actions = self._controller.forward(
        picking_position = current_observations["fancy_cube"]["position"],
        placing_position = current_observations["fancy_cube"]["goal_position"],
        current_joint_positions = current_observations["fancy_franka"]["joint_positions"],
    )
    self._franka.apply_action(actions)
    if self._controller.is_done():
        self._world.pause()
    return
```

4.4.4　使用抓取和放置任务

在 Isaac Sim 中,通过使用 PickPlace 类,可以轻松地实现机器人的抓取和放置任务。以下是一个使用 PickPlace 类重写的代码示例,展示了如何设置场景、配置任务参数及控制机器人的抓取和放置行为:

```python
python
from omni.isaac.examples.base_sample import BaseSample
from omni.isaac.franka.tasks import PickPlace
from omni.isaac.franka.controllers import PickPlaceController


class HelloWorld(BaseSample):
    def __init__(self) -> None:
        super().__init__()
        return


    def setup_scene(self):
        world = self.get_world()
```

```python
        # We add the task to the world here
        world.add_task(PickPlace(name="awesome_task"))
        return

    async def setup_post_load(self):
        self._world = self.get_world()
        # The world already called the setup_scene from the task so
        # we can retrieve the task objects
        # Each defined task in the robot extensions
        # has set_params and get_params to allow for changing tasks during
        # simulation, {"task_param_name":"value":[value],"modifiable":[True/False]}
        task_params = self._world.get_task("awesome_task").get_params()
        self._franka = self._world.scene.get_object(task_params["robot_name"]["value"])
        self._cube_name = task_params["cube_name"]["value"]
        self._controller = PickPlaceController(
            name="pick_place_controller",
            gripper=self._franka.gripper,
            robot_articulation=self._franka,
        )
        self._world.add_physics_callback("sim_step", callback_fn=self.physics_step)
        await self._world.play_async()
        return

    async def setup_post_reset(self):
        self._controller.reset()
        await self._world.play_async()
        return

    def physics_step(self, step_size):
        # Gets all the tasks observations
        current_observations = self._world.get_observations()
        actions = self._controller.forward(
            picking_position=current_observations[self._cube_name]["position"],
            placing_position=current_observations[self._cube_name]["target_position"],
            current_joint_positions=current_observations[self._franka.name]["joint_positions"],
        )
        self._franka.apply_action(actions)
        if self._controller.is_done():
            self._world.pause()
        return
```

4.5　本　章　小　结

  本章深入探讨了 Isaac Sim 在机器人模拟和控制方面的强大功能和应用,逐步了解了如何在虚拟场景中集成机器人,并赋予它们自主行动的能力。学习了如何在虚拟场景中添加机械臂和轮式机器人,并介绍了控制器类的概念和作用。通过引入控制器类,展示了如何赋予机器人自主行动的能力,使其能够根据预设的规则或算法执行特定的任务。这不仅增强了机器人的功能性和实用性,也为后续的机器人交互和控制奠定了基础。

  在本章的学习过程中,不仅掌握了基本的机器人设置和管理方法,还学会了使用不同技术来控制它们的运动。然而,机器人控制和模拟是一个涉及众多专业知识和技能的复杂领域,因此需要继续深入实践和学习,以不断提升自己的技术水平。

第 **5** 章

场 景 配 置

随着机器人技术的不断发展,对机器人运动和物理模拟的研究也变得越来越重要。机器人需要在各种复杂环境中进行准确的运动,并与其他物体进行交互,这就需要对机器人的运动学和动力学进行深入研究。同时,为实现更真实的物理模拟效果,还需要对碰撞检测、刚体动力学等方面进行细致的设置。

本章将深入探讨机器人运动和物理模拟的相关技术。首先,将介绍关节驱动器的隐式运作方式,以及如何通过调整刚度和阻尼参数来实现更精确的控制。然后,将介绍如何为机器人添加碰撞器和刚体属性,以确保在物理模拟中能够正确地处理碰撞和动力学行为。

通过本章的学习,读者将能够更深入地了解机器人运动和物理模拟的相关技术,并掌握如何在实际应用中进行设置和调整。这将为机器人在未来复杂环境中的应用提供坚实的理论基础和实践指导。

5.1　导入 URDF 文件

本节将详尽阐释在 Isaac Sim 环境中如何导入统一机器人描述格式(unified robot description format,URDF)文件,并将其有效转换为 USD 格式的操作流程。通过本节的学习与实践,将能够熟练掌握在 Isaac Sim 平台中利用 URDF 文件的技术,从而为后续的机器人模拟与开发工作奠定坚实的基础。

5.1.1　使用 URDF 导入器扩展窗口

首先,将从内置的 URDF 文件中导入一个 Franka Panda 的 URDF 模型,这些文件随同扩展包一起提供。

步骤 1:在 Isaac Sim 中确保已启用 omni. importer. urdf 扩展。如果尚未自动加载,请导航至"窗口(Window)"菜单下的"扩展(Extensions)"选项,并手动启用 omni. importer. urdf 扩展,如图 5.1 所示。

步骤 2:通过访问 Isaac Utils → Workflows → URDF Importer 菜单来打开 URDF 扩展的用户界面,如图 5.2 所示。

步骤 3:配置导入 Franka 的设置参数。

图 5.1　启用 URDF 导入器

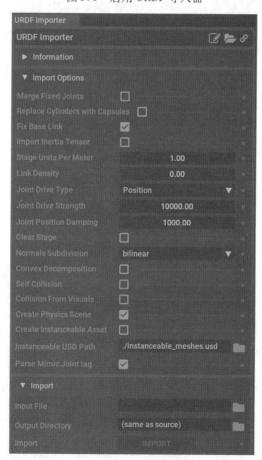

图 5.2　URDF 导入器的用户界面

①勾选"修复基础链接(Fix Base Link)"和"创建物理场景(Create Physics Scene)"复选框。
②将"每米舞台单位(Stage Units Per Meters)"设置为 1.0,确保资产以 m 为单位进行导入。
③将关节驱动类型设置为"位置(Position)"模式。

④分别将"关节驱动强度(Joint Drive Strength)"和"关节位置驱动阻尼(Joint Position Drive Damping)"设置为 10000000.0 和 100000.0。

⑤指定"输出目录(Output Directory)"为希望存储资产的位置(可以是 Nucleus 或本地目录)。注意,必须对该输出目录具有写入权限,它默认设置为当前打开的舞台,但可以根据需要进行更改。

步骤 4:在"导入(Import)"选项卡下找到"输入文件(Input File)"框,并导航至所需的文件夹选择所需的 URDF 文件。本示例中将使用随此扩展提供的 Franka panda_arm_hand. urdf 文件,该文件位于"Built in URDF Files/robots/franka_description/robots"文件夹中,选择要导入的 URDF,如图 5.3 所示。

图 5.3 选择要导入的 URDF

步骤 5:点击"导入(Import)"按钮,将机器人模型添加到舞台中,导入的 Franka 如图 5.4 所示。

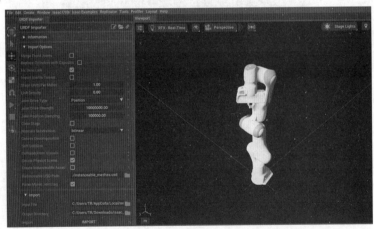

图 5.4 导入的 Franka

步骤 6:可视化碰撞网格以进行检查(图 5.5)。请注意,并非所有的刚体都需要具有碰撞属性,并且碰撞网格通常是比视觉网格更简化的网格。要在任何视口中可视化碰撞网格,请执行以下操作:点击视口左上角的"眼睛"图标 → 选择"按类型显示(Show by type)"→展开"物理(Physics)"→点击"碰撞器(Colliders)"→选择"全部(All)"。

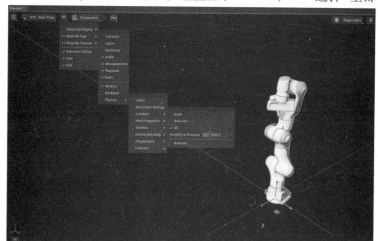

图5.5 可视化碰撞网格检查

步骤7(可选):如果正在导入移动机器人模型,则可能需要更改以下设置。

①取消勾选"修复基础链接(Fix Base Link)"。

②将关节驱动类型设置为"速度驱动(Velocity drive)"。

③根据需要设置"关节驱动强度(Joint Drive Strength)"。注意,在速度驱动模式下,"关节刚度(Joint stiffness)"将始终设置为0,而关节驱动强度将作为关节的阻尼参数导入。

5.1.2 使用 Python 导入 URDF

现在将通过 Python 脚本来执行与之前图形界面操作相同的 URDF 导入流程。随后,将利用 omni. isaac. franka 扩展下的任务,使机器人能够追踪场景中的目标对象。

步骤1:首先,启动"Hello World"示例项目。在顶部菜单栏中点击"Isaac Examples"→"Hello World"以打开示例。

步骤2:此时,Hello World 示例扩展的窗口应出现在工作区中。

步骤3:点击"Open Source Code"按钮,以在 Visual Studio Code 中打开源代码进行编辑。

步骤4:编辑 hello_world. py 文件,添加如下代码:

```python
from omni. isaac. examples. base_sample import BaseSample
from omni. isaac. core. utils. extensions import get_extension_path_from_name
from omni. importer. urdf import _urdf
from omni. isaac. franka. controllers import RMPFlowController
from omni. isaac. franka. tasks import FollowTarget
import omni. ands
import omni. usd

class HelloWorld( BaseSample) :
    def_ _init_ _( self )->None:
```

```python
        super().__init__()
        return

    def setup_scene(self):
        world = self.get_world()
        world.scene.add_default_ground_plane()
        # 获取 URDF 扩展接口
        urdf_interface = _urdf.acquire_urdf_interface()
        # 设置导入配置中的设置
        import_config = _urdf.ImportConfig()
        import_config.merge_fixed_joints = False
        import_config.convex_decomp = False
        import_config.fix_base = True
        import_config.make_default_prim = True
        import_config.self_collision = False
        import_config.create_physics_scene = True
        import_config.import_inertia_tensor = False
        import_config.default_drive_strength = 1047.19751
        import_config.default_position_drive_damping = 52.35988
        import_config.default_drive_type = _urdf.UrdfJointTargetType.JOINT_DRIVE_POSITION
        import_config.distance_scale = 1
        import_config.density = 0.0
        # 获取 urdf 文件路径
        extension_path = get_extension_path_from_name("omni.importer.urdf")
        root_path = extension_path + "/data/urdf/robots/franka_description/robots"
        file_name = "panda_arm_hand.urdf"
        # 最后导入机器人
        result, prim_path = omni.ands.execute("URDFParseAndImportFile", urdf_path="{}/{}".format
(root_path, file_name), import_config=import_config)
        # (可选)还可以为"URDFParseAndImportFile"提供一个'dest_path'参数舞台路径,
        # 这将在新的舞台上导入机器人,在这种情况下,需要将其作为引用添加到当前舞台中:
        # dest_path = "/path/to/dest.usd"
        # result, prim_path = omni.ands.execute("URDFParseAndImportFile", urdf_path="{}/{}".format
(root_path, file_name),
        # import_config=import_config, dest_path=dest_path)
        # prim_path = omni.usd.get_stage_next_free_path(
        #     self.world.scene.stage, str(current_stage.GetDefaultPrim().GetPath()) + prim_path, False
        # )
        # robot_prim = self.world.scene.stage.OverridePrim(prim_path)
        # robot_prim.GetReferences().AddReference(dest_path)
        # 对于包含纹理的机器人资产,这是必需的,否则纹理将不会加载
        # 现在使用在 omni.isaac.franka 下定义的任务之一来使用它
        my_task = FollowTarget(name="follow_target_task", franka_prim_path=prim_path, franka_robot_
name="fancy_franka", target_name="target")
        world.add_task(my_task)
```

```
        return

    async def setup_post_load(self):
        self._world = self.get_world()
        self._franka = self._world.scene.get_object("fancy_franka")
        self._controller = RMPFlowController(name = "target_follower_controller", robot_articulation = self._franka)
        self._world.add_physics_callback("sim_step", callback_fn = self.physics_step)
        await self._world.play_async()
        return

    async def setup_post_reset(self):
        self._controller.reset()
        await self._world.play_async()
        return

    def physics_step(self, step_size):
        world = self.get_world()
        observations = world.get_observations()
        actions = self._controller.forward(
            target_end_effector_position = observations["target"]["position"],
            target_end_effector_orientation = observations["target"]["orientation"],
        )
        self._franka.apply_action(actions)
        return
```

步骤5：按下 Ctrl+S 保存代码，并热重载 Isaac Sim 以应用更改。

步骤6：点击"文件（File）"→"从舞台模板新建（New From Stage Template）"→"空白（Empty）"以创建一个全新的舞台。如果模拟器提示保存当前舞台，请选择"不保存（Don't Save）"。

步骤7：再次打开菜单并加载 Hello World 示例。

步骤8：在 Hello World 示例窗口中点击"LOAD"按钮，加载示例场景。然后，可以尝试移动场景中的目标对象，并观察机器人是否跟随移动。

5.2 导出 URDF 文件

本节将深入探讨在 Isaac Sim 环境中如何从 USD 文件中有效地导出 URDF 文件，并详细阐述其中的一些高级功能选项。

5.2.1 机器人模型的导出流程

初始步骤是激活导出器扩展。用户需要依次点击"窗口（Windows）"→"扩展（Extensions）"，在弹出的搜索框内键入"urdf"，随后启用名为"USD 到 URDF 导出器（USD to URDF Exporter）"的扩展功能。这将导致应用程序的顶部菜单栏新增一个"USD 到 URDF 导出器"的选项。选择此选项以打开扩展界面。USD 到 URDF 导出器用户界面如图 5.6 所示。

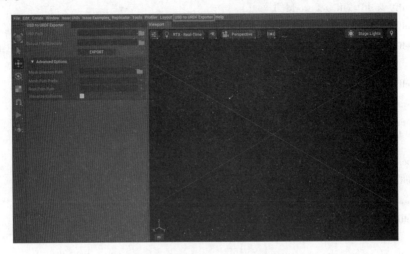

图 5.6　USD 到 URDF 导出器用户界面

在此界面中，为用户提供了两种导出方式：直接从 USD 文件导出或从当前阶段导出。用户可以通过在"USD Path"字段中指定 USD 文件的路径或留空此字段来选择导出方式。本书将采用从当前阶段导出的方式，因此"USD Path"字段将保持为空。

接下来需要加载 Franka 机器人的 USD 文件，该文件位于 Isaac 资产根路径下的 "Isaac/Robots/Franka/franka. usd"。加载完成后，用户只需指定 URDF 文件的保存位置。点击"输出文件/目录（Output File/Directory）"字段旁的文件夹图标，选择期望的保存路径，如"/home/<username>/franka/"。加载 Franka 机器人的 USD 文件如图 5.7 所示。

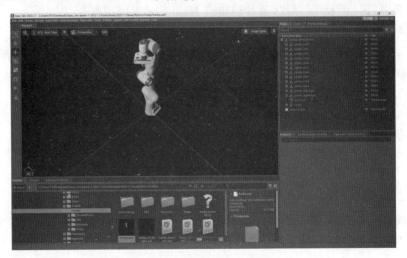

图 5.7　加载 Franka 机器人的 USD 文件

最后，点击"导出（EXPORT）"按钮，系统将以 panda Prim（默认 Prim）作为 URDF 中的根关节，导出整个机器人模型。在导出过程中，"导出"按钮将变为绿色，这可能需要数秒的时间。当按钮恢复为灰色时,表示导出过程已完成。用户可以打开指定的输出文件夹,查看生成的 URDF 文件和 meshes 目录。为验证导出结果,用户可以将 URDF 文件重新导入到 USD,并在 Isaac Sim 中查看。此外,还提供了一个 URDF 查看器示例网站(https://gkjohnson.github.io/urdf-loaders/javascript/example/bundle/index.html),用户可以将输出目录直接拖放到该网站中,以快速查看 URDF 文件并检查关节设置。在 URDF 查看器示例网站上,用户将能够看到 Franka URDF 的详细视图,如图 5.8 所示。

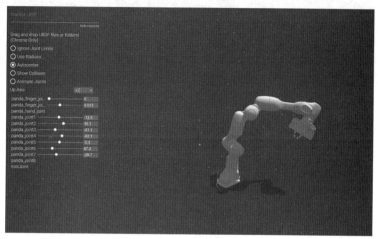

图 5.8　URDF 查看器示例

5.2.2　网格文件路径设置

在导出 URDF 文件时,网格的.obj 文件默认保存在名为"meshes"的目录中,该目录与 URDF 文件位于同一路径下。若需指定其他目录,可在"网格目录路径"字段中定义,如图 5.9所示。

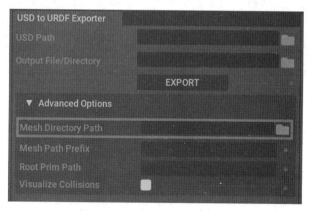

图 5.9　网格目录路径字段

默认情况下,网格文件在 URDF 中采用相对路径,可通过文本编辑器查看导出的 franka.urdf 文件进行确认,如图 5.10 所示。

然而,在某些应用场景中,如与 ROS 协同工作时,可能需要使用绝对路径或 URI 格式。为此,提供了"网格路径前缀"字段,用于在网格文件路径前添加所需的前缀。例如,

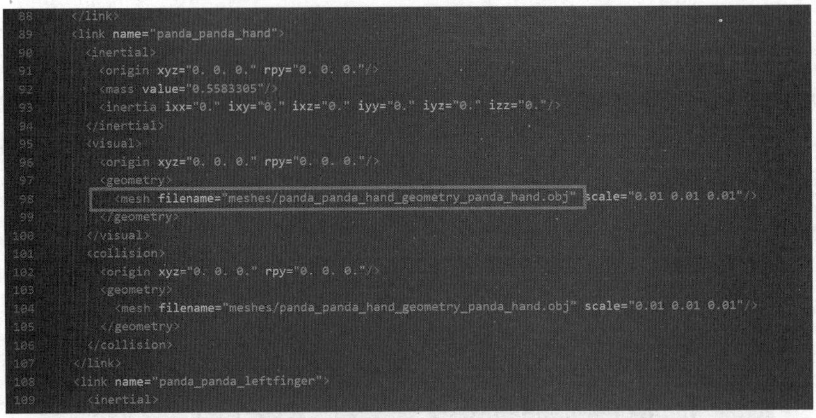

图 5.10　带有相对网格文件路径的 Franka URDF

为确保 Franka URDF 能在 RViz 中正确加载,需要将路径转换为带有 file://方案的有效 URI。具体操作为:将"网格路径前缀((Mesh Path Prefix))"设置为"file://<输出目录的绝对路径>"。输出目录的绝对路径可通过复制"输出文件/目录(Output File/Directory)"字段中的内容获得。请确保前缀格式为"file:///home/<用户名>/franka/",特别注意开头的三个正斜杠和结尾的一个正斜杠。

完成上述设置后,导出的 URDF 文件中的网格文件路径将以前缀开头,从而确保在 RViz 等工具中的正确加载和显示,如图 5.11 所示。

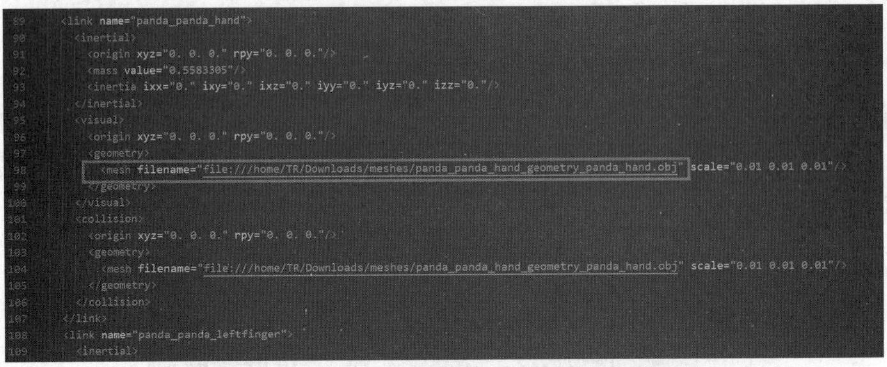

图 5.11　带有 URI 文件路径的 Franka URDF

5.2.3　碰撞对象处理

在 URDF 中,链接通常关联两个独立的网格:视觉网格和碰撞网格。而在 USD 中,二者并未明确区分。USD Prim 可通过附加 PhysicsCollisionAPI 来处理物理碰撞,并可根据需要设置为可见或不可见。USD 到 URDF 导出器会根据是否应用 PhysicsCollisionAPI 及可见性设置,为每个链接生成相应的视觉网格和碰撞网格。

为深入了解几何体 Prim 如何映射到 URDF 中的视觉和碰撞网格,可以向 Franka 机器人添加一个几何体 Prim,并以不同方式导出以观察生成的 URDF 文件。具体操作如下。

(1)重新打开 Franka 机器人的 USD 文件(位于 Isaac/Robots/Franka/franka.usd)。

(2)右键单击 panda_hand Xform Prim,选择"Create"→"Mesh"→"Sphere"创建一个球

体 Mesh Prim。

（3）选择新创建的 Sphere Mesh Prim，将其 x、y、z 组件的缩放比例更改为 0.3。

此时，Franka 机器人应如图 5.12 所示，带有一个附加的球体。

图 5.12　无碰撞 API 且可见网格球体的 Franka USD

接下来，按照之前讨论的步骤导出当前场景。

（1）打开 USD 到 URDF 导出器菜单。

（2）选择一个输出目录。

（3）点击"导出"按钮。

将输出目录拖放到 URDF 查看器示例网站以查看结果。在启用"显示碰撞（Show Collision）"选项后，会发现球体并未被金色突出显示，这表明在 URDF 中它仅被识别为视觉网格而非碰撞网格，如图 5.13 所示。

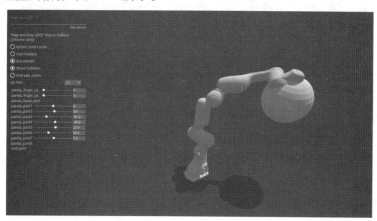

图 5.13　无碰撞 API 且可见网格球体的 Franka URDF

为将球体同时设置为碰撞网格，请返回 Franka USD 文件并为其添加碰撞 API：选择 Sphere Prim，点击 Prim 属性菜单中的"＋Add"按钮，然后选择"Physics"→"Colliders Preset"。添加碰撞 API 后，重新导出 USD 场景为 URDF 文件并再次在 URDF 查看器中查看结果。这次，启用"显示碰撞"选项后，球体应被金色突出显示，表明它现在既是视觉网格又是碰撞网格,如图 5.14 所示。

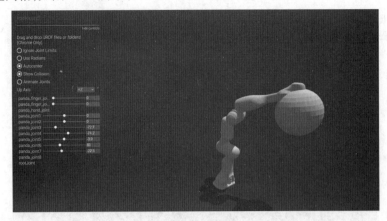

图 5.14   带有碰撞 API 且可见网格球体的 Franka URDF

最后,若要将球体设置为仅作为碰撞网格存在而不影响视觉呈现,请返回 Franka USD 文件并通过禁用 Sphere Prim 旁的"眼睛"图标使其不可见。重新导出 USD 为 URDF 后,在 URDF 查看器中默认不会显示球体;但启用"显示碰撞"后,球体将以金色突出显示作为碰撞网格存在,如图 5.15 所示。这表明在 URDF 中成功地将球体设置为仅作为碰撞对象处理。

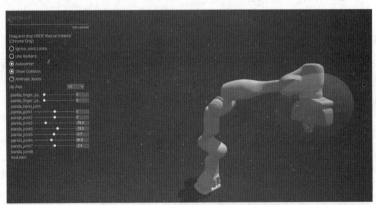

图 5.15   碰撞网格显示金色球体

为确保链接碰撞网格能够正确导出到 URDF 中,必须为这些网格配置碰撞 API,并将其设置为不可见状态。若希望将所有配备了碰撞 API 的 Prim 都作为视觉网格导出,无论其可见性如何,用户都需在 USD 到 URDF 导出器的高级选项中启用"可视化碰撞(Visualize Collisions)"功能。该设置将确保所有具备碰撞特性的 Prim 在 URDF 中均得到正确处理,并按需进行可视化呈现。

5.2.4   限制与约束条件

USD 格式相较于 URDF 提供了更为广泛的表达能力和功能集合,使其成为 URDF 所能描述场景与机器人集合的超集。换言之,所有可由 URDF 描述的内容均能通过 USD 表达,但反之则不成立。因此,在将 USD 转换为 URDF 时,并不存在直接的一对一映射关系,这导致在转换过程中需要引入一些假设和约束条件。

为确保 USD 到 URDF 导出器的成功运行,USD 文件必须遵循以下约束。

①机器人的运动学结构必须呈现为树状结构。

②球体形状在所有轴向上的缩放比例需保持一致。

③圆柱体形状在半径轴(即非高度轴)上的缩放比例应相同。

④每个关节的刚体坐标系必须在位置和对齐上保持一致。

⑤父链接基元应定义为关节的 Body 0,而子链接基元则对应关节的 Body 1。

⑥关节基元必须限定为棱柱形、旋转形或固定形。

⑦链接基元必须采用 Xform 类型。

⑧传感器基元应限定为 Camera 或 IsaacImuSensor 类型。

⑨几何基元需为 Cube、Sphere、Cylinder 或 Mesh 类型,并且在运动学树中只能作为叶节点存在。

若 USD 文件违反上述任一约束条件,导出器将反馈错误。

5.3　导入 MJCF 模型

本节将介绍在 Isaac Sim 环境中如何导入 MuJoCo 仿真文件格式(MJCF)模型,并将其转换为 USD 格式,以便在仿真管道中使用。

5.3.1　利用 MJCF 导入器扩展窗口

从导入内置在扩展中的 Ant MJCF 模型开始操作。

(1)加载 MJCF 导入器扩展。通常,此扩展在打开 Isaac Sim 时应自动加载,并可通过"Isaac Utils"→"Workflows"→"MJCF Importer"菜单进行访问,如图 5.16 所示。如果未自动加载,请手动转至"Window"→"Extensions"并启用 omni. importer. mjcf 扩展。

图 5.16　MJCF 导入器的用户界面

(2)指定 Ant 模型的导入设置。

①取消选中"Fix Base Link"和"Make Default Prim"旁的复选框。

②选中"Create Physics Scene"旁的复选框,以确保在导入过程中创建物理场景。

③将"Stage Units Per Meters"设置为 100.0,这意味着资产将以 cm 为单位进行导入。

(3)点击"SELECT AND IMPORT"按钮,表示已准备好导入机器人模型。

(4)在弹出的文件选择对话框中,导航到包含所需 MJCF 文件的文件夹,并选择该文件,如图 5.17 所示。本示例将使用内置在扩展中的 Ant MJCF 文件(Ant nv_ant. xml)。

(5)点击"Import"按钮将机器人模型添加到仿真场景中。此时,应该能够在 Isaac Sim

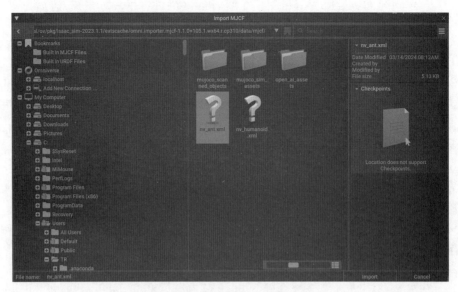

图 5.17　选择要导入的 MJCF

中看到已导入的 Ant 机器人模型(图 5.18),并可以根据需要进行进一步的仿真或操作。

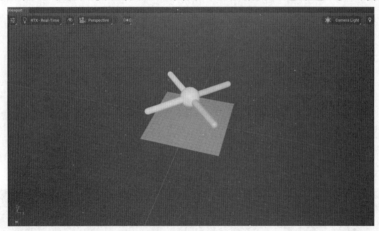

图 5.18　已导入的 Ant

5.3.2　通过 Python 脚本导入 MJCF 模型

下面将通过 Python 脚本完成与之前 GUI 操作相同的任务。

(1)首先,打开脚本编辑器。在顶部菜单栏中选择"Window"→"Script Editor"。

(2)脚本编辑器的窗口现在应该出现在工作区中。

(3)将以下代码复制到脚本编辑器窗口中:

```python
python
import omni. ands
from pxr import UsdLux,Sdf,Gf,UsdPhysics,PhysicsSchemaTools

# 创建新的舞台
omni. usd. get_context( ). new_stage( )
```

设置导入配置:

```
status,import_config=omni. ands. execute("MJCFCreateImportConfig")
import_config. set_fix_base(False)
import_config. set_make_default_prim(False)
```

获取扩展数据路径:

```
ext_manager=omni. kit. app. get_app( ). get_extension_manager( )
ext_id=ext_manager. get_enabled_extension_id("omni. importer. mjcf")
extension_path=ext_manager. get_extension_path(ext_id)
```

导入 MJCF

```
omni. ands. execute(
"MJCFCreateAsset",
    mjcf_path=extension_path+"/data/mjcf/nv_ant. xml",
    import_config=import_config,
    prim_path="/ant"
)
```

获取舞台句柄

```
stage=omni. usd. get_context( ). get_stage( )
```

启用物理效果

```
scene=UsdPhysics. Scene. Define(stage,Sdf. Path("/physicsScene"))
```

设置重力

```
scene. CreateGravityDirectionAttr( ). Set(Gf. Vec3f(0. 0,0. 0,-1. 0))
scene. CreateGravityMagnitudeAttr( ). Set(981. 0)
```

添加灯光

```
distantLight=UsdLux. DistantLight. Define(stage,Sdf. Path("/DistantLight"))
distantLight. CreateIntensityAttr(500)
```

点击运行(Ctrl+Enter)按钮,通过脚本导入 Ant 机器人模型。

5.4　机器人装配

在 Omniverse USD Composer 内部构建机器人或使用不支持关节信息传递的导入器时,必须对机器人进行装配,以确保其能够像铰接式机器人一样移动并受到 Isaac Sim API 的控制。装配过程涉及定义各身体部位之间的关节类型,并设置控制关节行为的参数,如刚度和阻尼。本节将提供逐步指导,说明如何装配叉车。

NVIDIA 已提供与本书相关的三个 USD 资源作为示例。

文件 1:未装配的叉车(位于 Isaac/Samples/Rigging/Forklift/forklift_b_unrigged_cm. usd)。

文件 2:已装配的叉车(位于 Isaac/Samples/Rigging/Forklift/forklift_b_rigged_cm.usd)。

文件 3:已装配并转换为米制单位的叉车(位于 Isaac/Robots/Forklift/forklift_b.usd)。

本节将指导完成从文件 1 到文件 3 的转换过程,而已装配的资源则作为最终目标的参考。

5.4.1　关节识别

在开始对资源进行任何修改之前,装配机器人的首要任务是识别机器人上的所有关节,包括驱动关节和非驱动关节。关节决定了所有网格组件的组织方式,因此正确识别关节类型及其自由度(DOF)对于确保机器人装配后的预期运动至关重要。

以叉车为例,其总共具有 7 个自由度(DOF)。

(1)前部包含 4 个较小的滚轮,这些是非驱动的旋转关节,每个关节围绕单个轴具有一个旋转自由度。

(2)叉子能够相对于叉车主体上下移动以拾取堆放在托盘上的物体,这意味着叉子与主体之间存在一个驱动的移动关节。

(3)后端的较大轮子负责推动叉车及转向。因此,与这个轮子相关的有两个驱动关节:一个旋转关节负责围绕其中心轴旋转轮子以提供前进/后退运动;另一个旋转关节位于后轮基座和叉车主体之间,为转向提供支点。

5.4.2　构建层次结构

首先,加载未装配的叉车资源,路径为 Isaac/Samples/Rigging/Forklift/forklift_b_unrigged_cm.usd。根据所使用的导入器和原始资源的配置,USD 的初始结构可能在部件组织上缺乏清晰的层次结构,导致每个部件都作为独立项列在场景树中,如图 5.19 所示。这不仅增加了阅读和导航的复杂性,更重要的是,它未能明确定义哪些对象应作为机器人的单个链接协同移动,以及这些组件如何相互连接。

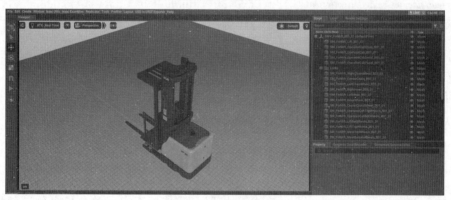

图 5.19　叉车无变换

当父级基元(Prim)移动时,期望其所有子级基元也随之移动。例如,贴在车体上的贴纸和链条是叉车车体的一部分,无论车体由多少个独立的组件组成,整个车体都应被视为机器人的一个单独链接。因此,需要将它们组织在一个统一的父级"body"基元下。这样可以确保当"body"移动时,构成车体的所有子部件都会协同移动。

要组织叉车的基元,请按照以下步骤操作。

(1)创建两个名分别为"body"和"lift"的变换基元(XForm)。

(2)将构成叉车车体的所有网格移动到"body"变换基元下,将操作室网格移动到"lift"变换基元下。为方便操作,USD 文件中的网格已经根据其层次结构进行了排序。位于"Looks"上方的所有网格都应归属于"lift"变换基元。位于"Looks"下方的网格(从"Right Chain Wheel"到"Body Glass")则应归属于"body"变换基元。其余部分用于车轮基座和车轮的组装。

(3)为后轮、后轮的旋转关节及每个前滚轮的支架创建新的变换基元。

(4)为简化后续关节的设置过程,需要将变换基元的框架与各自车轮的框架对齐。为此,请选择每个车轮的网格,并在其属性选项卡的"Transform"部分找到"Translate"和"Translate:pivot"两个组件。新创建的变换基元的变换值应该是这两个组件值的总和。例如,如果"Translate"是($x1,y1,z1$),而"Translate:pivot"是($x2,y2,z2$),那么新创建的变换基元的变换值应设置为($x1+x2,y1+y2,z1+z2$)。

(5)车轮网格的"Translate"值需要设置为对应网格的"Translate:pivot"属性的逆值。例如,如果"Translate"是($x1,y1,z1$),"Translate:pivot"是($x2,y2,z2$),那么现在应将"Translate"设置为($-x2,-y2,-z2$)。

(6)将相应的网格移动到对应的变换基元下,以定义它们之间的父子关系。

最终的层次结构应如图 5.20 所示。

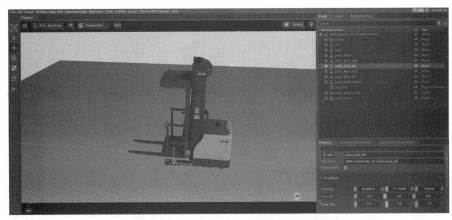

图 5.20 叉车变换

注意,如果在执行此部分操作时遇到困难,可以参考已装配的叉车资源 Isaac/Samples/Rigging/Forklift/forklift_b_rigged_cm.usd 以获取帮助和指导。

5.4.3 分配碰撞网格

下一步是确保为网格正确配置了碰撞属性。如果未设置碰撞属性,机器人在移动时可能会出现自穿透现象,这取决于关节的配置。对于提供的 USD 资源,叉车车身和升降机的正确碰撞网格已经预设好了,因此无须手动配置它们。但为了提供参考,以下是为"SM_Forklift_Body_B01_01"设置碰撞的步骤。

(1)在"lift"变换基元下选择"SM_Forklift_Body_B01_01"网格,右键单击并选择"添加

（Add）"→"物理（Physics）"→"碰撞器预设（Collider Preset）"。默认的碰撞近似是通过"凸包（Convex Hull）"实现的，当在所选网格的属性选项卡下滚动并找到碰撞部分时，可以看到这一点。

（2）要可视化碰撞器，请点击视口右上方的"眼睛"图标，选择"按类型显示（Show By Type）"→"物理（Physics）"→"碰撞器（Collider）"→"已选择（Selected）"。现在，当选择刚刚添加碰撞的网格时，应该会看到一个有颜色的轮廓，如图 5.21 所示。这种近似方法可能并不适合，因为碰撞区域可能覆盖了不属于叉子的大面积区域，而这些区域是允许其他物体存在的必要区域。

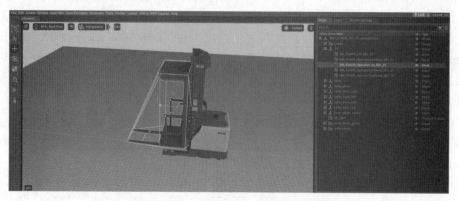

图 5.21　选择 Convex Hull 强撞近似的网格

（3）为更好地近似碰撞网格，请选择"凸分解（Convex Decomposition）"近似。碰撞网格的可视化应该会更新，可以看到这次生成的网格覆盖了更多的可碰撞表面，如图 5.22 所示，因为它是一个更紧密的近似。

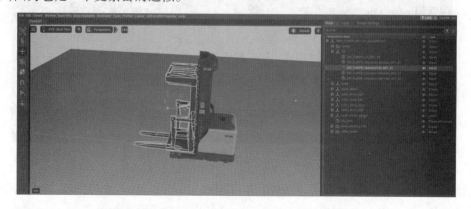

图 5.22　选择 Convex Decomposition 碰撞近似的网格

对于其他将通过关节相互作用的网格，也遵循相同的过程。为"SM_Forklift_BackWheelbase_B01_01"网格设置"凸分解"近似，这将是旋转部分的一部分。

车轮的处理过程略有不同。任何不平滑且不能准确捕捉车轮形状和曲率的碰撞近似都可能在尝试驱动车轮时导致颠簸运动。这可以通过使用圆柱体来近似碰撞网格来避免。具体步骤如下。

（1）转到"创建（Create）"→"形状（Shape）"→"圆柱体（Cylinder）"。

（2）将比例设置为 $X=0.16$、$Y=0.16$、$Z=0.08$，并沿 $Y=90°$ 方向定向。这些值应根据车轮的实际尺寸进行调整。

（3）右键单击并创建此圆柱体的 4 个副本，用于 4 个前滚轮。确保每个圆柱体都与其对应的车轮对齐。

（4）将圆柱体拖到各自车轮的变换基元下，并将它们关于所有轴的变换更改为 0。这将使圆柱体轴和变换基元轴完全对齐，确保圆柱体的位置和方向与车轮一致。

（5）右键单击圆柱体并选择"添加（Add）"→"物理（Physics）"→"碰撞器（Collider）"。这将为圆柱体添加碰撞属性，使其能够与其他物体进行碰撞检测，如图 5.23 所示。

图 5.23　圆柱体车轮碰撞近似的网格

（6）对于后轮，遵循相同的过程，但由于其尺寸较大，因此应将圆柱体比例修改为 $X=0.3$、$Y=0.3$、$Z=0.1$（这些值可能需要根据实际车轮尺寸进行调整），并沿 $Y=90°$ 方向定向，确保圆柱体的尺寸和方向与后轮相匹配。

（7）确保所有变换基元的物理设置都设置为刚体，方法是单击"添加（Add）"→"物理（Physics）"→"刚体（Rigid Body）"。请注意，刚体基元不能有也是刚体的子级，这有助于确保在物理模拟中正确的碰撞响应和动力学行为。

现在，已经设置了所有适当的碰撞网格和属性，可以继续进行关节的添加了。通过正确配置碰撞网格和属性，可以确保机器人在移动时能够准确地检测和处理与其他物体的碰撞，从而实现更真实的物理模拟效果。

5.4.4　添加关节、驱动器和关节连接

在这一阶段，将为叉车配置适当的关节连接，以确保其各部分能够按照预期进行运动。

1. 棱柱形关节配置

首先，需要处理叉车车身与叉子之间的连接。鉴于这两部分之间的运动是线性的，且叉子应沿叉车车身垂直移动，选用棱柱形关节（prismatic joint）。

（1）选择"lift"变换基元，同时按住"Ctrl"键选择"body"变换基元。当这两个元素被同时选中时，右键单击并选择"创建（Create）"→"物理（Physics）"→"关节（Joints）"→"棱柱形关节（Prismatic Joint）"，如图 5.24 所示。

（2）在新创建的棱柱形关节的属性选项卡中，将运动轴设置为 Z 轴，以确保两物体之

图 5.24　棱柱形关节碰撞近似的网格

间的线性运动沿着 Z 轴进行。

（3）接着在属性选项卡中设定关节的移动范围,这里将其设定为–15~200。

（4）为给这个关节提供动力,单击关节,并选择"添加（Add）"→"物理（Physics）"→"线性驱动器（Linear Drive）"。

（5）在线性驱动器的设置中配置阻尼（Damping）为 10 000,刚度（Stiffness）为 100 000,并将目标位置设定为–15,以便叉子从接近地面的初始位置开始运动。

2. 旋转关节配置

对于叉车的所有滚轮支撑部分,需要创建旋转关节（revolute joint）以保证其正常旋转。

（1）选择"body"变换基元,并按住"Ctrl"键,同时选择任一轮子的变换基元。然后右键单击并选择"创建（Create）"→"物理（Physics）"→"关节（Joint）"→"旋转关节（Revolute Joint）",这样会在所选轮子的变换基元下创建一个旋转关节。

（2）确保关节的位置与车轮的旋转轴心相匹配,并将旋转轴设置为 X 轴。

（3）对叉车的其余三个滚轮支撑部分重复上述步骤。

接下来将为叉车的后轮部分添加两个关节,以实现其驱动和转向功能。

首先选择"back_wheel_swivel"和"back_wheel"变换基元,并在它们之间添加一个旋转关节。关节的位置应与后轮的中心相匹配。为此,关节添加一个角度驱动器,并设置阻尼（Damping）为 10 000,刚度（Stiffness）为 100。然后选择"body"和"back_wheel_swivel"变换基元,并在它们之间再添加一个旋转关节,确保将旋转轴设置为 Z 轴。这个关节将负责叉车的转向功能,因此需要将关节的旋转范围设置为–60°~60°。为此,关节添加一个角度驱动器,并配置阻尼（Damping）为 100,刚度（Stiffness）为 100 000。

在点击播放（Play）之前,添加一个物理场景（Physics Scene）和地面平面（Ground Plane）。叉车旋转关节网格如图 5.25 所示。

3. 关节连接配置

最后一步是为叉车配置关节连接,将所有关节整合到一个单独的关节连接链中。这有助于物理求解器更高效地处理像机器人这样具有多个关节的对象。

如果在参考的 USD 资产中已经为相关基元添加了关节连接,则可以跳过此步骤;否则,请选择并右键单击"SMV_Forklift_B01_01"变换基元,然后选择"添加（Add）"→"物理

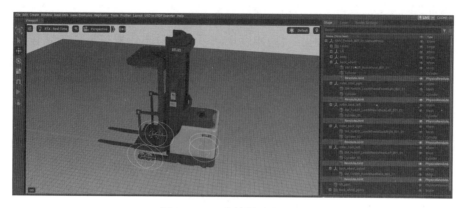

图 5.25 叉车旋转关节网格

（Physics）”→“关节连接根（Articulation Root）”。在属性设置中，禁用“自碰撞”复选框以避免不必要的碰撞检测。

完成上述配置后，叉车资产应该与提供的已装配叉车资产在功能和结构上非常相似。

5.4.5 单位转换与资产调整

如果原始资产是以 cm 为单位创建的，可以使用 Isaac Utils 工具集中的 USD 单位转换器将其转换为 m 单位。转换后，如果后轮的位置看起来不正确，请确保将相关网格的“Transform:pivot”组件重置为零（特别是前四个滚轮、后轮和后轮旋转架）。经过这些调整，叉车资产应该与提供的以 m 为单位的已装配叉车资产相匹配。

现在可以在 Isaac Sim 中测试叉车了。在关节的“Angular Drive”部分将后轮的速度设置为–200。点击播放按钮后，应该能看到叉车向前移动。

5.5 调整关节驱动增益

本节将深入探讨如何对机器人关节进行细致调整，以确保其能够按照既定预期顺畅运行。在开始之前，强烈建议先完成 URDF 的导入工作，这是确保后续步骤顺利进行的基础。注意，利用 4.3 节的相关知识，将能够发送直接的力命令，并实现关节驱动的自定义配置。

5.5.1 深入理解关节驱动机制

关节驱动器是一种双比例控制器，其核心功能是将关节精准地设定至预定目标位置。在此过程中，它运用两种比例增益：一种用于调节位置误差；另一种则用于调节速度误差。基于历史原因，这两种增益在术语上分别称为“刚度”和“阻尼”。

这些关节驱动器的运作方式是隐式的，这意味着位置和速度的约束条件是由驱动器根据当前时间步来施加的。这与工程中常用的闭环控制方法有所不同，后者是通过读取前一个时间步的位置和速度信息，并据此做出响应来实现未来的控制。驱动类型将决定关节驱动力直接作为扭矩/力应用，还是通过转换后应用于与关节连接的物体上的加速度。

在理解刚度时,可以将其想象为弹簧的刚度常数与位置误差的乘积。就像弹簧在被拉伸或压缩时会产生的反作用力一样,刚度反映了关节对于位置偏差的敏感程度。而阻尼则源于目标速度为零的效应,即任何关节的运动都会触发一个试图使其停止的反应力。然而,在实际情况中,可以调整参数使其跟踪非零速度,这与位置上的刚度调整具有相似的效果,有

$$\tau = \text{stiffness} \times (q - q_{\text{target}}) + \text{damping} \times (\dot{q} - \dot{q}_{\text{target}})$$

式中,q 和 $\dot{q}$ 分别是关节的位置和速度。注意,当 $\dot{q}_{\text{target}} = 0$ 时,该公式将简化为关节位置上的传统比例–微分(PD)控制器。该公式同样适用于旋转关节和棱柱关节。

最后,通过细致调整这些参数,将能够实现对机器人关节运动的精确控制。

在机器人控制中,双比例控制器提供了两种核心模式来指导机器人的运动:位置目标模式和速度目标模式。位置目标模式主要用于那些需要通过定义连接体的目标距离或角度来驱动的受控关节。相比之下,速度控制模式则更常用于车轮或其他需要自由旋转的部件。

对于采用位置控制的关节,需要将刚度设置为一个大于 0 的值,而阻尼则可以根据需要进行调整。而对于速度控制的关节,刚度应设置为零,同时阻尼应设为一个大于 0 的数值。

5.5.2　增益调整策略

随意设置参数值可能会导致机器人的行为不符合预期。例如,过低的阻尼或刚度可能无法克服机器人的惯性,导致测量值偏离目标值;而过高的刚度则可能导致机器人在目标值附近产生振荡。对于基于位置的控制,通常可以遵循以下步骤来获得期望的结果。

1. 位置驱动调整

针对机器人的每个关节,首先将阻尼设置为零,仅调整刚度,以便在没有微分项影响的情况下建立稳定的响应。逐步增加刚度,直到关节能够稳定地收敛到接近目标位置。将刚度减少一个数量级,以留出一定的调整余地。

在设置好刚度后,添加一个比刚度低一个数量级的阻尼。这将作为参数的基准线,通常不应引起超调。如果需要更快的响应,可以进一步减少阻尼。在这个基准线的基础上微调两个增益,以实现所需的性能,同时考虑稳定性、响应时间和超调等因素。

需要注意的是,具体的调整过程可能会因机器人的特性和其控制系统的不同而有所差异。如果需要在模拟中包括重力补偿等控制因素,请选择机器人的所有刚体,并在属性面板中取消选中"禁用重力(Disable Gravity)"选项。

许多机器人,包括大多数工业机器人,都配备了预调的 PD 控制用于其关节驱动,并且可以设置为具有完美的位置控制响应,始终以给定的关节速度限制进行驱动。为模拟这种行为,可以将之前通过启发式方法调整的关节刚度增加 2 倍,并在属性面板的"关节(Joint)"→"高级(Advanced)"→"最大关节速度(Maximum Joint Velocity)"中定义最大关节速度。运行模拟以验证关节速度是否满足规范,并微调刚度,直到关节最大速度限制在容差范围内。需要注意的是,过高的刚度可能导致最大速度仍然被违反,因此不建议在关节上添加无限大的刚度,而应使用与没有最大关节速度的情况下校准的刚度相似的值进行操作。

2. 速度驱动调整

对于采用速度控制的关节,首先将刚度设置为零,仅调整阻尼。增加阻尼,直到关节能够稳定地收敛到接近目标速度。如果机器人可能携带额外的负载,则需要稍微增加阻尼(如增加 10% 的额外阻尼)以考虑这些额外负载的影响。

对于速度控制的关节,还可以设置最大关节速度来限制输出。此外,还可以限制最大关节力以施加最大的关节负载力。这些设置有助于确保机器人在各种工作条件下的稳定性和安全性。

3. 实践操作建议

要深入理解并掌握这些调整技巧,建议通过导入库中的机器人模型并调整其关节驱动参数进行实践操作。为进行更孤立的测试和分析,还可以尝试编写一个简单的棱柱形关节模型并将其连接到固定基座上,然后根据具有给定质量的刚体来建模增益,并观察该刚体沿此棱柱形关节移动时的行为表现。一个建议的练习是尝试一种控制方法,该方法能够快速且平稳地使机器人达到目标位置,同时将超调量保持在目标的 1% 以内。这将有助于更好地掌握增益调整的技巧和策略。

5.6 本 章 小 结

本章深入探讨了关节驱动器的运作方式,以及它们如何在机器人中起到关键作用。通过了解驱动器的隐式运作方式,明白了位置和速度的约束条件是如何根据当前时间步来施加的,这与传统的闭环控制方法有所不同。此外,本章还讨论了刚度和阻尼的概念,并通过数学公式展示了它们如何影响关节的运动。

在物理模拟方面,本章学习了如何为机器人添加碰撞器和刚体属性,以确保在模拟中能够准确地检测和处理与其他物体的碰撞。通过正确配置碰撞网格和属性,能够实现更真实的物理模拟效果,机器人在移动时能够准确地感知并响应环境中的变化。

综上所述,本章涵盖了关节驱动器的运作方式、刚度和阻尼的概念、物理模拟中的碰撞检测等多个方面。通过深入理解这些内容,可以更好地设计和控制机器人的运动,从而实现更真实、高效的物理模拟效果。

第6章

动作生成

Lula 是一个为机器人操作设计的,具有高性能的动作生成库。其中,RMPflow 为机器人操作器提供了实时且反应灵敏的本地策略,以指导其达到任务空间的目标,并在过程中成功规避动态的障碍物。而快速探索随机树(RRT)算法系列,如 RRT-Connectors 和 JT-RRT,在静态环境中为全局规划提供了解决方案。此外,Lula 还配备了轨迹生成工具,该工具能够根据 C-Space 和任务空间的一系列规范,生成时间最优的轨迹。最后,Lula 还为用户提供了高性能的正向和逆向运动学求解器的接口,这些求解器为更高级别的动作生成工具提供了有力支持。

以下是关于 Lula 及其相关工具的更为详细的介绍。

6.1 Lula 机器人描述编辑器

本节将详细阐述如何使用机器人描述编辑器的 UI 工具,为所有 Lula 算法生成必要的 robot_description. yaml 配置文件。本节将解释为何 Lula 算法需要特定的配置文件,并概述为支持每个可用的 Lula 算法,需要写入 robot_description. yaml 文件的最小数据集,然后将展示如何利用机器人描述编辑器的 UI 工具自动将适当的信息写入 robot_description. yaml 文件,或对现有的文件进行编辑。

6.1.1 机器人描述文件定义

机器人描述文件是与机器人的 URDF 文件一同使用的关键配置文件,对于所有 Lula 算法的运行都至关重要。用户在希望将 Lula 算法应用于新机器人时,创建 robot_description. yaml 文件是必须首先完成且最为耗时的步骤。

1.定义机器人 C 空间:主动关节与固定关节

机器人描述文件的一个重要任务是定义机器人的 C 空间。以 Franka 机械臂为例,这是一个拥有 7 个自由度的机器人操作臂,并配备了一个额外的 2 自由度夹具。在机器人的 URDF 文件中,总共有 9 个非固定关节可以被视为可控的。然而,Lula 的算法集(包括 RMPflow、Lula RRT、Lula 轨迹生成器等)被设计为将机器人移动到特定位置,但并不控制末端执行器。在典型的使用场景中,可能会使用 RmpFlow 将机器人末端执行器移动到某个位置上方,然后分别打开和关闭夹具。

因此,机器人描述文件必须明确区分每个关节是"主动关节(Active Joint)"还是"固定关节(Fixed Joint)"。被标记为"主动关节"的关节将受到直接控制,而被标记为"固定关节"的关节则被视为从 Lula 算法的角度来看是固定的。在 Franka 机器人的场景中,Franka 手臂的 7 个关节被标记为"主动关节",而夹具关节则被标记为"固定关节"。

在机器人描述编辑器中,用户必须为主动关节和固定关节选择适当的位置。"主动关节"的位置被视为默认位置。当 RmpFlow 没有接收到任何目标指令时,它将使机器人移向这个默认位置。而当给定一个目标时,它将利用"主动关节"的默认位置来解决零空间行为。即对于一个 7 自由度的机器人来说,到达单个目标的方式有很多,而 RmpFlow 将倾向于选择接近默认位置的 C 空间位置。

需要注意的是,"固定关节"的位置在写入机器人描述文件后是无法更改的。因此,为固定关节选择一个合理的位置值至关重要。在 Franka 的示例中,夹具关节被赋予了一个固定值,对应于夹具打开的状态,因为这样做最有利于 RmpFlow 避免夹具与障碍物之间的碰撞,无论夹具处于何种状态,当夹具关闭时,夹具的手指都位于打开夹具的凸包内。

2. 碰撞球体

为实现有效的避障功能,Lula 算法采用了自定义配置。对于特定的机器人,必须定义一组碰撞球体,这些球体应大致覆盖机器人的整个表面。在机器人描述文件中定义的任何碰撞球体,Lula 算法都会确保其不会与 USD 世界中的任何障碍物发生相交。为方便用户操作,机器人描述编辑器提供了多样化的工具,使得用户能够快速且准确地为任意机器人定义出完整的碰撞球体集合。

6.1.2　每种 Lula 算法所需的信息

不同的 Lula 算法对机器人描述文件的完善程度有不同的要求。所有算法都需要用户适当地选择主动关节和固定关节。然而,只有在执行与外部障碍物进行避障的算法时,才需要配置碰撞球体。举例来说,Lula 运动学求解器是一种纯运动学算法,它并不与外部世界进行交互,因此在机器人描述文件中可以省略碰撞球体的定义。虽然 RMPflow 在没有定义任何碰撞球体的情况下也能运行,但它将无法实现障碍物的有效规避。

6.1.3　机器人描述编辑器的使用

本节将简要描述机器人描述编辑器 UI 工具中的各个面板,以便读者更直观地了解该扩展的交互性。需要注意的是,机器人描述编辑器与可实例化资产(Instanceable Assets)并不兼容。但是,对于后续转换为可实例化资产的资产,之前为其生成的机器人描述文件仍然可以在可实例化资产上正常工作。

1. 使用入门

用户可以在工具栏的"Isaac Utils"菜单下找到"Lula Robot Description Editor"选项,从而启动机器人描述编辑器。开始使用时,请首先打开所选机器人的 USD 文件,并点击左侧的"播放按钮"以激活编辑器。在"选择面板(Selection Panel)"中,当机器人出现在舞台上且舞台处于播放状态时,会出现一个下拉菜单供用户选择机器人。用户需要从"选择关节(Select Articulation)"字段中选择机器人关节的主要路径。完成此操作后,另一个标记为"选择链接(Select Link)"的下拉菜单将自动填充机器人中每个链接的名称,这些链接信息在后续使用此工具时将非常有用。至此,已经完成了创建机器人描述文件所需的所有基本操作。其他面板将根据所选机器人的特定信息进行自动填充,然后用户可以继续操作"命令面板(Command Panel)"以进行更高级的设置和调整。

2. 命令面板

在选择关节菜单中选定机器人关节后,命令面板会立即展开并填充必要信息。此面板是用户为正确生成机器人描述文件提供关键信息的交互界面。

在命令面板中,用户需要为每个机器人关节设定"关节位置(Joint Position)"和"关节状态(Joint Status)"。在设定时,请注意以下准则。

仅当 Lula 算法需要直接控制该关节时,才应将其标记为"主动关节"。通常情况下,这意味着机器人手臂的每个关节都应被标记为主动关节,而附着在手臂上的操纵器中的关节则应被标记为"固定关节"。此外,至少应有一个关节被标记为"主动关节"。

根据具体应用场景,"固定关节"的位置可能至关重要。Lula 系统会假设"固定关节"的位置在运行时是不可更改的。

"主动关节"的位置被视为机器人的默认配置,这在 Lula 算法的某些子集(如 RmpFlow)中尤为重要。应选择一个位于机器人前方(按照 Isaac Sim 的惯例,即沿+X 轴方向)且不接近任何关节限制的默认配置。

3. 添加碰撞球体

碰撞球体是逐个链接添加到机器人上的。用户可以从选择面板的"选择链接"字段中选择需要添加球体的链接。链接球体编辑器面板提供了在选定链接范围内添加、缩放和清除球体的功能,而编辑器工具面板则提供了撤销、重做、更改球体颜色及切换机器人可见性等额外功能。

当球体被添加到链接时,它们会以选定链接下的嵌套 Prim 的形式出现在 USD 舞台上。用户可以通过在舞台上移动球体或更改其半径来进行修改。球体相对于其所在链接原点的位置会被记录为机器人描述文件中的固定值。

将球体添加到链接主要有以下三种方式。

(1)添加球体。

在指定位置添加一个球体,并设定其相对于链接原点的平移。创建后,可以通过修改球体 Prim 来轻松调整其位置。

(2)连接球体。

选择两个已创建的球体,并使用指定数量的球体将它们连接起来。连接球体的位置和大小会进行插值计算,以最佳地填充由这两个球体定义的锥体部分的体积。

(3)生成球体。

选择一个定义链接体积的网格,并自动生成一组球体以最佳地填充该网格的体积。在指定生成球体的数量后,系统会自动生成预览,并可以通过点击"生成球体(Generate Spheres)"按钮来确认生成。任何可见的机器人都必须至少有一个定义其链接的网格。当存在多个网格时,建议尝试每个网格以找出能够生成最佳覆盖的最小球体集合。对于具有简单圆柱形形状的链接,通常建议手动使用"连接球体(Connectors Spheres)"功能进行生成。

4. 保存机器人描述文件

在完成命令面板的配置并成功创建了机器人的碰撞球体表示之后,用户可以通过"导出机器人描述文件(Export to Lula Robot Description File)"面板将所生成的机器人描述信息进行导出保存。在此过程中,用户需要指定一个本地计算机上的文件路径,并确保文件名以".yaml"作为后缀。只有当输入了有效的文件路径后,"保存"按钮才会被激活,允许用户进行导出操作。

5. 加载机器人描述文件

若用户需要导入之前已经创建好的机器人描述文件,可以使用"导入机器人描述文件(Import Lula Robot Description File)"面板来实现。通过该面板,用户可以选择并加载预先存在的机器人描述文件,将其内容导入到编辑器中。注意,导入新的文件将覆盖当前编辑器中的所有机器人描述信息,请务必谨慎操作。

6.2 Lula 的 RMPflow 集成与应用

本节将深入探讨如何利用 Motion Generation 扩展中的 RMPflow 类生成流畅且高效的动作序列,以实现任务空间内的目标达成,并在动态环境中有效规避障碍物。本书将分为几个部分:首先,将展示如何直接实例化 RMPflow,并利用其强大的功能生成动作;其次,将指导如何在兼容的机器人平台上轻松加载并部署 RMPflow;最后,还将演示如何利用内置的调试工具,提升 RMPflow 的易用性和集成性,从而优化整体的工作流程。

为更好地理解和实践本节的内容,提供了一个独立的 RMPflow 示例扩展包(下载地址:https://docs.omniverse.nvidia.com/isaacsim/latest/_downloads/7ceca8910199e803f23e836abc100f96/RMPflow_Example.zip)。这个压缩包中包含了一个功能完备的 RMPflow 示例,涵盖了目标跟踪、环境感知及调试选项等核心功能。本节的各个部分将逐步引导从基础的功能构建开始,直至完成整个代码的实现。为更好地跟随本节的步伐,建议下载并解压这个扩展包,然后根据教程的指引,逐步替换"/RmpFlow_Example_python/scenario.py"文件中的内容。

6.2.1 通过 RMPflow 实例驱动机器人动作

在 Isaac Sim 的广阔世界中,RMPflow 已成为控制机器人机械臂的强大工具。正如 RMPflow 配置章节所阐述的,要直接实例化 RmpFlow 类,需要准备三个关键配置文件。一旦这些配置文件被加载,并为末端执行器指定了目标,RMPflow 便能计算出驱动机器人到达所需目标的精确动作。

以下是一个使用 RMPflow 的 Python 代码示例,展示了如何为 Franka 机器人设置 RMPflow,并在每个模拟步骤中通过更新函数驱动机器人朝向预定目标:

```python
import numpy as np
import os

from omni.isaac.core.utils.extensions import get_extension_path_from_name
```

```python
from omni. isaac. core. utils. stage import add_reference_to_stage
from omni. isaac. core. articulations import Articulation
from omni. isaac. core. utils. nucleus import get_assets_root_path
from omni. isaac. core. prims import XFormPrim
from omni. isaac. core. utils. numpy. rotations import euler_angles_to_quats

from omni. isaac. motion_generation import RmpFlow, ArticulationMotionPolicy

class FrankaRmpFlowExample():
    def __init__(self):
        self. _rmpflow = None
        self. _articulation_rmpflow = None

        self. _articulation = None
        self. _target = None

    def load_example_assets(self):
        # 将 Franka 和目标添加到舞台上
        # 加载的位置也是它们在场景中的位置

        robot_prim_path = "/panda"
        path_to_robot_usd = get_assets_root_path() + "/Isaac/Robots/Franka/franka. usd"

        add_reference_to_stage(path_to_robot_usd, robot_prim_path)
        self. _articulation = Articulation(robot_prim_path)

        add_reference_to_stage(get_assets_root_path() + "/Isaac/Props/UIElements/frame_prim. usd", "/World/target")
        self. _target = XFormPrim("/World/target", scale = [.04, .04, .04])

        # 返回添加到舞台的资产, 以便使用 core. World 注册它们
        return self. _articulation, self. _target

    def setup(self):
        # 支持的机器人的 RMPflow 配置文件存储在 motion_generation 扩展的 "/motion_policy_configs" 下
        mg_extension_path = get_extension_path_from_name("omni. isaac. motion_generation")
        rmp_config_dir = os. path. join(mg_extension_path, "motion_policy_configs")

        # 初始化 RmpFlow 对象
        self. _rmpflow = RmpFlow(
            robot_description_path = rmp_config_dir + "/franka/rmpflow/robot_descriptor. yaml",
            urdf_path = rmp_config_dir + "/franka/lula_franka_gen. urdf",
            rmpflow_config_path = rmp_config_dir + "/franka/rmpflow/franon. yaml",
```

```
    end_effector_frame_name = "right_gripper",
    maximum_substep_size = 0.00334
)

# 使用 ArticulationMotionPolicy 包装对象将 rmpflow 连接到 Franka 机器人关节。
self._articulation_rmpflow = ArticulationMotionPolicy(self._articulation, self._rmpflow)

self._target.set_world_pose(np.array([.5,0,.7]), euler_angles_to_quats([0,np.pi,0]))

def update(self, step: float):
    # step 是此帧上经过的时间
    target_position, target_orientation = self._target.get_world_pose()

    self._rmpflow.set_end_effector_target(
        target_position, target_orientation
    )

    action = self._articulation_rmpflow.get_next_articulation_action(step)
    self._articulation.apply_action(action)

def reset(self):
    # 除非明确指定,否则 Rmpflow 是无状态的

    self._target.set_world_pose(np.array([.5,0,.7]), euler_angles_to_quats([0,np.pi,0]))
```

这个过程涉及加载必要的机器人模型和 RMPflow 配置、初始化 RMPflow 实例,以及在每个模拟循环中计算和应用动作指令。值得注意的是,RMPflow 是 MotionPolicy 接口的一个实现。任何实现了 MotionPolicy 的类都可以与 ArticulationMotionPolicy 结合使用,从而在 USD 舞台上驱动机器人运动。在这个示例中,使用指定的配置信息实例化了 RmpFlow 对象,并且创建了 ArticulationMotionPolicy 的实例,它充当了 RmpFlow 与模拟的 Franka 机器人关节之间的桥梁。用户可以直接与 RmpFlow 对象交互,以传递世界状态信息、设置末端执行器的目标位置或调整内部参数。在每一帧中,将末端执行器的目标直接传递给 RmpFlow 对象。然后,利用 ArticulationMotionPolicy 计算出可直接应用于 Franka 关节的动作。这样,机器人便能流畅、高效地向着目标位置移动。

通过这段代码,可以看到 RMPflow 如何与机器人模型紧密结合,实现精确的动作控制,使机器人在复杂的模拟环境中能够灵活、自主地运动。

RmpFlow 作为一种先进的运动策略,具备在导航末端执行器抵达目标时进行动态避障的能力。在执行导航任务时,其面临的世界状态是动态变化的。利用 omni.isaac.core.objects 包,用户可以创建与 RmpFlow 兼容的对象,并注册到系统中。这样,RmpFlow 策略就能自动避免与这些障碍物发生碰撞。

以下代码示例展示了如何使用 RmpFlow 确保机器人导航路径安全和获取机器人在特定帧上的基座姿态变化信息:

```python
class FrankaRmpFlowExample( ):
    def _ _init_ _( self ):
        self. _rmpflow = None
        self. _articulation_rmpflow = None

        self. _articulation = None
        self. _target = None


    def load_example_assets( self ):
        # 将 Franka 和目标添加到舞台
        # 加载事物的位置也是它们在舞台上的位置

        robot_prim_path = "/panda"
        path_to_robot_usd = get_assets_root_path( ) + "/Isaac/Robots/Franka/franka. usd"

        add_reference_to_stage( path_to_robot_usd, robot_prim_path )
        self. _articulation = Articulation( robot_prim_path )

        add_reference_to_stage( get_assets_root_path( ) + "/Isaac/Props/UIElements/frame_prim. usd", "/World/target")
        self. _target = XFormPrim( "/World/target", scale = [ . 04 , . 04 , . 04 ] )

        self. _obstacle = FixedCuboid( "/World/obstacle", size = . 05 , position = np. array( [ 0.4 , 0.0 , 0.65 ] ),
color = np. array( [ 0. , 0. , 1. ] ) )

        # 返回添加到舞台的资产,以便它们可以与 core. World 注册
        return self. _articulation, self. _target, self. _obstacle


    def setup( self ):
        # 支持的机器人的 RMPflow 配置文件存储在 motion_generation 扩展的"/motion_policy_configs"下
        mg_extension_path = get_extension_path_from_name( "omni. isaac. motion_generation")
        rmp_config_dir = os. path. join( mg_extension_path , "motion_policy_configs")

        # 初始化一个 RmpFlow 对象
        self. _rmpflow = RmpFlow(
            robot_description_path = rmp_config_dir + "/franka/rmpflow/robot_descriptor. yaml",
            urdf_path = rmp_config_dir + "/franka/lula_franka_gen. urdf",
            rmpflow_config_path = rmp_config_dir + "/franka/rmpflow/franon. yaml",
            end_effector_frame_name = "right_gripper",
            maximum_substep_size = 0. 00334
        )
        self. _rmpflow. add_obstacle( self. _obstacle )
```

```
# 使用 ArticulationMotionPolicy 包装对象将 rmpflow 连接到 Franka 机器人关节
self._articulation_rmpflow = ArticulationMotionPolicy(self._articulation, self._rmpflow)

self._target.set_world_pose(np.array([.5, 0, .7]), euler_angles_to_quats([0, np.pi, 0]))


def update(self, step:float):
    # step 是当前帧的已用时间
    target_position, target_orientation = self._target.get_world_pose()

    self._rmpflow.set_end_effector_target(
        target_position, target_orientation
    )

    # 跟踪立方体障碍物的任何移动
    self._rmpflow.update_world()

    # 跟踪机器人基座的任何移动
    robot_base_translation, robot_base_orientation = self._articulation.get_world_pose()
    self._rmpflow.set_robot_base_pose(robot_base_translation, robot_base_orientation)

    action = self._articulation_rmpflow.get_next_articulation_action(step)
    self._articulation.apply_action(action)


def reset(self):
    # 除非明确指定,否则 Rmpflow 是无状态的

    self._target.set_world_pose(np.array([.5, 0, .7]), euler_angles_to_quats([0, np.pi, 0]))
```

每当调用 RmpFlow.update_world() 函数时,RmpFlow 都会主动查询所有已注册对象的当前状态,以确保导航路径的安全。此外,通过调用 RmpFlow.set_robot_base_pose(),RmpFlow 还能获取机器人在特定帧上的基座姿态变化信息。由于对象位置是在世界坐标系中进行查询的,因此当机器人的基座在 USD 舞台内发生移动时,这一功能显得尤为重要。

在这里,向 USD 舞台中添加了一个障碍物对象。随后,这个障碍物被正式注册到 RmpFlow 系统中,成为其避障策略的一部分。为确保导航的安全性和准确性,在每一帧上都会调用 RmpFlow.update_world() 函数。这一调用会触发 RmpFlow 系统去查询已注册障碍物的当前位置信息,包括任何可能发生的移动,从而确保机器人在导航过程中能够实时地避免与障碍物发生碰撞。接着执行了一个特定的步骤,即查询机器人基座的当前位置,并将其作为参数传递给 RmpFlow 系统。这个步骤虽然在一些情况下可能不是必需的(如当机器人基座始终保持在固定位置不动时),但在其他情况下却至关重要。例如,当 RmpFlow 需要控制安装在移动基座上的机械臂时,或当机器人基座需要在 USD 舞台内进

行移动时,准确获取并更新基座位置信息就变得尤为关键。这样,RmpFlow 能够更精确地计算机械臂或机器人的运动轨迹,以实现更加准确和高效的导航任务。

6.2.2　为支持的机器人加载 RMPflow

在之前的讨论中,了解到 RmpFlow 的初始化需要五个关键参数。其中,有三个参数是指配置文件的具体路径;end_effector_frame_name 参数则用于明确在引用的 URDF 文件中,哪一个框架应被视为机器人的末端执行器;maximum_substep_size 参数在内部执行欧拉积分时,对最大步长进行了设定。

对于 Isaac Sim 库中所支持的操纵器,加载 RmpFlow 所需的适当配置信息已经被详尽地记录在 omni. isaac. motion_generation 扩展中。这些配置数据以机器人名称为索引,使得用户可以轻松访问和引用。以下是对配置加载过程进行的简化优化,旨在为用户提供更加便捷和高效的机器人运动生成体验:

```python
from omni. isaac. motion_generation. interface_config_loader import (
    get_supported_robot_policy_pairs,
    load_supported_motion_policy_config,
)

class FrankaRmpFlowExample( ) :
    def_ _init_ _( self) :
        self. _rmpflow = None
        self. _articulation_rmpflow = None

        self. _articulation = None
        self. _target = None

    def load_example_assets( self) :
        # Add the Franka and target to the stage
        # The position in which things are loaded is also the position in which they

        robot_prim_path = "/panda"
        path_to_robot_usd = get_assets_root_path( ) + "/Isaac/Robots/Franka/franka. usd"

        add_reference_to_stage( path_to_robot_usd, robot_prim_path)
        self. _articulation = Articulation( robot_prim_path)

        add_reference_to_stage( get_assets_root_path( ) + "/Isaac/Props/UIElements/frame_prim. usd", "/World/target")
        self. _target = XFormPrim( "/World/target", scale = [ .04, .04, .04] )

        self. _obstacle = FixedCuboid( "/World/obstacle", size = .05, position = np. array( [0.4, 0.0, 0.65] ),
color = np. array( [0. , 0. , 1. ] ) )
```

```
        # Return assets that were added to the stage so that they can be registered with the core. World
        return self. _articulation, self. _target, self. _obstacle

    def setup(self):
        # Loading RMPflow can be done quickly for supported robots
        print("Supported Robots with a Provided RMPflow Config:", list(get_supported_robot_policy_pairs().
keys()))
        rmp_config = load_supported_motion_policy_config("Franka", "RMPflow")

        #Initialize an RmpFlow object
        self. _rmpflow = RmpFlow( * * rmp_config)
        self. _rmpflow. add_obstacle(self. _obstacle)

        #Use the ArticulationMotionPolicy wrapper object to connect rmpflow to the Franka robot articulation.
        self. _articulation_rmpflow = ArticulationMotionPolicy(self. _articulation, self. _rmpflow)

        self. _target. set_world_pose(np. array([.5,0,.7]), euler_angles_to_quats([0,np. pi,0]))

    def update(self, step: float):
        # Step is the time elapsed on this frame
        target_position, target_orientation = self. _target. get_world_pose()

        self. _rmpflow. set_end_effector_target(
            target_position, target_orientation
        )

        # Track any movements of the cube obstacle
        self. _rmpflow. update_world()

        #Track any movements of the robot base
        robot_base_translation, robot_base_orientation = self. _articulation. get_world_pose()
        self. _rmpflow. set_robot_base_pose(robot_base_translation, robot_base_orientation)

        action = self. _articulation_rmpflow. get_next_articulation_action(step)
        self. _articulation. apply_action(action)

    def reset(self):
        # Rmpflow is stateless unless it is explicitly told not to be

        self. _target. set_world_pose(np. array([.5,0,.7]), euler_angles_to_quats([0,np. pi,0]))
```

注意,一系列的机器人都配备了 RMPflow 配置。这里展示了当前支持的机器人列表,这些机器人的名称在初始化时可用于加载其对应的 RMPflow 配置。在编写本书时,支持的机器人集合包括['Franka','UR3','UR3e','UR5','UR5e','UR10','UR10e','UR16e','Rizon4','DofBot','Cobotta_Pro_900','Cobotta_Pro_1300','RS007L','RS007N','RS013N','RS025N','RS080N','FestoCobot','Techman_TM12','Kuka_KR210','Fanuc_CRX10IAL']。

同时,简化了 RmpFlow 类的初始化过程,通过直接解包加载的关键字参数字典来实现。目前,load_supported_motion_policy_config()函数是加载适用于各种机器人的配置最简单且直接的方法。然而,展望未来,Isaac Sim 计划提供一个更为集中的机器人注册表。在这个注册表中,Lula 机器人的描述文件及 RMP 配置文件将与机器人的 USD 模型一起存储,从而为用户提供一个更加统一、便捷的机器人管理和配置体验。

6.2.3　调试功能

在 RmpFlow 类中,引入了一系列调试功能,这些功能在常规的 Motion Policy 接口中并不常见。这些独特的调试选项简化了模拟器与 RmpFlow 算法之间的解耦过程,使得诊断潜在的不良行为变得更加容易。

RmpFlow 算法在内部运用了碰撞球机制来避免与外部物体的碰撞。为更直观地了解这些碰撞球的分布和效果,提供了 RmpFlow. visualize_collision_spheres()函数,用于可视化这些球体。这一功能对于验证 RmpFlow 是否对模拟机器人有合理的表示至关重要。

此外,为更精确地模拟机器人的运动路径,提供了 RmpFlow. set_ignore_state_updates(True)标志。当启用此标志时,RmpFlow 将忽略来自机器人 Articulation 系统的状态更新。这意味着,RmpFlow 将假设其返回的机器人关节目标总是能够完美实现。这样,RmpFlow 能够独立计算出随时间变化的机器人路径,而不受模拟机器人 Articulation 系统的限制。在每个时间步,RmpFlow 将返回建议的关节目标,这些目标可以传递给机器人 Articulation 系统进行实现。

通过以下代码调试,用户能够更深入地了解 RmpFlow 算法的工作原理,更有效地诊断和解决潜在的问题,从而优化模拟和机器人的运动性能:

```python
class FrankaRmpFlowExample():
def _ _init( self)_ _:
    self. _rmpflow = None
    self. _articulation_rmpflow = None

    self. _articulation = None
    self. _target = None

    self. _dbg_mode = True

def load_example_assets( self):
    # 将 Franka 和目标添加到场景中
    # 加载事物的位置也是它们的位置

    robot_prim_path = "/panda"
```

```
        path_to_robot_usd = get_assets_root_path( ) +"/Isaac/Robots/Franka/franka.usd"

        add_reference_to_stage( path_to_robot_usd, robot_prim_path)
        self._articulation = Articulation( robot_prim_path)

        add_reference_to_stage ( get_assets_root_path ( ) +"/Isaac/Props/UIElements/frame_prim.usd","/
World/target")
        self._target = XFormPrim("/World/target", scale = [.04,.04,.04])

        self._obstacle = FixedCuboid("/World/obstacle", size = .05, position = np.array([0.4,0.0,0.65]),
color = np.array([0.,0.,1.]))

        # 返回添加到场景中的资源,以便使用 core.World 进行注册
        return self._articulation, self._target, self._obstacle

    def setup( self):
        # 对于支持的机器人,可以快速加载 RMPflow
        print("支持带有提供的 RMPflow 配置的机器人:", list( get_supported_robot_policy_pairs( ).keys
( )))
        rmp_config = load_supported_motion_policy_config("Franka","RMPflow")

        # 初始化一个 RmpFlow 对象
        self._rmpflow = RmpFlow( ** rmp_config)
        self._rmpflow.add_obstacle( self._obstacle)

        if self._dbg_mode:
            self._rmpflow.set_ignore_state_updates( True)
            self._rmpflow.visualize_collision_spheres( )

            # 将机器人增益设置为故意较差
            bad_proportional_gains = self._articulation.get_articulation_controller( ).get_gains( )[0]/50
            self._articulation.get_articulation_controller( ).set_gains( kps = bad_proportional_gains)

        # 使用 ArticulationMotionPolicy 包装对象将 rmpflow 连接到 Franka 机器人 articulation
        self._articulation_rmpflow = ArticulationMotionPolicy( self._articulation, self._rmpflow)

        self._target.set_world_pose( np.array([.5,0,.7]), euler_angles_to_quats([0,np.pi,0]))

    def update( self, step:float):
        # step 是此帧经过的时间
        target_position, target_orientation = self._target.get_world_pose( )

        self._rmpflow.set_end_effector_target(
```

```
        target_position,target_orientation
    )

    # 跟踪立方体障碍物的任何移动
    self._rmpflow.update_world()

    # 跟踪机器人底座的任何移动
    robot_base_translation,robot_base_orientation=self._articulation.get_world_pose()
    self._rmpflow.set_robot_base_pose(robot_base_translation,robot_base_orientation)

    action=self._articulation_rmpflow.get_next_articulation_action(step)
    self._articulation.apply_action(action)

def reset(self):
    # 除非明确指定,否则 Rmpflow 是无状态的
    if self._dbg_mode:
        # 假设所有返回的关节目标都精确命中,将 RMPflow 设置为在内部展开机器人状态
        self._rmpflow.reset()
        self._rmpflow.visualize_collision_spheres()

    self._target.set_world_pose(np.array([.5,0,.7]),euler_angles_to_quats([0,np.pi,0]))
```

在诊断机器人行为时,碰撞球体的可视化功能至关重要。它能清晰区分模拟器自身的行为和 RmpFlow 算法生成的行为。通过利用调试可视化功能,可以迅速识别出尽管 RmpFlow 生成了合理的运动轨迹,但模拟的机器人却难以跟随这些指令动作。特别是在 RmpFlow 迅速调整机器人姿态时,Franka 机器人的 Articulation 系统明显滞后于期望的指令位置。

6.3　快速探索随机树在 Lula 中的应用

为展示如何使用 Motion Generation 扩展中的 Lula 快速探索随机树(RRT)类来生成无碰撞路径,本节将详细解释如何从一个起始配置空间(C-Space)位置规划到 C-Space 或任务空间的目标。为跟随本节的内容,提供了一个独立的 RRT 示例扩展以供下载:RRT 教程(https://docs.omniverse.nvidia.com/isaacsim/latest/_downloads/8dadef612afa743 c67199e21f86e6c1f/RRT_Example.zip)。这个文件包含了一个完整的示例,演示了如何规划到任务空间的目标。下面将详细解释/RRT_Example_python/scenario.py 文件中的内容,该文件包含了所有与 RRT 相关的代码。

6.3.1　生成路径的 RRT 实例

在使用 Lula RRT 生成路径之前,需要准备一些必需的配置文件,用于指定特定的机器人。这些配置文件的路径与末端执行器名称(与机器人 URDF 中的帧匹配)一起用于初始化 RRT 类。此外,其中一个文件专门包含针对 RRT 算法的参数,这些参数不与其他

Lula 算法共享。

对于 Franka 机器人,可能需要加载以下 RRT 配置文件:

```yaml
seed:123456
step_size:0.1
max_iterations:4000
max_sampling:10000
distance_metric_weights:[3.0,2.0,2.0,1.5,1.5,1.0,1.0] # One param per robot DOF
task_space_frame_name:"right_gripper"
task_space_limits:[[-0.8,0.9],[-0.8,0.8],[0.0,1.2]]
c_space_planning_params:
    exploration_fraction:0.5
task_space_planning_params:
    x_target_zone_tolerance:[0.01,0.01,0.01]
    x_target_final_tolerance:1e-5
    task_space_exploitation_fraction:0.4
    task_space_exploration_fraction:0.1
```

说明如下。

①seed。随机数生成器的种子,用于确保每次运行算法时都能获得可重复的结果。

②step_size。RRT 树中每个新节点与其父节点之间的最大距离。

③max_iterations。算法尝试生成路径的最大迭代次数。

④max_sampling。在放弃路径生成之前,算法尝试采样的最大次数。

⑤distance_metric_weights。用于计算配置空间中两点之间距离的权重数组。每个机器人的 DOF 都有一个参数。

⑥task_space_frame_name。用于任务空间规划的末端执行器帧的名称。

⑦task_space_limits。任务空间的边界限制,用于确保生成的路径在有效范围内。

⑧c_space_planning_params。与配置空间规划相关的参数。

⑨exploration_fraction。用于探索配置空间的新节点的比例。

⑩task_space_planning_params。与任务空间规划相关的参数。

⑪x_target_zone_tolerance。当末端执行器进入目标区域时的容忍度。

⑫x_target_final_tolerance。末端执行器与目标位置之间的最终容忍度。

⑬task_space_exploitation_fraction。用于利用已知好路径的新节点的比例(即向目标靠近的节点)。

⑭task_space_exploration_fraction。用于探索任务空间的新节点的比例(即远离目标的节点)。

接下来,在 /RRT_Example_python/scenario.py 文件中展示如何使用 RRT 算法来控制 Franka 机器人在包含障碍物的环境中移动到指定的目标位置。该示例每 60 帧重新规划路径,以确保机器人能够持续适应环境并高效地到达目标(如果路径存在且可达),代码如下:

```python
```

```python
import numpy as np
import os

from omni.isaac.core.utils.extensions import get_extension_path_from_name
from omni.isaac.core.utils.stage import add_reference_to_stage
from omni.isaac.core.articulations import Articulation
from omni.isaac.core.utils.nucleus import get_assets_root_path
from omni.isaac.core.objects.cuboid import VisualCuboid
from omni.isaac.core.prims import XFormPrim
from omni.isaac.core.utils.numpy.rotations import euler_angles_to_quats

from omni.isaac.motion_generation import PathPlannerVisualizer
from omni.isaac.motion_generation.lula import RRT
from omni.isaac.motion_generation import interface_config_loader

class FrankaRrtExample():
    def __init__(self):
        self._rrt = None
        self._path_planner_visualizer = None
        self._plan = []

        self._articulation = None
        self._target = None
        self._target_position = None

        self._frame_counter = 0

    def load_example_assets(self):
        # 将 Franka 和目标添加到场景中
        # 加载的位置也是它们在场景中的位置

        robot_prim_path = "/panda"
        path_to_robot_usd = get_assets_root_path() + "/Isaac/Robots/Franka/franka.usd"

        add_reference_to_stage(path_to_robot_usd, robot_prim_path)
        self._articulation = Articulation(robot_prim_path)

        add_reference_to_stage(get_assets_root_path() + "/Isaac/Props/UIElements/frame_prim.usd", "/World/target")
        self._target = XFormPrim("/World/target", scale=[.04, .04, .04])
        self._target.set_default_state(np.array([0, .5, .7]), euler_angles_to_quats([0, np.pi, 0]))

        self._obstacle = VisualCuboid("/World/Wall", position=np.array([.45, .6, .5]), size=1.0,
```

```
scale = np. array([.1,.4,.4]))

        # 返回添加到场景中的资产,以便它们可以注册到 core. World
        return self. _articulation, self. _target


    def setup(self):
        # Lula 配置文件对于支持的机器人存储在 motion_generation 扩展中的
        # "/path_planner_configs" 和 "/motion_policy_configs"
        mg_extension_path = get_extension_path_from_name("omni. isaac. motion_generation")
        rmp_config_dir = os. path. join(mg_extension_path,"motion_policy_configs")
        rrt_config_dir = os. path. join(mg_extension_path,"path_planner_configs")

        # 初始化 RRT 对象
        self. _rrt = RRT(
            robot_description_path = rmp_config_dir+"/franka/rmpflow/robot_descriptor. yaml",
            urdf_path = rmp_config_dir+"/franka/lula_franka_gen. urdf",
            rrt_config_path = rrt_config_dir+"/franka/rrt/franka_planner_config. yaml",
            end_effector_frame_name = "right_gripper"
        )

        # 对于支持的机器人,RRT 也可以通过更简单的等效方式加载:
        # rrt_config = interface_config_loader. load_supported_path_planner_config("Franka","RRT")
        # self. _rrt = RRT( * * rrt_confg)

        self. _rrt. add_obstacle(self. _obstacle)

        # 使用 PathPlannerVisualizer 包装器生成 ArticulationActions 的轨迹
        self. _path_planner_visualizer = PathPlannerVisualizer(self. _articulation, self. _rrt)

        self. reset()

    def update(self, step: float):
        current_target_position, _ = self. _target. get_world_pose()

        if self. _frame_counter % 60 == 0 and np. linalg. norm(self. _target_position − current_target_posi-
tion)
    >.01:
            # 如果目标已经移动,则每 60 帧重新规划一次
            self. _rrt. set_end_effector_target(current_target_position)
            self. _rrt. update_world()
            self. _plan = self. _path_planner_visualizer. compute_plan_as_articulation_actions(max_cspace_
dist =. 01)
```

```
        self._target_position = current_target_position

    if self._plan:
        action = self._plan.pop(0)
        self._articulation.apply_action(action)

    self._frame_counter += 1

def reset(self):
    self._target_position = np.zeros(3)
    self._frame_counter = 0
    self._plan = []
```

6.3.2　现有局限

1. 全姿态目标

目前,Lula 的 RRT 实现主要侧重于平移任务空间目标和配置空间(C-Space)目标的路径规划。对于需要实现全姿态目标的场景,用户需要采取额外的步骤。具体而言,可以通过结合逆运动学方法与 RRT 规划器来生成满足所需机器人姿态的配置空间目标。这通常涉及使用 RRT.set_cspace_target() 方法替代 RRT.set_end_effector_target(),后者目前不支持直接设置全姿态目标。注意,未来版本的 Lula 可能会直接支持全姿态 RRT 目标,从而简化此过程。

2. 精确遵循计划

虽然 PathPlannerVisualizer 类提供了计划的可视化功能,但它本身并不直接支持轨迹的精确执行。通过 RRT 生成的计划通常是稀疏的,并且仅作为参考路径。为更精确地遵循这些计划,并实现平滑且时间最优的轨迹,用户可以考虑将 RRT 的输出与 LulaTrajectoryGenerator 等工具结合使用。

6.4　Lula 运动学求解器应用

本节将展示如何在 Isaac Sim 环境中使用 Lula 运动学求解器类来执行机器人的正向和逆向运动学计算。为更好地理解和实践,提供了一个独立的 Lula 运动学示例扩展以供下载:Lula 运动学教程(https://docs.omniverse.nvidia.com/isaacsim/latest/_downloads/62547ed9af6f34223926481e5c00e74a/Lula_Kinematics_Example.zip)。这个文件包含了一个示例,演示了如何使用 LulaKinematicsSolver 计算针对特定目标位置的正向和逆向运动学解。

为深入了解这一过程,将解析/Lula_Kinematics_python/scenario.py 文件,该文件包含了与 LulaKinematicsSolver 相关的所有核心代码。

Lula 运动学求解器具备计算由两个配置文件定义的机器人的正向和逆向运动学的能力(参考 Lula 运动学求解器配置部分)。重要的是,LulaKinematicsSolver 可以与 Articulation Kinematics Solver 相结合,以便计算可以直接应用于机器人 Articulation 的运动学解。

在/Lula_Kinematics_python/scenario.py 文件中,使用 LulaKinematicsSolver 生成了逆向运动学解,以指导机器人移动到指定的目标位置。以下是实现这一功能的关键代码片段:

```python
import numpy as np
import os
import carb
#...(其他导入)

class FrankaKinematicsExample():
    def __init__(self):
        #...(初始化函数)

    def load_example_assets(self):
        #...(加载示例资产)

    def setup(self):
        # 加载此机器人的 URDF 和 Lula 机器人描述文件:
        mg_extension_path = get_extension_path_from_name("omni.isaac.motion_generation")
        kinematics_config_dir = os.path.join(mg_extension_path, "motion_policy_configs")

        self._kinematics_solver = LulaKinematicsSolver(
            robot_description_path = kinematics_config_dir+"/franka/rmpflow/robot_descriptor.yaml",
            urdf_path = kinematics_config_dir+"/franka/lula_franka_gen.urdf"
        )

        #...(其他设置代码)

        end_effector_name = "right_gripper"
        self._articulation_kinematics_solver = ArticulationKinematicsSolver(self._articulation, self._kinematics_solver, end_effector_name)

    def update(self, step:float):
        #...(更新函数,包括逆向运动学计算)

    def reset(self):
        # 运动学是无状态的,因此这里什么都不做
        pass
```

在 Lula_Kinematics_python/scenario.py 文件中,LulaKinematicsSolver 的实例化依赖于正确的配置文件路径,以确保其能够正确地解析机器人模型并计算运动学解。这个求解器使用了与基于 Lula 的 RMPflow 运动策略相同的机器人描述文件,这保证了模型的一致

性和计算准确性。此外,还打印了 Franka 机器人中已识别帧的完整列表,但此代码段并未显示打印语句的完整上下文,因此可能需要在实际代码中找到相应的部分,代码如下:

Valid frame names at which to compute kinematics:

['base_link','panda_link0','panda_link1','panda_link2','panda_link3','panda_link4','panda_forearm_end_pt','panda_forearm_mid_pt',

'panda_forearm_mid_pt_shifted','panda_link5','panda_forearm_distal','panda_link6','panda_link7','panda_link8','panda_hand',

'camera_bottom_screw_frame','camera_link','camera_depth_frame','camera_color_frame','camera_color_optical_frame','camera_depth_optical_frame',

'camera_left_ir_frame','camera_left_ir_optical_frame','camera_right_ir_frame','camera_right_ir_optical_frame','panda_face_back_left',

'panda_face_back_right','panda_face_left','panda_face_right','panda_leftfinger','panda_leftfingertip','panda_rightfinger','panda_rightfingertip','right_gripper','panda_wrist_end_pt']

在 Isaac Sim 中,支持的机器人可以通过简单的名称引用进行加载。加载过程涉及指定机器人模型的配置文件路径,这样系统就能正确地识别并实例化机器人模型。一旦机器人模型被加载,就可以利用 ArticulationKinematicsSolver 类来计算机器人末端执行器的位置和方向。这个类基于 LulaKinematicsSolver,它允许用户在一行代码中完成复杂的运动学计算。

ArticulationKinematicsSolver 支持逆运动学计算,这对于机器人的路径规划和动作生成至关重要。逆运动学计算能够根据期望的末端执行器位置和方向,反推出机器人各关节的应有角度。这种计算通常会以机器人能够理解和执行的 ArticulationAction 形式返回。值得注意的是,LulaKinematicsSolver 在执行逆运动学计算时会返回一个标志,表明计算是否成功。如果计算成功,则可以将计算出的关节角度应用到机器人上,使其达到期望的姿态。如果计算失败,系统会发出警告,提示用户重新检查输入参数或考虑其他方法。

LulaKinematicsSolver 还允许用户设置搜索终止条件,以控制逆运动学计算的效率和精度。这些设置可以根据具体的应用场景进行调整。在使用 LulaKinematicsSolver 时,需要注意机器人基座的位置。默认情况下,系统假设机器人基座位于世界坐标系的原点。然而,在实际应用中,机器人基座的位置可能会随着环境的变化而发生变化。因此,在进行运动学计算时,需要确保提供正确的基座位置信息,以便进行准确的坐标转换。

总之,LulaKinematicsSolver 为 Isaac Sim 中的机器人运动学计算提供了强大的支持。通过简单地加载机器人模型并调用相关类和方法,用户可以轻松计算机器人的正向和逆向运动学解,为机器人的控制和路径规划提供有力的支持。然而,在实际应用中,用户还需要考虑如何结合路径规划算法来生成更加合理和有效的机器人运动轨迹。

6.5　Lula 轨迹生成器

在 Isaac Sim 的 Motion Generation 扩展中,Lula 轨迹生成器扮演了至关重要的角色。它能够创建任务空间(Task Space)和配置空间(C-Space)的轨迹,这些轨迹可以直接应用于模拟环境中的机器人关节。为深入了解其使用方法,提供了一个独立的 Lula 轨迹生成器示例扩展供您下载和学习:Lula 轨迹生成器教程(https://docs.omniverse.nvidia.com/

isaacsim/latest/_ downloads/6e4615359c6d962fd40623d4bfd9b66e/Lula _ Trajectory _ Generator _ Example. zip）。

这个压缩文件包含了 LulaTaskSpaceTrajectoryGenerator 和 LulaCSpaceTrajectoryGenerator 的示例代码,它们分别用于生成连接指定任务空间和配置空间点的轨迹。本书将重点解释 Trajectory_Generator_python/scenario. py 文件的内容,该文件包含了所有轨迹生成的核心代码。

6.5.1　生成 C-Space 轨迹

LulaCSpaceTrajectoryGenerator 类专门设计用于生成连接一组给定的 C-Space 路径点的轨迹。配置空间通常是指机器人关节角度的集合。通过提供适当的配置文件,可以初始化 LulaCSpaceTrajectoryGenerator 类,并使用它来创建一系列 ArticulationAction。这些动作可以在每个模拟帧上设置,以产生所需的机器人运动轨迹。

以下是从提供的示例中的/Trajectory_Generator_python/scenario. py 文件中提取的相关代码片段,展示了如何使用 LulaCSpaceTrajectoryGenerator 生成 C-Space 轨迹:

```python
import numpy as np
import os

import carb
from omni. isaac. core. utils. extensions import get_extension_path_from_name
from omni. isaac. core. utils. stage import add_reference_to_stage
from omni. isaac. core. articulations import Articulation
from omni. isaac. core. utils. nucleus import get_assets_root_path
from omni. isaac. core. objects. cuboid import FixedCuboid
from omni. isaac. core. prims import XFormPrim
from omni. isaac. core. utils. numpy. rotations import rot_matrices_to_quats
from omni. isaac. core. utils. prims import delete_prim, get_prim_at_path

from omni. isaac. motion_generation import (
    LulaCSpaceTrajectoryGenerator,
    LulaTaskSpaceTrajectoryGenerator,
    LulaKinematicsSolver,
    ArticulationTrajectory
)

import lula

class UR10TrajectoryGenerationExample( ):
    def_ _init_ _( self) :
        self. _c_space_trajectory_generator = None
        self. _taskspace_trajectory_generator = None
```

```python
        self._kinematics_solver = None

        self._action_sequence = []
        self._action_sequence_index = 0

        self._articulation = None

    def load_example_assets(self):
        # Add the Franka and target to the stage
        # The position in which things are loaded is also the position in which they

        robot_prim_path = "/ur10"
        path_to_robot_usd = get_assets_root_path() + "/Isaac/Robots/UniversalRobots/ur10/ur10.usd"

        add_reference_to_stage(path_to_robot_usd, robot_prim_path)
        self._articulation = Articulation(robot_prim_path)

        # Return assets that were added to the stage so that they can be registered with the core. World
        return [self._articulation]

    def setup(self):
        # Config files for supported robots are stored in the motion_generation extension under "/motion_policy_configs"
        mg_extension_path = get_extension_path_from_name("omni.isaac.motion_generation")
        rmp_config_dir = os.path.join(mg_extension_path, "motion_policy_configs")

        #Initialize a LulaCSpaceTrajectoryGenerator object
        self._c_space_trajectory_generator = LulaCSpaceTrajectoryGenerator(
            robot_description_path = rmp_config_dir + "/universal_robots/ur10/rmpflow/ur10_robot_description.yaml",
            urdf_path = rmp_config_dir + "/universal_robots/ur10/ur10_robot.urdf"
        )

        self._taskspace_trajectory_generator = LulaTaskSpaceTrajectoryGenerator(
            robot_description_path = rmp_config_dir + "/universal_robots/ur10/rmpflow/ur10_robot_description.yaml",
            urdf_path = rmp_config_dir + "/universal_robots/ur10/ur10_robot.urdf"
        )

        self._kinematics_solver = LulaKinematicsSolver(
            robot_description_path = rmp_config_dir + "/universal_robots/ur10/rmpflow/ur10_robot_description.yaml",
            urdf_path = rmp_config_dir + "/universal_robots/ur10/ur10_robot.urdf"
```

```
        )

        self._end_effector_name = "ee_link"

    def setup_cspace_trajectory(self):
        c_space_points = np.array([
            [-0.41,0.5,-2.36,-1.28,5.13,-4.71,],
            [-1.43,1.0,-2.58,-1.53,6.0,-4.74,],
            [-2.83,0.34,-2.11,-1.38,1.26,-4.71,],
            [-0.41,0.5,-2.36,-1.28,5.13,-4.71,]
            ])

        timestamps = np.array([0,5,10,13])

        trajectory_time_optimal = self._c_space_trajectory_generator.compute_c_space_trajectory(c_space_
points)

        trajectory_timestamped = self._c_space_trajectory_generator.compute_timestamped_c_space_
trajectory(c_space_points,timestamps)

        # Visualize c-space targets in task space
        for i,point in enumerate(c_space_points):
            position,rotation = self._kinematics_solver.compute_forward_kinematics(self._end_effector_name,
point)
            add_reference_to_stage(get_assets_root_path()+"/Isaac/Props/UIElements/frame_prim.usd",f"/
visualized_frames/target_{i}")
            frame = XFormPrim(f"/visualized_frames/target_{i}",scale=[.04,.04,.04])
            frame.set_world_pose(position,rot_matrices_to_quats(rotation))

        if trajectory_time_optimal is None or trajectory_timestamped is None:
            carb.log_warn("No trajectory could be computed")
            self._action_sequence = []
        else:
            physics_dt = 1/60
            self._action_sequence = []

            # Follow both trajectories in a row

            articulation_trajectory_time_optimal = ArticulationTrajectory(self._articulation,trajectory_time_
optimal,physics_dt)
            self._action_sequence.extend(articulation_trajectory_time_optimal.get_action_sequence())

            articulation_trajectory_timestamped = ArticulationTrajectory(self._articulation,trajectory_
timestamped,physics_dt)
```

```
        self._action_sequence.extend(articulation_trajectory_timestamped.get_action_sequence())

    def update(self, step:float):
        if len(self._action_sequence) == 0:
            return

        if self._action_sequence_index >= len(self._action_sequence):
            self._action_sequence_index += 1
            self._action_sequence_index %= len(self._action_sequence) + 10 # Wait 10 frames before
repeating trajectories
            return

        if self._action_sequence_index == 0:
            self._teleport_robot_to_position(self._action_sequence[0])

        self._articulation.apply_action(self._action_sequence[self._action_sequence_index])

        self._action_sequence_index += 1
        self._action_sequence_index %= len(self._action_sequence) + 10 # Wait 10 frames before
repeating trajectories

    def reset(self):
        # Delete any visualized frames
        if get_prim_at_path("/visualized_frames"):
            delete_prim("/visualized_frames")

        self._action_sequence = []
        self._action_sequence_index = 0

    def _teleport_robot_to_position(self, articulation_action):
        initial_positions = np.zeros(self._articulation.num_dof)
        initial_positions[articulation_action.joint_indices] = articulation_action.joint_positions

        self._articulation.set_joint_positions(initial_positions)
        self._articulation.set_joint_velocities(np.zeros_like(initial_positions))
```

LulaCSpaceTrajectoryGenerator 类利用 URDF 文件和 Lula 机器人描述文件来精确描述机器人的结构和运动学特性。这个类接收一系列 C-Space 中的路径点，并通过基于样条的插值方法将这些点连接起来，生成平滑的轨迹。

轨迹生成器支持两种模式：时间最优和时间戳记。时间最优轨迹是指在满足机器人速度、加速度或加加速度限制的前提下，完成轨迹所需时间最短的轨迹；时间戳记轨迹则是指定轨迹中关键帧的时间戳，确保机器人在特定时间点达到预定的路径点。在生成轨迹时，可以先快速接近目标，然后减速以更精确地到达。此外，轨迹生成器还能够处理路

径点不可达或接近关节限制的情况,确保生成的轨迹是有效的。生成的轨迹可以通过
ArticulationTrajectory 类转换为一系列 ArticulationAction,这些动作可以直接应用于机器人
的关节,控制其运动。这些动作按照指定的速率进行播放,以实现平滑的机器人运动。

除生成轨迹外,还可以将原始的 C-Space 路径点转换为任务空间点进行可视化。这
样做有助于验证机器人在执行轨迹时是否能够准确地击中每个目标点。最后,通过循环
播放 ArticulationAction 序列,并在轨迹之间暂停一段时间,可以观察机器人在执行任务时
的动态表现,并在必要时进行调整。这种设计使得轨迹的播放和控制更加灵活和方便。

6.5.2 生成任务空间轨迹

在任务空间中生成轨迹与在 C-Space 中生成轨迹具有相似性。在简化场景中,用户
只需指定一组位于任务空间中的位置和四元数方向目标。随后,系统将对这些目标进行
线性插值,以生成平滑且连续的轨迹。以下代码片段展示了如何实现这一过程:

```python
class UR10TrajectoryGenerationExample():
    def __init__(self):
        self._c_space_trajectory_generator = None
        self._taskspace_trajectory_generator = None
        self._kinematics_solver = None

        self._action_sequence = []
        self._action_sequence_index = 0

        self._articulation = None

    def load_example_assets(self):
        # Add the Franka and target to the stage
        # The position in which things are loaded is also the position in which they

        robot_prim_path = "/ur10"
        path_to_robot_usd = get_assets_root_path() + "/Isaac/Robots/UniversalRobots/ur10/ur10.usd"

        add_reference_to_stage(path_to_robot_usd, robot_prim_path)
        self._articulation = Articulation(robot_prim_path)

        # Return assets that were added to the stage so that they can be registered with the core.World
        return [self._articulation]

    def setup(self):
        # Config files for supported robots are stored in the motion_generation extension under "/motion_policy_configs"
        mg_extension_path = get_extension_path_from_name("omni.isaac.motion_generation")
        rmp_config_dir = os.path.join(mg_extension_path, "motion_policy_configs")
```

```
#Initialize a LulaCSpaceTrajectoryGenerator object
self. _c_space_trajectory_generator = LulaCSpaceTrajectoryGenerator(
    robot _ description _ path = rmp _ config _ dir +"/universal _ robots/ur10/rmpflow/ur10 _ robot _
description. yaml",
    urdf_path = rmp_config_dir+"/universal_robots/ur10/ur10_robot. urdf"
)

self. _taskspace_trajectory_generator = LulaTaskSpaceTrajectoryGenerator(
    robot _ description _ path = rmp _ config _ dir +"/universal _ robots/ur10/rmpflow/ur10 _ robot _
description. yaml",
    urdf_path = rmp_config_dir+"/universal_robots/ur10/ur10_robot. urdf"
)

self. _kinematics_solver = LulaKinematicsSolver(
    robot _ description _ path = rmp _ config _ dir +"/universal _ robots/ur10/rmpflow/ur10 _ robot _
description. yaml",
    urdf_path = rmp_config_dir+"/universal_robots/ur10/ur10_robot. urdf"
)

self. _end_effector_name = "ee_link"

def setup_taskspace_trajectory( self) :
    task_space_position_targets = np. array( [
        [0. 3,-0. 3,0. 1],
        [0. 3,0. 3,0. 1],
        [0. 3,0. 3,0. 5],
        [0. 3,-0. 3,0. 5],
        [0. 3,-0. 3,0. 1]
    ])

    task_space_orientation_targets = np. tile( np. array( [0,1,0,0] ),(5,1) )

    trajectory = self. _taskspace_trajectory_generator. compute_task_space_trajectory_from_points(
        task_space_position_targets,task_space_orientation_targets,self. _end_effector_name
    )

    # Visualize task-space targets in task space
    for i,( position,orientation) in enumerate( zip( task_space_position_targets,task_space_orientation_
targets) ) :
        add_reference_to_stage( get_assets_root_path( ) +"/Isaac/Props/UIElements/frame_prim. usd",f"/
visualized_frames/target_{i}")
        frame = XFormPrim( f"/visualized_frames/target_{i}",scale = [. 04,. 04,. 04] )
```

```
        frame. set_world_pose( position, orientation)

    if trajectory is None:
        carb. log_warn("No trajectory could be computed")
        self. _action_sequence = [ ]
    else:
        physics_dt = 1/60
        articulation_trajectory = ArticulationTrajectory( self. _articulation, trajectory, physics_dt)

        # Get a sequence of ArticulationActions that are intended to be passed to the robot at 1/60
second intervals
        self. _action_sequence = articulation_trajectory. get_action_sequence( )

def update( self, step: float) :
    if len( self. _action_sequence) == 0:
        return

    if self. _action_sequence_index >= len( self. _action_sequence) :
        self. _action_sequence_index += 1
        self. _action_sequence_index % = len ( self. _action_sequence) + 10  # Wait 10 frames before
repeating trajectories
        return

    if self. _action_sequence_index == 0:
        self. _teleport_robot_to_position( self. _action_sequence[ 0 ] )

    self. _articulation. apply_action( self. _action_sequence[ self. _action_sequence_index] )

    self. _action_sequence_index += 1
    self. _action_sequence_index % = len ( self. _action_sequence) + 10  # Wait 10 frames before
repeating trajectories

def reset( self) :
    # Delete any visualized frames
    if get_prim_at_path( "/visualized_frames") :
        delete_prim( "/visualized_frames")

    self. _action_sequence = [ ]
    self. _action_sequence_index = 0

def _teleport_robot_to_position( self, articulation_action) :
    initial_positions = np. zeros( self. _articulation. num_dof)
    initial_positions[ articulation_action. joint_indices] = articulation_action. joint_positions
```

```
self._articulation.set_joint_positions(initial_positions)
self._articulation.set_joint_velocities(np.zeros_like(initial_positions))
```

在向任务空间轨迹生成器迁移时,所需的代码变更相对有限。初始化过程与构型空间轨迹生成器保持一致。核心的差异在于,在生成任务空间轨迹时,需要为每个路径点明确指定位置和方向目标,即当调用 LulaTaskSpaceTrajectoryGenerator.compute_task_space_Trajectory_from_points 函数时,对于每个任务空间路径点,都必须明确指定一个位置和方向目标。此外,还需要从机器人的 URDF 中指定一个帧作为末端执行器帧,以确保轨迹与机器人的实际运动学特性相匹配。如果给定的路径点无法被成功连接以形成有效的轨迹,compute_task_space_Trajectory_from_points 函数将返回 None。因此,代码中需要包含对这种情况的检查,以确保在轨迹生成过程中能够捕获并妥善处理此类问题。

LulaTaskSpaceTrajectoryGenerator 不仅限于生成简单的线性连接任务空间轨迹,还能够创建更加复杂和多样化的路径。通过使用 lula.TaskSpacePathSpec 类,用户能够定义包含圆弧、圆圈及多个方向目标的轨迹。

以下代码片段展示了如何创建一个 lula.TaskSpacePathSpec 实例,并演示了可用于构建任务空间路径的不同函数,这些函数允许用户以精细的方式控制轨迹的形状和方向变化:

```python
class UR10TrajectoryGenerationExample():
    def _init_(self):
        self._c_space_trajectory_generator = None
        self._taskspace_trajectory_generator = None
        self._kinematics_solver = None

        self._action_sequence = []
        self._action_sequence_index = 0

        self._articulation = None

    def load_example_assets(self):
        # Add the Franka and target to the stage
        # The position in which things are loaded is also the position in which they

        robot_prim_path = "/ur10"
        path_to_robot_usd = get_assets_root_path() + "/Isaac/Robots/UniversalRobots/ur10/ur10.usd"

        add_reference_to_stage(path_to_robot_usd, robot_prim_path)
        self._articulation = Articulation(robot_prim_path)
```

```
# Return assets that were added to the stage so that they can be registered with the core. World
return [ self. _articulation]


def setup( self) :
    # Config files for supported robots are stored in the motion_generation extension under "/motion_
policy_configs"
    mg_extension_path = get_extension_path_from_name( "omni. isaac. motion_generation")
    rmp_config_dir = os. path. join( mg_extension_path, "motion_policy_configs")


    #Initialize a LulaCSpaceTrajectoryGenerator object
    self. _c_space_trajectory_generator = LulaCSpaceTrajectoryGenerator(
        robot _ description _ path = rmp _ config _ dir +"/universal _ robots/ur10/rmpflow/ur10 _ robot _
description. yaml",
        urdf_path = rmp_config_dir+"/universal_robots/ur10/ur10_robot. urdf"
    )


    self. _taskspace_trajectory_generator = LulaTaskSpaceTrajectoryGenerator(
        robot _ description _ path = rmp _ config _ dir +"/universal _ robots/ur10/rmpflow/ur10 _ robot _
description. yaml",
        urdf_path = rmp_config_dir+"/universal_robots/ur10/ur10_robot. urdf"
    )


    self. _kinematics_solver = LulaKinematicsSolver(
        robot _ description _ path = rmp _ config _ dir +"/universal _ robots/ur10/rmpflow/ur10 _ robot _
description. yaml",
        urdf_path = rmp_config_dir+"/universal_robots/ur10/ur10_robot. urdf"
    )


    self. _end_effector_name = "ee_link"


def setup_advanced_trajectory( self) :
    # The following code demonstrates how to specify a complicated cspace and taskspace path
    # using the lula. CompositePathSpec object


    initial_c_space_robot_pose = np. array( [ 0,0,0,0,0,0] )


    # Combine a cspace and taskspace trajectory
    composite_path_spec = lula. create_composite_path_spec( initial_c_space_robot_pose)


#################################################################################
```

```python
# Demonstrate all the available movements in a taskspace path spec:

#Lula has its own classes for Rotations and 6 DOF poses:Rotation3 and Pose3
r0 = lula. Rotation3( np. pi/2 , np. array( [ 1. 0 ,0. 0 ,0. 0 ] ) )
t0 = np. array( [ . 3 , - . 1 , . 3 ] )
task_space_spec = lula. create_task_space_path_spec( lula. Pose3( r0 , t0 ) )

# Add path linearly interpolating between r0,r1 and t0,t1
t1 = np. array( [ . 3 , - . 1 , . 5 ] )
r1 = lula. Rotation3( np. pi/3 , np. array( [ 1 ,0 ,0 ] ) )
task_space_spec. add_linear_path( lula. Pose3( r1 , t1 ) )

# Add pure translation. Constant rotation is assumed
task_space_spec. add_translation( t0 )

# Add pure rotation.
task_space_spec. add_rotation( r0 )

# Add three-point arc with constant orientation.
t2 = np. array( [ . 3 , . 3 , . 3 , ] )
midpoint = np. array( [ . 3 ,0 , . 5 ] )
task_space_spec. add_three_point_arc( t2 , midpoint , constant_orientation = True )

# Add three-point arc with tangent orientation.
task_space_spec. add_three_point_arc( t0 , midpoint , constant_orientation = False )

# Add three-point arc with orientation target.
task_space_spec. add_three_point_arc_with_orientation_target( lula. Pose3( r1 , t2 ) , midpoint )

# Add tangent arc with constant orientation. Tangent arcs are circles that connect two points
task_space_spec. add_tangent_arc( t0 , constant_orientation = True )

# Add tangent arc with tangent orientation.
task_space_spec. add_tangent_arc( t2 , constant_orientation = False )

# Add tangent arc with orientation target.
task_space_spec. add_tangent_arc_with_orientation_target( lula. Pose3( r0 , t0 ) )

####################################################
# Demonstrate the usage of a c_space path spec:
```

```
c_space_spec = lula. create_c_space_path_spec( np. array( [ 0,0,0,0,0,0] ) )


c_space_spec. add_c_space_waypoint( np. array( [ 0,0.5,-2.0,-1.28,5.13,-4.71] ) )


###############################################################
#Combine the two path specs together into a composite spec:

# specify how to connect initial_c_space and task_space points with transition_mode option
transition_mode = lula. CompositePathSpec. TransitionMode. FREE
composite_path_spec. add_task_space_path_spec( task_space_spec, transition_mode)


transition_mode = lula. CompositePathSpec. TransitionMode. FREE
composite_path_spec. add_c_space_path_spec( c_space_spec, transition_mode)


# Transition Modes:
# lula. CompositePathSpec. TransitionMode. LINEAR_TASK_SPACE:
# Connectors cspace to taskspace points linearly through task space. This mode is only available when
adding a task_space path spec.
# lula. CompositePathSpec. TransitionMode. FREE:
# Put no constraints on how cspace and taskspace points are connected
# lula. CompositePathSpec. TransitionMode. SKIP:
# Skip the first point of the path spec being added, using the last pose instead


trajectory = self. _taskspace_trajectory_generator. compute_task_space_trajectory_from_path_spec(
    composite_path_spec, self. _end_effector_name
)


if trajectory is None:
    carb. log_warn("No trajectory could be computed")
    self. _action_sequence = [ ]
else:
    physics_dt = 1/60
    articulation_trajectory = ArticulationTrajectory( self. _articulation, trajectory, physics_dt)

    # Get a sequence of ArticulationActions that are intended to be passed to the robot at 1/60
second intervals
    self. _action_sequence = articulation_trajectory. get_action_sequence( )

def update( self, step: float) :
    if len( self. _action_sequence) = = 0:
```

```
            return

        if self._action_sequence_index >= len(self._action_sequence):
            self._action_sequence_index += 1
            self._action_sequence_index %= len(self._action_sequence) + 10  # Wait 10 frames before
repeating trajectories
            return

        if self._action_sequence_index == 0:
            self._teleport_robot_to_position(self._action_sequence[0])

        self._articulation.apply_action(self._action_sequence[self._action_sequence_index])

        self._action_sequence_index += 1
        self._action_sequence_index %= len(self._action_sequence) + 10  # Wait 10 frames before
repeating trajectories


    def reset(self):
        # Delete any visualized frames
        if get_prim_at_path("/visualized_frames"):
            delete_prim("/visualized_frames")

        self._action_sequence = []
        self._action_sequence_index = 0


    def _teleport_robot_to_position(self, articulation_action):
        initial_positions = np.zeros(self._articulation.num_dof)
        initial_positions[articulation_action.joint_indices] = articulation_action.joint_positions

        self._articulation.set_joint_positions(initial_positions)
        self._articulation.set_joint_velocities(np.zeros_like(initial_positions))
```

在上述代码中,首先创建了一个 lula.CompositePathSpec 实例,以机器人的初始构型空间姿态作为起点。然后将这个任务空间路径规范与一系列的 lula.TaskSpacePathSpec 和 lula.CSpacePathSpec 相结合,以定义机器人的复杂轨迹。这个轨迹从指定的初始构型空间姿态开始,随后跟随一系列任务空间目标,并最终达到两个构型空间目标。

在组合这些路径规范时,指定了一个转换模式,以确保构型空间与任务空间点之间的平滑过渡。这种转换模式可以根据具体需求进行调整,以满足机器人的运动学约束和性能要求。在定义 lula.TaskSpacePathSpec 时,展示了多种可用的选项来创建任务空间路径。可以选择在保持旋转不变的情况下进行平移,或者在保持平移不变的情况下进行旋转。此外,还可以同时插值平移和旋转,以创建更加复杂的轨迹。

除直线段外,lula. TaskSpacePathSpec 还允许定义弧线和圆形路径。对于弧线,可以指定一个中点,并为机器人在沿路径移动时的方向选择适当的选项。同样,对于圆形路径,也可以指定不同的选项来满足特定的需求。这种灵活性使得 lula. TaskSpacePathSpec 成为机器人路径规划和运动控制中不可或缺的工具。通过结合构型空间路径规范,可以创建出既符合机器人运动学约束又满足实际应用需求的复杂轨迹。

6.6 本 章 小 结

本章介绍了 Lula 动作生成库及其在机器人操作中的应用。Lula 库为机器人提供了实时且反应灵敏的本地策略,使机器人能够在任务空间中达到目标,并在过程中成功规避动态障碍物。该库包含多种算法,如 RMPflow、RRT–Connectors、JT–RRT 等,这些算法分别针对不同的环境和任务需求提供了解决方案。

Lula 动作生成库为机器人操作提供了强大的支持,而机器人描述文件的正确配置则是实现高效机器人操作的关键。通过本章的介绍,读者应该对 Lula 库及其相关工具有了更深入的了解,并能够在实际应用中灵活运用这些工具来提高机器人操作的性能和效率。

第 7 章

强 化 学 习

Omniverse Isaac Gym 扩展为在 Isaac Sim 环境中进行强化学习(RL)的训练和推理提供了一个统一的接口。这一框架极大地简化了将各种强化学习库和算法与 Isaac Sim 的其他组件进行集成的流程。

类似于那些从 gym.Env 类继承的现有框架和环境包装类,Omniverse Isaac Gym 扩展也提供了一个基于 gym.Env 的接口。它不仅继承了标准接口,还实现了大多数主流 RL 库所需的简化 API 集合。这一特性使得该接口能够作为连接 RL 库与 Isaac Sim 框架中运行的物理模拟和任务的桥梁。

通过这一桥梁,研究人员和开发人员能够在 Isaac Sim 所模拟的丰富和逼真的环境中进行高效且灵活的强化学习实验。这不仅加速了算法的开发和验证过程,还为机器人技术、自动驾驶和其他复杂系统的研究开辟了新的途径。

7.1　概述与入门

OmniIsaacGymEnvs 是一套全面的强化学习任务集合,为用户提供了在 Isaac Sim 中进行高效学习和推理的能力。为确保正在使用的是与最新 Isaac Sim 版本兼容的功能,强烈建议从主分支获取该工具的最新版本。如果之前已经检出过某个版本的 OmniIsaacGymEnvs,请执行 git pull origin main 命令以更新到最新内容。

Omniverse Isaac Gym 扩展作为 Isaac Sim 与强化学习库之间的桥梁,提供了一个标准化的接口。这一框架设计旨在简化将复杂的强化学习算法和库与 Isaac Sim 的高级物理模拟和场景管理功能相结合的过程。与许多基于 gym.Env 的现有框架和环境包装器类似,Omniverse Isaac Gym 也继承自 gym.Env,并实现了为大多数主流 RL 库所认可的标准 API 集。

在 RL 生态系统中,通常可以识别出三个核心组件:任务定义、强化学习策略和环境包装器。环境包装器特别关键,因为它为任务逻辑与强化学习策略之间提供了必要的通信接口。任务定义是整个系统中的核心部分,负责实现具体的任务逻辑,如计算观测值、生成奖励信号等。此处可以收集场景中代理的状态信息,并对代理施加控制或动作。借助 Omniverse Isaac Gym,可以基于 omni.isaac.core 中的 BaseTask 定义来创建自定义任务,这为用户提供了在强化学习和非强化学习用例中重用任务逻辑的灵活性。

Omniverse Isaac Gym 扩展的核心目标是为强化学习策略提供一个环境包装器接口，使其能够与 Isaac Sim 中的模拟环境进行无缝通信。作为这一基础接口，提供了一个名为 VecEnvBase 的类，该类继承自 gym. Env，并实现了向量化接口和常见的强化学习 API。通过创建新的派生类，可以轻松地将此基础接口扩展到需要额外 API 的强化学习库中，从而满足各种复杂场景和算法的需求。

基础包装器类 VecEnvBase 提供的常用 API 如下。

（1）render(self, mode：str = "human")。

此函数用于渲染当前帧。在模拟过程中，它允许用户可视化代理与环境的交互。通过指定模式为 "human"，它将尝试以人类可读的形式（如 GUI 界面）渲染环境。

（2）close(self)。

此函数用于关闭模拟器。在完成所有必要的交互后，应调用此函数以释放资源并安全地关闭模拟器。

（3）seed(self, seed：int = -1)。

此函数用于设置随机数生成器的种子。传递 -1 作为种子值将使用随机种子，确保每次运行时都获得不同的随机行为，这对于实验的可重复性和调试非常有用。

（4）step(self, actions：Union[np. ndarray, torch. Tensor])。

此函数是强化学习中最核心的函数之一。它接受一组动作作为输入，这些动作是代理在当前环境中采取的。然后，它触发任务的 pre_physics_step，执行物理模拟，并可能进行渲染。函数计算观测值、奖励信号及任务是否结束的标志，并返回一个状态缓冲区，其中包含所有必要的信息以供后续处理。

（5）reset(self)。

此函数用于触发任务重置。在任务完成后或需要重新开始时，应调用此函数。它将执行任务的 reset( ) 方法，模拟环境的新状态，并重新计算观测值，以便为下一个动作提供初始条件。

这些 API 提供了一种标准化的方式来与环境进行交互，使得不同的强化学习策略可以无缝地与 Isaac Sim 的模拟功能集成。

本节将着手配置强化学习示例仓库——OmniIsaacGymEnvs。具体任务包括为 Isaac Sim安装 OmniIsaacGymEnvs，执行推理和训练示例，在 Docker 环境中安装 OmniIsaac-GymEnvs，并利用 LiveStream 运行相关示例。

7.1.1　安装示例仓库

为配置这些示例，首先需要克隆仓库，可以使用以下命令从 GitHub 仓库中克隆 Om-niIsaacGymEnvs：

```
bash
git clone https://github.com/NVIDIA-Omniverse/OmniIsaacGymEnvs.git
```

接下来，将 OmniIsaacGymEnvs 作为 Python 模块安装到 Isaac Sim 中。首先，需要找到 Isaac Sim 的 Python 可执行文件。在默认情况下，该文件位于 Isaac Sim 目录的根目录下，Linux 上是 python. sh，而 Windows 上是 python. bat。将此路径称为 PYTHON_PATH。

为在终端中设置指向 Python 可执行文件的 PYTHON_PATH 变量，可以运行类似以下命令的命令。请确保将路径更新为本地路径。

对于 Linux：

bash

alias PYTHON_PATH = ~/.local/share/ov/pkg/isaac_sim-*/python.sh

对于 Windows：

cmd

doskey PYTHON_PATH = C:\Users\user\AppData\Local\ov\pkg\isaac_sim-*\python.bat $*

对于 IsaacSim Docker：

bash

alias PYTHON_PATH =/isaac-sim/python.sh

接下来，从 OmniIsaacGymEnvs 的根目录运行以下命令，将 OmniIsaacGymEnvs 安装到 PYTHON_PATH 指定的 Python 环境中：

bash

PYTHON_PATH -m pip install -e.

在初始安装过程中，可能会遇到以下错误，请放心，此错误可以忽略：

bash

ERROR: pip's dependency resolver does not currently take into account all the packages that are installed. This behaviour is the source of the following dependency conflicts.

完成上述步骤后，已经成功安装了 OmniIsaacGymEnvs 示例仓库，并准备好在 Isaac Sim 环境中进行强化学习的训练和推理了。

以下是 OmniIsaacGymEnvs 中提供的当前环境列表，涵盖了各种不同类型的任务和挑战。

1. 灵巧操作任务

①AllegroHand。一个高度灵活的机械手，要求执行精细的抓取和操作任务。

②ShadowHand。另一个机械手环境，具有不同的动力学特性，适用于测试和控制算法。

③ShadowHandOpenAI_FF 和 ShadowHandOpenAI_LSTM。基于 OpenAI Gym 的 ShadowHand 版本，分别使用前馈(FF)和长短时记忆(LSTM)网络进行控制。

2. 移动任务

①Ant。一个四足机器人环境，需要在各种地形上移动并执行任务。

②Anymal。一个高度逼真的四足机器人模型，用于测试移动性和稳定性。

③AnymalTerrain。专门设计用于在复杂地形上测试 Anymal 机器人的环境。

④Humanoid。一个双足人形机器人环境，要求执行复杂的动态运动和平衡任务。

3. 工厂环境

①FactoryTaskNutBoltPick。模拟在工厂环境中抓取和搬运螺母和螺栓的任务。

②FactoryTaskNutBoltPlace。在工厂环境中将螺母和螺栓放置在指定位置的任务。

③FactoryTaskNutBoltScrew。要求将螺栓拧紧到指定位置的工厂任务。

4. 可变形任务

FrankaDeformable。一个与 Franka Emika 机器人交互的环境，涉及操作可变形的物体。

5. 直升机环境

①Crazyflie。一个微型四旋翼飞行器环境,用于测试飞行控制和导航算法。

②Ingenuity。模拟 NASA 的 Ingenuity 火星直升机的环境,用于火星探测任务。

③Quadcopter。一个通用的四旋翼飞行器环境,适用于各种飞行测试和控制任务。

6. 其他

①BallBalance。一个需要平衡球体的环境,测试控制算法的稳定性和准确性。

②Cartpole。经典的倒立摆环境,用于测试基本的控制算法和稳定性。

③FrankaCabinet。与 Franka Emika 机器人交互的环境,涉及打开和关闭柜子等任务。

这些环境提供了丰富的模拟场景和挑战,适用于强化学习、机器人控制、感知和规划等领域的研究和开发。

7.1.2　运行示例

为启动和运行示例脚本,请确保位于 OmniIsaacGymEnvs/omniisaacgymenvs 目录下。

1. 启动训练示例

为训练首个策略,请在终端中执行以下命令:

```bash
PYTHON_PATH scripts/rlgames_train. py task = Cartpole
```

执行上述命令后,Isaac Sim 的窗口将会弹出图 7.1 所示的界面。如果是首次启动,初始化过程可能需要几分钟。一旦初始化完成,Cartpole 场景将会构建,并且模拟将自动开始运行。训练过程将持续进行,直到训练完成,然后该进程将自动终止。

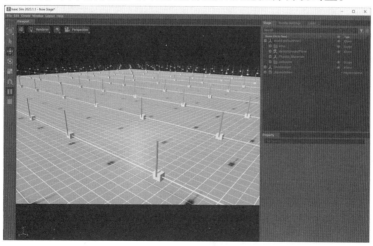

图 7.1　倒立摆训练示例

2. 运行推理

为加载已训练的检查点并进行推理(不进行训练),需要传递 test = True 参数及检查点的名称。执行以下命令:

```bash
PYTHON_ PATH  scripts/rlgames _ train. py  task = Cartpole  test = True  checkpoint = runs/Cartpole/nn/Cartpole. pth
```

这将加载指定路径下的检查点,并在 Cartpole 任务上执行推理。

3. 使用预训练的检查点进行推理

对于 Nucleus 服务器上的每个任务,预训练的检查点通常位于 Assets/Isaac/2023.1. 1/Isaac/Samples/OmniIsaacGymEnvs/Checkpoints 目录下。

为加载预训练的检查点并运行推理,请执行以下命令:

```bash
PYTHON_PATH scripts/rlgames_train. py task = Cartpole test = True
checkpoint = omniverse://localhost/NVIDIA/Assets/Isaac/2023. 1. 1/Isaac/Samples/OmniIsaacGymEnvs/Checkpoints/cartpole. pth
```

此命令将从指定的 Nucleus 路径加载预训练的检查点,并在 Cartpole 任务上进行推理,确保 Nucleus 服务器正在运行,并且有权访问该路径下的检查点文件。

7.1.3 在 Isaac Sim Docker 中安装示例存储库

为利用 Isaac Sim Docker 容器运行 OmniIsaacGymEnvs(OIGE)环境,提供了实用脚本以简化安装和配置过程。最新的 Isaac Sim Docker 镜像可在 NVIDIA GPU Cloud(NGC)上获取。

提供了一个名为 docker/run_docker. sh 的脚本,该脚本旨在初始化 OIGE 存储库并启动 Isaac Sim Docker 容器。可以从 OIGE 存储库的根目录运行此脚本:

```bash
. /docker/run_docker. sh
```

当容器启动后,可以在其中执行训练任务,例如:

```bash
. /isaac-sim/python. sh scripts/rlgames_train. py headless = True task = Ant
```

此命令将在无头模式下启动 Ant 任务的训练。

如果希望在具有 GUI 的 Isaac Sim Docker 上运行,可以使用 docker/run_docker_viewer. sh 脚本:

```bash
. /docker/run_docker_viewer. sh
```

随后,可以在容器中启动带有 UI 的训练:

```bash
. /isaac-sim/python. sh scripts/rlgames_train. py task = Ant
```

此外,还提供了一个 Dockerfile,用于构建预安装 OIGE 的 Docker 镜像。这可以省去每次启动容器时重新安装 OIGE 的烦琐过程。要构建这个镜像,请运行:

```bash
docker build -t isaac-sim-oige -f docker/dockerfile.
```

然后,可以使用这个构建的镜像来启动容器:

```bash
. /docker/run_dockerfile. sh
```

在容器内部,可以再次启动训练任务,例如:

```bash
. /isaac-sim/python. sh scripts/rlgames_train. py task = Ant headless = True
```

这将在无头模式下启动 Ant 任务的训练。使用预构建的镜像可以显著提高工作效率,因为它减少了每次设置新环境所需的时间。

7.1.4　使用 LiveStream 运行

OmniIsaacGymEnvs 支持通过 Omniverse Streaming Client 进行实时流传输。为启用这一功能,需要在运行训练脚本时添加 enable_livestream=True 参数。以下是启用实时流传输的命令示例:

bash

PYTHON_PATH scripts/rlgames_train.py task=Ant headless=True enable_livestream=True

当创建了 SimulationApp 后,可以使用 Omniverse Streaming Client 进行连接并实时查看模拟的运行情况。注意,启用实时流传输相当于在启用查看器的情况下进行训练。因此与在无头模式下运行相比,训练和推理的速度可能会有所降低。

7.2　在 OmniIsaacGymEnvs 中创建新的 RL 示例

OmniIsaacGymEnvs 是一套精心设计的强化学习环境,它们不仅作为示例和基线,而且与 Isaac Sim 紧密集成,以支持构建新颖且高效的 RL 环境。本节将深入挖掘 RL 环境任务框架的运作细节,并通过 OIGE 中的一个简单示例——倒立摆(cartpole)任务,学习如何设置新的 RL 示例。

7.2.1　任务框架介绍

OIGE 的主要执行脚本是 rlgames_train.py,该脚本充当了与 RL 库交互的桥梁。它利用 Hydra 框架来管理和解析输入参数。Hydra 是一个功能强大的配置管理工具,专为处理复杂配置参数而设计。在 OIGE 中,每个任务都有对应的.yaml 配置文件,这些文件详细描述了任务的各种参数和设置。Hydra 负责读取和解析这些配置文件,以确保任务能够按照预定的配置执行。

rlgames_train.py 脚本的另一个关键职责是初始化 Environment 对象。在 Isaac Sim 中,omni.isaac.gym 扩展提供了一个名为 VecEnvBase 的基类,它充当了 RL 库与 Isaac Sim 模拟和任务之间的接口。为支持在 OIGE 中进行训练,为 rlgames RL 库扩展了 VecEnvBase 类。新的环境对象 VecEnvRLGames 负责将 RL 库生成的动作传递给任务,执行模拟步骤,并收集观察、奖励和重置信号,以供 RL 库使用。

通过了解这些核心组件和它们如何协同工作,将能够更有效地利用 OmniIsaacGymEnvs 创建新的 RL 示例,并将它们集成到机器人学习和模拟工作流程中。在接下来的部分中,将进一步探讨如何实现倒立摆任务、如何将其注册到 OIGE 框架,以及如何配置和运行新任务。

当在 OIGE 中启动一个新的强化学习任务时,使用以下命令:

bash

PYTHON_PATH scripts/rlgames_train.py task=Cartpole

这条命令中的关键部分是 task=Cartpole,它告诉 rlgames_train.py 脚本要初始化并运行哪个任务。在这种情况下,指定了倒立摆任务。rlgames_train.py 脚本会解析这个命令中的 task 参数,并使用在 task_util. py 中定义的实用程序来初始化倒立摆任务的一个实例。这个初始化过程涉及设置任务环境、状态空间、动作空间及奖励函数等关键组件。

除任务实现代码本身外,每个 OIGE 中的任务都与两个配置文件相关联:一个用于定义任务的参数(如模拟的步长、任务的难度等);另一个用于指定训练过程的参数(如学习率、优化器设置等)。这些配置文件为任务提供了灵活性和可配置性,使得用户可以轻松地调整任务和训练的设置以满足不同的需求。

在接下来的部分中将详细探讨这些配置文件的结构和内容,以及它们如何影响任务的执行和训练效果。此外,还将进一步介绍如何编写和实现新的 RL 任务,以便在 OIGE 框架中无缝集成和运行。

7.2.2 倒立摆任务实现详解

在深入探索 OmniIsaacGymEnvs 的过程中,将关注其中一个简洁而经典的示例——倒立摆环境。通过解析 Cartpole 任务的每个组件,将理解用于定义该任务的各种 API 和关键技术点。倒立摆环境的源代码是实现该任务的关键所在。

倒立摆任务的核心目标是通过控制小车的移动来平衡一个竖直的杆,使其保持直立不倒。这个任务的挑战在于需要精确控制小车的速度和方向,以应对杆子因重力而产生的摇摆。

要创建一个新的 RL 环境,首先需要定义一个代表该任务的新类。在这个例子中,将创建一个名为 CartpoleTask 的类来实现倒立摆环境。这个类需要初始化一些关键参数,包括小车的初始位置、杆子的初始角度等。在 _ _init_ _方法中,将设置这些参数:

python
class CartpoleTask(RLTask) :
    def_ _init_ _(self, name, sim_config, env, offset = None) ->None:

在 CartpoleTask 类的初始化过程中,需要传入三个关键参数。首先是类的名称,这个名称将从任务配置文件中解析得到,用于标识和区分不同的任务类型。其次是一个 SimConfig 对象,它包含了从任务配置文件中提取的任务相关参数和物理属性。这个 SimConfig 对象是一个集成了多种信息的容器,它持有关于任务环境的数量、模拟的时间步长(dt)、GPU 缓冲区的维度,以及任务中涉及的具体资产(如倒立摆的杆子和小车)的物理特性。最后一个参数是环境对象,通常在这个上下文中,它是指由 rlgames_train. py 脚本所定义的 VecEnvRLGames 对象,这个对象充当了 RL 算法与模拟环境之间的桥梁。

当从命令行启动训练过程时,task_util. py 脚本会被调用,它的职责是自动解析和处理这些参数,确保它们能够正确地被传递到任务类中。

在 CartpoleTask 的构造函数中,将初始化一些核心变量。其中,self. _num_observations 和 self. _num_actions 是两个至关重要的成员变量,它们分别代表了任务观察值的数量和可执行的动作数量。对于倒立摆任务来说,将使用四个观察值来全面描述小车和杆关节的位置与速度状态,同时定义一个动作变量来控制施加给小车的力,以此来平衡杆子。这样的设置使得任务环境能够通过模拟小车的移动和杆子的摆动来生成丰富的观察数据,并据此计算奖励信号,以驱动强化学习算法的训练过程。代码如下:

python

```python
class CartpoleTask(RLTask):
    def __init__(self, name, sim_config, env, offset=None) -> None:
        self.update_config(sim_config)
        self._max_episode_length = 500

        # 这些必须在任务类中定义
        self._num_observations = 4
        self._num_actions = 1

        # 调用父类构造函数以初始化关键的 RL 变量
        RLTask.__init__(self, name, env)
```

此外,在 CartpoleTask 类的构造过程中,还需调用基类 RLTask 的构造函数,以确保一些对所有任务类都至关重要的通用变量得到初始化。这些变量包括用于实现域随机化的配置、定义那些未在任务类中明确指定的动作和观察空间、初始化一个 Cloner 用于环境设置的复制操作,以及为特定任务定义奖励、观察和重置的缓冲区。

在构造函数的起始部分,即第一行代码中,调用了 self.update_config(sim_config) 函数。这个函数是一个实用函数,用于解析和更新传入的 SimConfig 对象。update_config 函数的具体实现如下:

```python
def update_config(self, sim_config):
    # 从主配置字典中提取任务配置
    self._sim_config = sim_config
    self._cfg = sim_config.config
    self._task_cfg = sim_config.task_config

    # 解析任务配置参数
    self._num_envs = self._task_cfg["env"]["numEnvs"]
    self._env_spacing = self._task_cfg["env"]["envSpacing"]
    self._cartpole_positions = torch.tensor([0.0, 0.0, 2.0])

    # 与重置和动作相关的变量
    self._reset_dist = self._task_cfg["env"]["resetDist"]
    self._max_push_effort = self._task_cfg["env"]["maxEffort"]
```

在 update_config 函数中,将执行一个关键步骤:从主配置字典中提取任务特定的配置字典。这一步骤的目的是简化对与任务直接相关的参数的访问,这些参数可能包括环境数量、环境之间的间距、触发重置的距离阈值,以及应用于动作的力度缩放因子等。通过将这些参数组织在单独的任务配置字典中,可以更加高效和清晰地管理和使用它们。

一旦任务配置被提取并更新到当前任务实例中,就可以着手定义设置模拟世界的函数。在这个函数中,将完成以下关键任务。

①定义机器人资源。这包括指定机器人模型、加载必要的资产文件,以及配置机器人的初始状态。

②将物理参数应用于机器人。这涉及设置机器人的质量、惯性、摩擦等物理属性,以确保机器人在模拟中的行为符合物理定律。

③通过克隆机器人来构建向量化环境。克隆过程允许创建多个模拟环境的实例,这些实例在内存中共享相同的机器人定义和物理参数,但具有独立的状态空间。这样,可以在单一的进程中并行运行多个模拟环境,从而提高训练效率。

通过以下示例代码,将能够构建一个配置完善、高效运行的模拟世界,为后续的强化学习训练提供坚实的基础:

```python
def set_up_scene(self, scene) -> None:
    # 首先创建一个单一环境
    self.get_cartpole()

    # 调用父类来克隆单个环境
    super().set_up_scene(scene)

    # 构造一个 ArticulationView 对象来保存环境集合
    self._cartpoles = ArticulationView(
        prim_paths_expr = "/World/envs/.*/Cartpole", name = "cartpole_view", reset_xform_properties = False
    )

    # 将 ArticulationView 对象注册到世界中,以便进行初始化
    scene.add(self._cartpoles)

def get_cartpole(self):
    # 将单个机器人添加到舞台
    cartpole = Cartpole(
        prim_path = self.default_zero_env_path + "/Cartpole", name = "Cartpole", translation = self._cartpole_positions
    )

    # 从任务配置 yaml 文件中应用关节设置
    self._sim_config.apply_articulation_settings(
"Cartpole", get_prim_at_path(cartpole.prim_path), self._sim_config.parse_actor_config("Cartpole")
    )
```

注意,每个任务类都必须定义一个 set_up_scene 函数。这是因为在 Isaac Sim 框架初始化模拟世界时,它会自动调用此函数。在 set_up_scene 函数中,首要任务是构建一个单一环境,即一个 Cartpole 机器人实例。为此,调用 get_cartpole() 函数,该函数负责创建 Cartpole 机器人类的实例,并将 Cartpole 资源添加到场景中。

接下来,利用 SimConfig 实用工具将预设的物理设置应用于机器人。这确保了机器人在模拟中的行为符合预期的物理规律。

当单一环境构建完成后,调用基类 RLTask 中的 super().set_up_scene(scene) 函数,以进一步构建和完善模拟舞台。RLTask 类实现了由 OIGE 框架定义的一系列通用实用工

具,这些工具对所有任务都是通用的。在 set_up_scene 函数中,RLTask 使用 Cloner 根据任务配置中定义的环境数量变量来复制单一环境,从而创建出一个多环境(向量化)的模拟场景。此外,它还处理配置文件中的相关设置,将地面平面和额外的灯光添加到场景中,以增强视觉效果。同时,为确保环境之间的独立性,防止它们之间的干扰,对所有环境的克隆都应用了碰撞过滤。

当环境设置全部完成后,可以通过以下示例代码定义 post_reset 函数:

```python
def post_reset(self):
    # 检索车和杆关节索引
    self._cart_dof_idx = self._cartpoles.get_dof_index("cartJoint")
    self._pole_dof_idx = self._cartpoles.get_dof_index("poleJoint")

    # 随机化所有环境
    indices = torch.arange(self._cartpoles.count, dtype=torch.int64, device=self._device)
    self.reset_idx(indices)
```

这个函数也将在模拟开始时由 Isaac Sim 框架自动触发。在 post_reset 函数中,可以执行一些额外的初始化操作或状态设置,以确保模拟从清晰、一致的状态开始。这对于确保模拟的稳定性和可重复性至关重要。

在 post_reset 函数中,利用仿真运行的 API 进行必要的初始化步骤,特别是利用 ArticulationView 提供的向量化张量 API 来检索小车和杆关节的关节索引。这些索引对于后续计算观测值和奖励至关重要,因为它们允许精确地访问和操控这些关节的状态信息。

接下来对所有环境执行初始重置操作。这一步骤将每个环境初始化为强化学习训练新回合的起始状态。这确保了每个回合都从一致且可预测的起点开始,从而提高了训练的稳定性和可重复性。

以下是 CartpoleTask 的重置函数的实现示例代码:

```python
def reset_idx(self, env_ids):
    num_resets = len(env_ids)

    # 随机化 DOF 位置
    dof_pos = torch.zeros((num_resets, self._cartpoles.num_dof), device=self._device)
    dof_pos[:, self._cart_dof_idx] = 1.0 * (1.0 - 2.0 * torch.rand(num_resets, device=self._device))
    dof_pos[:, self._pole_dof_idx] = 0.125 * math.pi * (1.0 - 2.0 * torch.rand(num_resets, device=self._device))

    # 随机化 DOF 速度
    dof_vel = torch.zeros((num_resets, self._cartpoles.num_dof), device=self._device)
    dof_vel[:, self._cart_dof_idx] = 0.5 * (1.0 - 2.0 * torch.rand(num_resets, device=self._device))
    dof_vel[:, self._pole_dof_idx] = 0.25 * math.pi * (1.0 - 2.0 * torch.rand(num_resets, device=self._device))
```

```
# 将随机化的关节位置和速度应用于环境
indices = env_ids. to( dtype = torch. int32 )
self. _cartpoles. set_joint_positions( dof_pos, indices = indices )
self. _cartpoles. set_joint_velocities( dof_vel, indices = indices )


# 应用重置后重置重置缓冲区和进度缓冲区
self. reset_buf[ env_ids ] = 0
self. progress_buf[ env_ids ] = 0
```

该函数接受一个参数 env_ids,这是一个包含应重置的环境索引的张量。在这个任务中,将 Cartpole 机器人的关节位置和速度重置为随机状态。这样做是为了确保强化学习策略能够从各种各样的起始状态中学习如何执行任务。通过随机化初始状态,增加了策略的泛化能力,使其能够更好地适应现实世界中可能出现的各种情况。

在重置函数中,首要任务是为每个需要重置的环境生成随机的关节位置和速度值。这些随机值确保了每次模拟都从不同的初始状态开始,从而增强了策略的泛化能力。接下来利用 set_joint_positions 和 set_joint_velocities 函数,将这些随机生成的关节位置和速度值应用到相应的环境中。这两个函数要求传入表示所有关节维度的张量 dof_pos 和dof_vel。

值得注意的是,虽然这两个函数设计用来为所有关节设置状态,但可以通过一个额外的 indices 参数来指定哪些环境应该被重置。对于不需要重置的环境,可以简单地将对应的索引值设置为零,这样这些环境的状态就不会被改变。

此外,在重置环境状态时,还必须同时更新重置缓冲区 reset_buf 和进度缓冲区 progress_buf。reset_buf 是一个布尔型张量,用于追踪每一步哪些环境应该被重置;progress_buf 是一个整数型张量,用于记录自上次重置以来每个环境已经模拟了多少步。在重置过程中,将这些缓冲区中对应环境的值重置为零,以确保它们能够准确反映环境的新状态。

在模拟的每一步中,需要在物理步骤之前将来自强化学习策略的动作应用到机器人上。这样,当物理步骤发生时,机器人就会根据这些动作进行移动。类似地,在物理步骤之前,还需要检查 reset_buf,并根据需要重置任何标记为需要重置的环境。这个逻辑通常在 pre_physics_step 函数中实现,代码如下所示,该函数在每个模拟步骤之前被调用,并接收来自强化学习策略的动作作为参数:

```python
def pre_physics_step( self, actions ) -> None:
    # 确保模拟没有从 UI 停止
    if not self. _env. _world. is_playing( ):
        return


    # 提取需要重置的环境索引并重置它们
    reset_env_ids = self. reset_buf. nonzero( as_tuple = False ). squeeze( -1 )
    if len( reset_env_ids ) > 0:
        self. reset_idx( reset_env_ids )
```

```
# 确保动作缓冲区与模拟位于同一设备上
actions = actions.to(self._device)

# 从动作中计算力
forces = torch.zeros((self._cartpoles.count, self._cartpoles.num_dof), dtype = torch.float32, device =
self._device)

forces[:, self._cart_dof_idx] = self._max_push_effort * actions[:, 0]

# 将动作应用于所有环境
indices = torch.arange(self._cartpoles.count, dtype = torch.int32, device = self._device)
self._cartpoles.set_joint_efforts(forces, indices = indices)
```

在 pre_physics_step 函数中，首先会检查模拟是否正在运行。如果模拟已停止，则函数会直接返回，不进行任何操作。然后，函数会提取出需要重置的环境索引，并调用 reset_idx 函数来重置这些环境的状态。随后，函数会将动作张量移动到与模拟相同的计算设备上，以确保动作数据可以在模拟过程中被正确访问和使用。接下来，函数会根据这些动作计算力，并将这些力应用到所有环境中。这一步是为了模拟机器人根据强化学习策略给出的动作而产生的运动。在 pre_physics_step 中，重置环境的逻辑是优先处理的。如果存在被标记为需要重置的环境，函数会调用之前解释的 reset_idx 函数来重置这些环境的状态。重置完成后，函数会转向处理从强化学习策略接收到的动作。这些动作会被一个缩放因子调整，然后将调整后的值写入力缓冲区。与关节状态 API 类似，这里也需要初始化一个覆盖机器人所有关节的力张量。然而，由于强化学习策略只为小车关节提供了一个单一的动作，因此需要将这个动作值分配到力缓冲区的相应位置。最后，函数使用 ArticulationView 的 set_joint_effortsAPI 将计算得到的力应用到机器人上，以驱动机器人在模拟环境中的运动。

接下来，将通过以下代码实现 get_observations 函数：

python
```
def get_observations(self) -> dict:
    # 检索关节位置和速度
    dof_pos = self._cartpoles.get_joint_positions(clone = False)
    dof_vel = self._cartpoles.get_joint_velocities(clone = False)

    # 提取小车和杆关节的关节状态
    cart_pos = dof_pos[:, self._cart_dof_idx]
    cart_vel = dof_vel[:, self._cart_dof_idx]
    pole_pos = dof_pos[:, self._pole_dof_idx]
    pole_vel = dof_vel[:, self._pole_dof_idx]

    # 填充观察缓冲区
    self.obs_buf[:, 0] = cart_pos
    self.obs_buf[:, 1] = cart_vel
    self.obs_buf[:, 2] = pole_pos
```

```
self. obs_buf[ :,3 ] =pole_vel
```

构造观察字典并返回
```
observations = { self. _cartpoles. name : {"obs_buf": self. obs_buf} }
return observations
```

该函数负责从模拟中提取状态信息。具体来说,它会将观察缓冲区 obs_buf 填充为小车和杆关节的关节位置和速度信息。这些信息是强化学习策略学习执行任务所必需的。在函数的末尾,函数会构建一个包含观察缓冲区的字典,并遵循 Isaac Sim 框架的 BaseTask 类中 get_observations 方法的 API 定义将其返回。这样,强化学习策略就可以根据这些观察结果来调整其动作选择,从而优化任务执行的效果。

在 get_observations 函数中,首先调用 get_joint_positions 和 get_joint_velocities 函数,从模拟环境中检索出关节的当前位置和速度信息。这些信息对于了解机器人在模拟中的状态至关重要。接下来专注于提取小车和杆关节的相关状态数据。这些数据包括关节的位置和速度,它们直接反映了机器人在模拟中的动态表现。然后,将这些状态值填充到观察缓冲区 obs_buf 中。这个缓冲区将用于存储并返回给强化学习策略的观察结果,以供其根据当前状态作出决策。最后,构造一个包含观察缓冲区的字典,并遵循 Isaac Sim 框架中 BaseTask 类的 get_observations 函数的 API 定义将其返回。这样,强化学习策略就能够接收到关于机器人状态的信息,并根据这些信息作出相应的动作决策。

除观察结果外,还需要计算任务的奖励。奖励函数在 calculate_metrics API 中定义,并且也遵循 BaseTask 的接口规范。在这个函数中,根据杆的角度来计算奖励。具体来说,杆越接近 0°(即直立位置),奖励就越高,这鼓励强化学习策略使机器人保持杆的平衡。此外,为惩罚机器人运动过快,还添加了一个小的惩罚项,这个惩罚项是通过对小车和杆关节速度的绝对值进行计算得到的。这有助于确保强化学习策略为机器人提供平稳的运动,避免过快或过猛的动作。当机器人达到不良状态时,如超出重置距离限制或杆在任何方向上超过 90°时,会将征罚项的系数设定为−2。这个惩罚用于鼓励强化学习策略避免进入这些不良状态,从而确保机器人的稳定性和安全性。最后,将计算出的奖励值分配给奖励缓冲区 rew_buf,并将其传递给强化学习框架。这样,强化学习策略就能够根据奖励信号调整其动作选择,以优化任务执行的效果。具体代码如下:

```python
def calculate_metrics( self) ->None :
    # 使用观察缓冲区中的状态来计算奖励
    cart_pos =self. obs_buf[ :,0 ]
    cart_vel =self. obs_buf[ :,1 ]
    pole_angle =self. obs_buf[ :,2 ]
    pole_vel =self. obs_buf[ :,3 ]

    # 基于杆的角度和机器人速度定义奖励函数
    reward =1.0−pole_angle * pole_angle−0.01 * torch. abs( cart_vel) −0.5 * torch. abs( pole_vel)
    # 如果小车在轨道上移动得太远,则惩罚策略
    reward = torch. where ( torch. abs ( cart _pos ) > self. _reset _dist, torch. ones _like ( reward ) * −2.
```

0,reward)

```
    # 如果杆移动超过90°,则惩罚策略
    reward=torch.where(torch.abs(pole_angle) > np.pi / 2,torch.ones_like(reward) * -2.0,reward)

    # 将奖励分配给奖励缓冲区
    self.rew_buf[:]=reward
```

此函数利用观察缓冲区中的数据,即小车的位置和速度,以及杆的角度和速度,来计算奖励值。奖励的计算基于杆的角度和机器人的移动速度,并通过对这些值进行运算得出。此外,为引导策略向更稳定、平滑的运动方向优化,还引入了一些小的惩罚项来调整奖励。如果小车移动距离超过了预设的重置距离限制,或杆的角度偏移超过了90°,会应用一个更大的惩罚值,以强调这些不良状态应当被避免。计算出的奖励值随后被赋值给奖励缓冲区 rew_buf,以供后续传递给强化学习框架使用。这样,强化学习算法就能够根据这些奖励信号来调整其策略,以实现更好的性能。

最后,通过以下代码实现 is_done 函数,用于判断哪些环境需要被重置:

```python
def is_done(self)->None:
    cart_pos=self.obs_buf[:,0]
    pole_pos=self.obs_buf[:,2]

    # 检查哪些条件满足,并标记满足条件的环境
    resets=torch.where(torch.abs(cart_pos) > self._reset_dist,1,0)
    resets=torch.where(torch.abs(pole_pos) > math.pi / 2,1,resets)
    resets=torch.where(self.progress_buf >= self._max_episode_length,1,resets)

    # 将重置值分配给重置缓冲区
    self.reset_buf[:]=resets
```

此函数负责检查多个条件以决定是否需要重置环境。它首先评估小车的位置和杆的角度是否超出了预设的安全限制。一旦发现这些参数中的任何一个超出阈值,相应的重置标志将被立即设置为1,表明该环境需要进行重置操作。

这个函数设定了多个条件来触发重置操作。首先,如果机器人移动到了超出预设的重置距离限制的位置,这通常意味着机器人已经偏离了轨道,此时会触发重置,将机器人重新放置在一个更合理的起始位置。其次,如果杆的角度偏离了直立位置过大,同样也会触发重置,以促使机器人恢复到一个更稳定的状态。最后,为确保学习过程不会陷入局部最优解,如果环境在达到最大情节长度 max_episode_length 后仍未被重置,会强制进行重置,使环境能够从一个新的初始状态开始新一轮的学习。

计算出的重置值随后被赋值给重置缓冲区 reset_buf,以供后续使用。这样,就能确保环境在必要时得到重置,为强化学习算法提供持续有效的学习信号。

此外,为确保学习过程的有效性和避免无限循环,该函数还会检查当前情节的长度是否达到了预设的最大值 max_episode_length。一旦情节长度达到这个限制,即使没有超出位置或角度限制,也会触发环境的重置。

在完成所有条件检查并确定需要重置的环境后,这些重置标志将被存储在 reset_buf 缓冲区中。这个缓冲区将在后续步骤中被使用,以确保环境在需要时能够得到及时的重置,从而保持学习过程的连续性和有效性。通过该函数为强化学习算法提供了一个清晰、一致的环境重置机制,有助于提升策略学习的稳定性和效率。

7.2.3　注册新任务

在 OIGE 框架中,新任务的注册是通过 task_util. py 脚本完成的。这个脚本是任务注册的中心,它维护了一个包含所有可用任务导入语句的列表,以及一个将任务名称映射到其相应类名的字典。这种结构使得框架能够动态地加载和管理任务。

当在 OIGE 框架中添加一个新任务时,需要确保新任务与现有任务一同被正确地导入。这通常涉及在 task_util. py 脚本中添加新的导入语句,类似于以下格式:

python

from omniisaacgymenvs. tasks. cartpole import CartpoleTask

为确保新任务在 OIGE 框架中能够正确注册并被识别,需要在 task_map 字典中添加一个如下代码的条目,该条目将任务名称(TaskName)映射到其对应的类名(ClassName)。这样,框架就能通过任务名称来动态地加载和实例化任务类:

python

"Cartpole":CartpoleTask,

完成这个步骤后,新任务就被正式注册到了 OIGE 框架中。这意味着在配置任务、运行实验或进行其他与任务相关的操作时,可以指定使用任务名称来调用这个新注册的任务。

7.2.4　理解配置文件

在 OIGE 框架中,配置文件扮演着至关重要的角色,它们负责定义和管理与模拟、强化学习设备、训练/推理模式及具体任务相关的参数。这些配置文件为框架提供了运行实验所需的所有必要信息。

首先,存在一个公共的主配置文件,该文件对所有任务都是通用的。这个主配置文件通过命令行参数进行配置,并指定了诸如模拟环境、强化学习算法、训练或推理模式,以及要执行的具体任务等关键参数。

此外,每个任务都有两个独特的配置文件,这些配置文件以任务名称命名,确保了配置与特定任务的紧密关联。这些配置文件的命名约定是 TaskName. yaml。例如,对于 Cartpole 任务,相应的配置文件就是 Cartpole. yaml。

下面是一个配置文件的示例,其中包含了注释以解释各个参数的作用:

yaml

任务名称。这应该与 task_util. py 中任务映射字典中使用的名称相匹配

name:Cartpole

物理引擎。目前仅支持 physx。此值无须修改

physics_engine: $｛.. physics_engine｝

```yaml
# 与任务相关的参数
env:
  # 要创建的环境数量
  numEnvs: ${resolve_default:512,${...num_envs}}
  # 每个环境之间的间距(以 m 为单位)
  envSpacing:4.0

  # Cartpole 重置距离限制
  resetDist:3.0
  # Cartpole 力量调整
  maxEffort:400.0

  #将观察缓冲区中的值裁剪到此范围内(-5.0~+5.0)
  clipObservations:5.0
  # 将动作值裁剪到此范围内(-1.0~+1.0)
  clipActions:1.0
  # 每执行一个动作执行两个模拟步骤(每两个模拟步骤执行一次动作)
  controlFrequencyInv:2 # 60 Hz

# 与仿真相关的参数
sim:
  # 仿真 dt(每个仿真步骤之间的 dt)
  dt:0.0083 # 1/120 s
  # 是否使用 GPU 管道。如果设置为 True,则从 Isaac Sim API 返回的数据将在 GPU 上
  use_gpu_pipeline: ${eq:${...pipeline},"gpu"}
  # 模拟场景的重力向量
  gravity:[0.0,0.0,-9.81]

  # 是否向世界添加地面平面
  add_ground_plane:True
  # 是否向世界添加照明
  add_distant_light:False

  # 启用 flatcache。这是渲染所必需的
  use_flatcache:True
  # 禁用场景查询。这将禁用与场景的交互以提高性能
  # 对于射线投射,必须将此设置为 True
  enable_scene_query_support:False
  # 禁用额外的接触处理以提高性能。在使用 RigidContactView 时应将其设置为 True
  disable_contact_processing:False

  # 如果在环境中使用相机传感器,则设置为 True
  enable_cameras:False
```

```
# 如果没有指定额外的物理材质,则使用默认参数
default_physics_material:
    static_friction:1.0 # 静摩擦系数
    dynamic_friction:1.0 # 动摩擦系数
    restitution:0.0 # 恢复系数(弹性)


# 与 PhysX 相关的参数
physx:
    worker_thread_count: ${....num_threads} # 工作线程数
    solver_type: ${....solver_type} # 求解器类型
    use_gpu: ${eq:${....sim_device},"gpu"} # 如果....sim device 等于"gpu",则设置为 True,否
则在 CPU 上运行
    solver_position_iteration_count:4 # 求解器位置迭代次数
    solver_velocity_iteration_count:0 # 求解器速度迭代次数
    contact_offset:0.02
    rest_offset:0.001
    bounce_threshold_velocity:0.2
    friction_offset_threshold:0.04
    friction_correlation_distance:0.025
    enable_sleeping:True
    enable_stabilization:True
    max_depenetration_velocity:100.0


    # GPU 缓冲区
    gpu_max_rigid_contact_count:524288
    gpu_max_rigid_patch_count:81920
    gpu_found_lost_pairs_capacity:1024
    gpu_found_lost_aggregate_pairs_capacity:262144
    gpu_total_aggregate_pairs_capacity:1024
    gpu_max_soft_body_contacts:1048576
    gpu_max_particle_contacts:1048576
    gpu_heap_capacity:67108864
    gpu_temp_buffer_capacity:16777216
    gpu_max_num_partitions:8


# 任务中的每个资产都可以覆盖场景中定义的物理参数
# the name of the asset must match the name of the ArticulationView for the asset in the task
# 资产的名称必须与任务中 ArticulationView 的资产名称匹配
Cartpole:
    # 值为-1 表示使用物理场景中定义的相同值
    override_usd_defaults:False
    enable_self_collisions:False
```

```
enable_gyroscopic_forces:True
# 在舞台参数中也存在
# 每个角色
solver_position_iteration_count:4
solver_velocity_iteration_count:0
sleep_threshold:0.005
stabilization_threshold:0.001
# 每个刚体
density:-1
max_depenetration_velocity:100.0
# 每个形状
contact_offset:0.02
rest_offset:0.001
```

在 OIGE 框架中,除任务配置文件外,还利用另一个专门的配置文件来精细调整训练参数。这个文件被命名为 CartpolePPO.yaml,以反映正在为 Cartpole 任务使用近端策略优化(proximal policy optimization,PPO)算法进行训练。这个文件将由 RLGames 框架解析,以指导训练过程。

通过 CartpolePPO.yaml,可以灵活地调整多种训练参数,包括网络架构的细节、学习率、时间跨度长度(即每个更新步骤中考虑的时间步数)、折扣因子 gamma(用于平衡即时奖励与未来奖励)等。这些参数对于优化训练过程至关重要,并直接影响模型的性能和收敛速度。

以下是一个 CartpolePPO.yaml 配置文件的示例:

```yaml
yaml
params:
  seed: ${...seed}

  algo:
    name:a2c_continuous

  model:
    name:continuous_a2c_logstd

  network:
    name:actor_critic
    separate:False
    space:
      continuous:
        mu_activation:None
        sigma_activation:None

        mu_init:
          name:default
```

```
            sigma_init：
               name：const_initializer
               val：0
            fixed_sigma：True
      mlp：
         units：[32,32]
         activation：elu

         initializer：
            name：default
         regularizer：
            name：None


   load_checkpoint：${if：${...checkpoint},True,False} # flag which sets whether to load the check-
point

   load_path：${...checkpoint} # path to the checkpoint to load


   config：
      name：${resolve_default：Cartpole,${....experiment}}
      full_experiment_name：${.name}
      device：${....rl_device}
      device_name：${....rl_device}
      env_name：rlgpu
      multi_gpu：${....multi_gpu}
      ppo：True
      mixed_precision：False
      normalize_input：True
      normalize_value：True
      num_actors：${....task.env.numEnvs}
      reward_shaper：
      scale_value：0.1
      normalize_advantage：True
      gamma：0.99
      tau：0.95
      learning_rate：3e-4
      lr_schedule：adaptive
      kl_threshold：0.008
      score_to_win：20000
      max_epochs：${resolve_default：100,${....max_iterations}}
      save_best_after：50
      save_frequency：25
      grad_norm：1.0
      entropy_coef：0.0
```

truncate_grads：True

e_clip：0.2

horizon_length：16

minibatch_size：8192

mini_epochs：8

critic_coef：4

clip_value：True

seq_len：4

bounds_loss_coef：0.0001

7.2.5 运行示例

为利用查看器训练任务，请按照以下步骤执行命令。在命令中，task 参数需要替换为 task_util. py 脚本中注册的任务名称。以下是一个示例，展示了如何为 Cartpole 任务运行训练：

```
bash
PYTHON_PATH scripts/rlgames_train. py task＝Cartpole
```

执行上述命令后，Isaac Sim 的窗口将自动弹出。注意，如果是首次启动，Isaac Sim 的初始化可能需要几分钟时间。一旦初始化完成，Cartpole 场景将被构建，并且模拟将自动开始运行。训练过程将在后台进行，训练完成后，训练进程将自动终止。

一旦策略训练完成，可以通过加载已保存的检查点来执行推理（即不继续训练）。为此，请在命令中添加 test＝True 参数，并指定检查点的名称。下面是一个执行推理的示例命令：

```
bash
PYTHON_PATH scripts/rlgames_train. py task＝Cartpole test＝True checkpoint＝runs/Cartpole/nn/Cartpole. pth
```

7.3 强化学习的扩展工作流

Isaac Sim 2023.1.0 版本引入了全新的扩展工作流程，旨在优化强化学习环境的运行体验。与传统的 Python 工作流程相比，扩展工作流程要求用户启动 Isaac Sim 应用程序并通过用户界面与其进行交互，以执行 RL 环境的运行。这种工作流程的创新之处在于它改进了设计和实现新 RL 环境时的迭代效率。

扩展工作流程的核心是其直观的用户界面。通过这个界面，用户可以轻松选择任务、加载场景，以及开始或停止训练运行。此工作流程明确区分了场景创建和训练运行启动两个阶段。在环境设计过程中，UI 允许用户在现有舞台上重新创建场景，而无须启动模拟。此外，UI 还支持在不重新创建环境的情况下启动和重新启动训练运行，从而减少了迭代过程中的额外开销。

扩展工作流程的另一大亮点是其热重载功能。在工作流程运行期间，如果用户更新了任务代码或配置参数，这些更改将实时反映在模拟和训练中。用户无须关闭并重新打开应用程序即可执行多次运行。这一特性极大地提高了开发效率和便捷性。

扩展工作流程使用多线程 VecEnv 基础环境来执行 RL 训练和推理任务。由于 UI 需要维护自己的控制循环,因此 RL 策略在单独的线程上运行,并维护自己的执行循环。两个线程之间通过 VecEnv 类中的多线程队列进行通信,以确保动作和状态的顺畅传递。这种架构确保了 UI 的响应性和 RL 训练的连续性。

本节将深入探索 Isaac Sim 中的强化学习扩展工作流程。将启动带有扩展工作流程的 Isaac Sim 应用程序,并详细浏览其用户界面。此外,还将通过用户界面运行示例任务,以便更好地理解这一工作流程的实际应用和实现细节。

7.3.1 启动 Isaac Sim

要启动 Isaac Sim 并使用扩展工作流程,必须确保已经安装了 Isaac Sim,并且正确地设置了命令行参数,以便应用程序能够找到 OIGE 扩展。为此,需要提供一个指向 OIGE 扩展所在父目录的路径。

以下是启动 Isaac Sim 并加载扩展工作流程的步骤。

(1)打开终端或命令提示符。

(2)导航到 Isaac Sim 的根目录。这通常是安装 Isaac Sim 时指定的目录。对于 Linux 和 macOS 用户,它可能位于 ~/.local/share/ov/pkg/isaac_sim-*;对于 Windows 用户,它可能位于 C:\Users\user\AppData\Local\ov\pkg\isaac_sim-*。如果使用的是 IsaacSim Docker,则目录为 /isaac-sim。

(3)运行以下命令,将 <isaac_sim_root> 替换为 Isaac Sim 根目录的实际路径,将 </parent/ directory/to/OIGE> 替换为包含 OIGE 扩展的父目录的实际路径:

```bash
./<isaac_sim_root>/isaac-sim.gym.sh --ext-folder </parent/directory/to/OIGE>
```

例如,如果 Isaac Sim 根目录是 ~/.local/share/ov/pkg/isaac_sim-2023.1,而 OIGE 扩展的父目录是 /home/user/OmniIsaacGymEnvs,则命令将如下所示:

```bash
./~/.local/share/ov/pkg/isaac_sim-2023.1/isaac-sim.gym.sh --ext-folder /home/user/OmniIsaacGymEnvs
```

执行上述命令后,Isaac Sim 应用程序将启动,并加载扩展工作流程所需的组件。请确保已正确设置了所有必要的环境变量和依赖项,以便 Isaac Sim 能够正常运行。如果遇到任何问题或错误消息,请检查路径是否正确,以及 Isaac Sim 与 OIGE 版本是否兼容。

7.3.2 用户界面详解

启动 Isaac Sim 应用程序后,将能够通过 UI 与扩展工作流程进行交互。要访问 OIGE 扩展 UI,请从顶部菜单栏导航至"Isaac 示例"→"RL 示例"。一旦打开,将看到图 7.2 所示的 RI 示例组件。

(1)任务选择。

在 UI 的"World Control"部分可以看到一个名为"Select Task"的下拉列表。这个列表包含了当前支持的所有任务。可以通过在 task_util.py 文件中注册新任务来添加到此列表中。此外,下拉列表的右侧有几个快速访问按钮,这些按钮在系统上安装了 VSCode 时可用,允许快速打开任务实现脚本、任务配置文件和所选任务的训练配置文件。

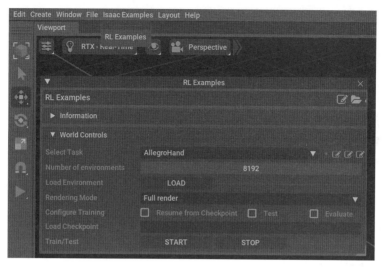

图 7.2　RL 示例组件

（2）环境数量控制。

任务下拉列表下方有一个滑块，用于选择要运行的环境数量。这个设置会在点击"LOAD"按钮后生效。点击"LOAD"会清除当前舞台，并使用选定任务中的资源重新加载。

（3）渲染模式（Rendering Mode）切换。

渲染模式下拉列表提供了三种渲染模式以供选择。

①完全渲染模式（Full render）。在每个步骤中执行完整的物理模拟、视口渲染和应用程序 UI 更新。这是训练或推断过程中可视化任务时的默认模式，但从每秒传输帧数（FPS）性能角度看可能是最慢的。

②仅 UI 模式（UI only）。禁用视口渲染，但继续在每个步骤中更新物理模拟和应用程序/UI。这类似于无头模式下的训练，但每个步骤都会更新应用程序和 UI，从而产生额外的开销。

③无模式。限制 UI 更新，但继续在每个步骤中更新物理模拟。此模式提供的性能最接近无头运行，但 UI 的响应性略有降低。UI 线程将每十个步骤更新一次，防止 UI 完全冻结。

可以在运行时通过在下拉菜单中切换选项来动态更新渲染模式。

（4）训练配置。

在"配置训练"菜单中可以进行以下选择。

①从检查点恢复。使用"加载检查点"文本框中提供的路径从特定检查点恢复训练。

②测试模式。启用此选项将切换到 RL 策略的测试/推断模式，此时不会进行训练。

③评估模式。在另一个训练过程运行时查看训练进度。此模式会在提供的检查点路径的目录中自动查找新的检查点，并在找到时自动加载和评估。

④加载检查点路径。在文本框中输入检查点的路径。本地路径将相对于 Isaac Sim 应用程序运行的目录进行解析。如果留空，文本框将自动填充所选任务的默认检查点路径。

（5）训练控制。

最后，UI 提供了"开始"和"停止"按钮，用于启动和停止训练/推断运行。在启动新的运行之前，必须首先停止上一次的运行。

7.3.3 示例运行指南

为通过用户界面顺利运行示例，请遵循以下详细步骤。

（1）选择任务。

从"选择任务"下拉列表中选择想要运行的示例任务。在此指南中，将以"Cartpole"任务为例。

（2）加载场景。

点击"加载"按钮。这将触发应用程序清除当前舞台，并使用所选的"Cartpole"任务中的资源重新加载场景。

（3）启动训练。

一旦场景加载完成，点击"开始"按钮以启动训练过程。此时，RL 线程将被激活，并开始执行训练任务。

（4）训练完成后的推断。

当训练完成后，可以按照以下步骤进行推断。

①调整环境数量。通过移动"环境数量"滑块，将其设置为 25，从而减少同时运行的环境数量。

②重新加载场景。点击"加载"按钮，以使用新的环境数量（25 个）重新加载场景。

③配置测试模式。确保选中"测试"复选框，以便在推断模式下运行。同时，请检查"加载检查点"文本框中是否已正确填充了先前训练的检查点路径。

④启动推断。一切准备就绪后，点击"开始"按钮，以在先前训练的检查点上启动推断过程。

⑤停止模拟。当想要结束推断或进行其他操作时，点击"停止"按钮以安全地停止模拟和 RL 线程。

遵循这些步骤，将能够顺利地通过用户界面运行示例任务，并在训练完成后进行推断。

7.3.4 工作流实现详解

为确保环境创建与训练之间的清晰分离，扩展工作流要求任务类实现一系列特定的 API。这些 API 在任务的不同阶段被调用，以实现灵活且高效的工作流程。

（1）update_config(self,sim_config:SimConfig)。

此 API 在每次加载环境或触发训练/推断运行时被调用，目的是更新从配置文件中解析的任务中的值。当配置文件中的值在跨训练运行期间发生变化时，此 API 允许任务动态地获取这些更新。实现此 API 时，任务应能够解析配置文件中的新值，并相应地调整其内部状态或配置。

（2）initialize_views(self,scene:Scene)。

当在不重新创建环境的情况下执行训练运行时，此 API 将被调用，目的是允许任务使用当前阶段中的现有资产来初始化任务中所需的视图。在实现此 API 时,任务应确保在添加具有相同名称的新视图之前已删除当前场景中注册的所有现有视图。这有助于确保视图的正确初始化和管理,避免资源泄漏或重复创建相同的视图。

通过这些 API 的实现,扩展工作流为 Isaac Sim 提供了更高级别的灵活性和可配置性。任务开发者可以根据需要自定义这些 API 的行为,以满足特定任务的需求。

7.4 强化学习的域随机化

在 RL 中,代理通常需要在训练时适应并学习在各种不同环境中执行任务的策略。为确保代理在实际应用中对环境变化具有鲁棒性,特别是在模拟到现实(sim2real)的转移过程中,域随机化(domain randomization,DR)成为一项关键技术。

域随机化在训练过程中不断随机化模拟环境的物理动态,使得代理能够学会在多种物理参数下表现出色的策略。这种技术有效地扩展了代理的经验范围,从而提高了其在不同环境中的适应性。

Isaac Sim 提供了一个高级的框架——omni. replicator. isaac。该框架建立在 Replicator 之上,为物理属性的即时域随机化提供了支持。这意味着可以在不重新加载资产的情况下动态地更改模拟的动态特性,从而显著提高了训练效率。

本节将重点关注与 RL 用例紧密相关的物理属性的域随机化,将探讨 DR 中可用的不同参数,并通过一个示例来说明如何在模拟过程中应用 DR,以展示其在实际训练中的效用。这将更深入地理解 DR 如何增强代理的鲁棒性,并为其在现实世界中的成功应用奠定基础。

7.4.1 域随机化参数详解

在 RL 中,域随机化是一种技术,用于提高代理在不同环境中的鲁棒性。该技术通过在训练过程中对模拟环境进行随机化来实现这一目标。本节将详细解释可以在场景中进行随机化的内容及相关的采样分布。以下是支持随机化的主要参数组及其描述。

(1)观测(observations)随机化。

直接向代理的观测添加噪声,以模拟传感器噪声或其他环境不确定性,适用于所有需要增强观测鲁棒性的 RL 任务。

(2)动作(actions)随机化。

直接向代理的动作添加噪声,以模拟执行器噪声或动作执行的不确定性,适用于所有需要增强动作执行鲁棒性的 RL 任务。

(3)模拟(simulation)随机化。

向整个场景定义的物理参数添加噪声,如重力、摩擦系数等。这有助于模拟真实世界中物理参数的变化,适用于需要模拟不同物理环境的 RL 任务。

(4)刚体原始视图(rigid primitive views)随机化。

向属于刚体原始对象的属性添加噪声,如材料属性(material_properties)、形状等。这有助于模拟不同物体之间的物理交互差异,适用于涉及多个刚体交互的 RL 任务。

（5）关节视图（articulation views）随机化。

向属于关节的属性添加噪声，如关节刚度、阻尼等。这有助于模拟不同机械结构的动态行为，适用于涉及复杂机械结构或机器人的 RL 任务。

为实现这些随机化，可以使用不同的采样分布来生成随机样本，并将其应用于相应的参数。这些分布包括均匀分布、对数均匀分布和高斯分布等。此外，还可以指定随机化应用的时机（如重置时、间隔时或启动时）及操作方式（如加法、缩放或直接设置）。通过合理设置这些域随机化参数，可以有效地提高强化学习代理的鲁棒性和适应性，使其能够更好地应对真实世界中的不确定性和变化。

当设定域随机化时，对于每一个希望引入随机性的参数，可以选择以下两种方式来精确控制随机化的应用时机。

（1）on_reset（重置时随机化）。

当模拟环境被重置时，该机制会向相关参数添加噪声。这种噪声将保持一致，直到环境再次被重置，此时将重新生成新的噪声。要激活这一机制，需要将涉及重置的环境索引传递给 omni. replicator. isaac. physics_view. step_randomization（reset_inds）函数。这种方式的随机化有助于模拟在不同初始条件下代理的行为。

（2）on_interval（间隔随机化）。

此机制允许根据设定的 frequency_interval 频率向参数添加噪声。这意味着在指定的步数间隔后，新的随机噪声将被应用于参数。如果某个参数同时设置了 on_reset 随机化，那么 on_interval 生成的噪声将与 on_reset 时的噪声相结合。这种方式的随机化能够引入更多的动态变化，从而丰富代理的训练经验。

此外，还有 on_startup（启动时随机化）这一选项，它仅在模拟开始之前应用一次随机化。这一机制专门适用于刚体原始对象的比例、质量、密度和关节比例参数。通过这种方式，可以在模拟开始之初就引入一定的随机性。通过这些灵活的随机化机制，可以根据需要精确地控制随机噪声的应用，从而有效地增强强化学习代理的鲁棒性和适应性。

在配置 on_reset、on_interval 和 on_startup 随机化时，可以指定以下关键设置。

（1）distribution（分布）。

用于生成随机样本 x 的分布类型。支持的分布类型如下。

①uniform（均匀分布）。x 遵循从 a 到 b 的均匀分布。

②loguniform（对数均匀分布）。x 遵循从 $\log(a)$ 到 $\log(b)$ 的对数均匀分布，并通过指数函数转换回原始空间。

③Gaussian（高斯分布）。x 遵循均值为 a、标准差为 b 的高斯分布。

（2）distribution_parameters（分布参数）。

这些参数定义了上述分布的具体形式。

①对于观测和动作。这通常是一个由实数构成的元组 $[a, b]$，表示分布的下界和上界（对于均匀和对数均匀分布）或均值和标准差（对于高斯分布）。

②对于模拟和视图参数。这可以是一个嵌套元组，如 $[[a\_1, a\_2, \cdots, a\_n], [b\_1, b\_2, \cdots, b\_n]]$。其中，n 是参数的维度（如对于位置，n 为 3）。这些参数也可以被指定为一个形式为 $[a, b]$ 的元组，该元组将被广播到正确的维度。

（3）operation（操作）。

这定义了如何将生成的样本 x 应用于原始模拟参数。

①additive（加法）。将样本直接加到原始值上。

②scaling（缩放）。将原始值乘以样本。

③direct（直接）。直接将样本设置为参数值。

（4）frequency_interval（频率间隔）。

仅与 on_interval 一起使用，指定在多少步之后应用一次随机化。

（5）num_buckets（桶数）。

此设置仅适用于 material_properties 的随机化。由于物理引擎的限制，因此一个场景中只允许有 64 000 个唯一的物理材料。如果需要超过这个限制，可以通过增加 num_buckets 来允许材料在原始对象之间共享。

注意，每次调用 omni. replicator. isaac. physics_view. step_randomization（reset_inds）时，每个环境的步数都会增加，并在环境索引位于 reset_inds 中时重置。通过合理配置这些参数，可以精确地控制随机化的程度和效果，从而提高强化学习代理的适应性和鲁棒性。

可以随机化的精确参数如下。

（1）模拟。

gravity（维度=3）。整个场景的重力向量。

（2）Rigid_prim_views（刚体视图）。

①position（维度=3）。刚体的位置，以 m 为单位。

②orientation（维度=3）。刚体的方向，用欧拉角表示，以 rad 为单位。

③linear_velocity（维度=3）。刚体的线速度，以 m/s 为单位，仅 CPU 管道。

④angular_velocity（维度=3）。刚体的角速度，以 rad/s 为单位，仅 CPU 管道。

⑤velocity（维度=6）。刚体的线性和角速度。

⑥force（维度=3）。对刚体施加一个力，以 N 为单位。

⑦mass（维度=1）。刚体的质量，以 kg 为单位，仅在运行时 CPU 管道中可用。

⑧inertia（维度=3）。惯性矩阵的对角值，仅 CPU 管道。

⑨material_properties（维度=3）。静摩擦、动摩擦和恢复系数。

⑩contact_offset（维度=1）。从碰撞几何体表面开始生成接触的小距离。

⑪rest_offset（维度=1）。与形状发生有效接触时与碰撞几何体表面之间的距离。

⑫scale（维度=1）。刚体的比例，仅在 on_startup 时可用。

⑬density（维度=1）。刚体的密度，仅在 on_startup 时可用。

（3）articulation_views（关节视图）。

①position（位置）（维度=3）。关节根部的位置，以 m 为单位。

②orientation（方向）（维度=3）。关节根部的方向，用欧拉角表示，以 rad 为单位。

③linear_velocity（线速度）（维度=3）。关节根部的线速度，以 m/s 为单位，仅 CPU 管道。

④angular_velocity（角速度）（维度=3）。关节根部的角速度，以 rad/s 为单位，仅 CPU 管道。

⑤velocity（速度）（维度=6）。关节根部的线性和角速度。

⑥stiffness(刚度)(维度=num_dof)。关节的刚度。

⑦damping(阻尼)(维度=num_dof)。关节的阻尼。

⑧joint_friction(关节摩擦)(维度=num_dof)。关节的摩擦系数。

⑨joint_positions(关节位置)(维度=num_dof)。关节位置,以 rad 或 m 为单位。

⑩joint_velocities(关节速度)(维度=num_dof)。关节速度,以 rad/s 或 m/s 为单位。

⑪lower_dof_limits(下自由度限制)(维度=num_dof)。关节的下限,以 rad 或 m 为单位。

⑫upper_dof_limits(上自由度限制)(维度=num_dof)。关节的上限,以 rad 或 m 为单位。

⑬max_efforts(最大努力)(维度=num_dof)。关节可以施加的最大力或扭矩,以 N 或 N·m 为单位。

⑭joint_armatures(关节电枢)(维度=num_dof)。添加到关节空间惯性矩阵对角线上的值,从物理学的角度来看,它对应于电动机的旋转部分。

⑮joint_max_velocities(关节最大速度)(维度=num_dof)。关节允许的最大速度,以 rad/s 或 m/s 为单位。

⑯joint_efforts(关节努力)(维度=num_dof)。在关节上施加力或扭矩,以 N 或 N·m 为单位。

⑰body_masses(身体质量)(维度=num_bodies)。关节中每个身体的质量,以 kg 为单位,仅 CPU 管道。

⑱body_inertias(身体惯性)(维度=num_bodies×3)。每个身体的惯性矩阵的对角值,仅 CPU 管道。

⑲material_properties(材料属性)(维度=num_bodies×3)。关节中每个身体的静摩擦、动摩擦和恢复系数,按以下顺序指定:

[body_1_static_friction,body_1_dynamic_friction,body_1_restitution,body_2_static_friction,body_2_dynamic_friction,body_2_restitution,…]

⑳contact_offset(接触偏移)(维度=1)。从碰撞几何表面开始生成接触时的一个小距离。

㉑rest_offset(静息偏移)(维度=1)。与形状发生有效接触时从碰撞几何表面开始的一个小距离。

㉒tendon_stiffnesses(肌腱刚度)(维度=num_tendons)。关节中固定肌腱的刚度。

㉓tendon_dampings(肌腱阻尼)(维度=num_tendons)。关节中固定肌腱的阻尼。

㉔tendon_limit_stiffnesses(肌腱极限刚度)(维度=num_tendons)。关节中固定肌腱的极限刚度。

㉕tendon_lower_limits(肌腱下限)(维度=num_tendons)。关节中固定肌腱的下限。

㉖tendon_upper_limits(肌腱上限)(维度=num_tendons)。关节中固定肌腱的上限。

㉗tendon_rest_lengths(肌腱静息长度)(维度=num_tendons)。关节中固定肌腱的静息长度。

㉘tendon_offsets(肌腱偏移)(维度=num_tendons)。关节中固定肌腱的偏移。

㉙scale(比例)(维度=1)。关节的比例,仅在启动时有效。

7.4.2 域随机化示例

在 Isaac Sim 中,域随机化的一个实际应用案例可以在 standalone_examples/api/omni.
replicator. isaac/randomization_demo. py 脚本中找到。为运行此示例,请使用 Isaac Sim 提
供的 Python 环境,并执行以下命令:

```bash
. /python. sh standalone_examples/api/omni. replicator. isaac/randomization_demo. py
```

注意,由于着色器的首次编译,因此启动 Isaac Sim 应用可能需要一些时间。请耐心
等待,直到应用加载完成。

现在将深入这个脚本,探讨其关键随机化组件的工作原理。

首先,导入必要的模块。omni. replicator. isaac 扩展提供了用于随机化物理特定属性
的 API,这对于在强化学习中执行域随机化特别有用。而 omni. replicator. core 扩展则提供
了核心随机化功能,包括各种分布类型。两种扩展的导入方式如下:

```python
import omni. replicator. isaac as dr
import omni. replicator. core as rep
```

然后,脚本注册了感兴趣的模拟世界和场景中的对象视图,以便对它们应用随机化。
在以下代码示例中,一个球体和一个 Franka 机器人被选中作为随机化的目标:

```python
dr. physics_view. register_simulation_context( world)
dr. physics_view. register_rigid_prim_view( object_view)
dr. physics_view. register_articulation_view( franka_view)
```

这里,world 代表模拟环境;object_view 是想要随机化的刚体对象的视图;franka_view
是 Franka 机器人关节的视图。通过注册这些视图,可以定义如何对它们进行随机化,以
模拟真实世界中的多样性和不确定性。在注册了这些视图之后,脚本通常会继续定义随
机化策略,包括选择哪种分布类型、操作方式及应用随机化的时机(是在重置时、按一定
间隔还是只在启动时)。这些设置将决定代理在训练过程中遇到的环境变化的类型和频
率。通过仔细配置这些随机化参数,研究人员可以创建出更加鲁棒和适应力强的强化学
习代理,这些代理能够在实际部署时更好地处理各种不可预见的情况。

在随机化过程中,核心步骤是定义何时进行随机化及如何生成随机值。首先,通过以
下示例代码定义一个事件触发器 dr. trigger. on_rl_frame(num_envs = num_envs),它允许在
每个强化学习框架的步骤中通过调用 dr. physics_view. step_randomization(reset_inds) 来递
增内部随机化计数器,重要的是在递增计数器时,可以指定一组环境索引,从而精确控制
哪些环境将经历随机化:

```python
with dr. trigger. on_rl_frame( num_envs = num_envs) :
    …


while simulation_app. is_running( ) :
    …
```

```
dr. physics_view. step_randomization( reset_inds)
world. step( render = True)
```

在上述代码段中,dr. trigger. on_rl_frame 是一个装饰器,用于指定在强化学习的每个步骤中执行的操作。在 with 语句块内,可以定义这些步骤中所需的任何逻辑。当模拟应用正在运行时,通过 dr. physics_view. step_randomization(reset_inds),可以控制哪些环境(由 reset_inds 指定)在何时进行重置和随机化。然后,通过 world. step(render = True)更新模拟世界的状态,并选择是否渲染当前帧。这种设置方式允许精确地控制在模拟的不同阶段对哪些环境应用随机化,以模拟真实世界中的各种条件。

为更精细地控制随机化的频率和触发条件,可以使用两种类型的门控机制:dr. gate. on_interval(interval = 20) 和 dr. gate. on_env_reset( ),代码如下所示:

```
with dr. trigger. on_rl_frame( num_envs = num_envs):
    # 在每个强化学习帧上执行以下代码块

    with dr. gate. on_interval( interval = 20):
        # 每隔 20 个强化学习帧,执行以下随机化操作
        dr. physics_view. randomize_simulation_context(
            operation = "scaling", # 执行缩放操作
            gravity = rep. distribution. uniform(( 1,1,0.0),( 1,1,2.0)) # 重力在[1,1,0.0]与[1,1,2.0]
之间均匀分布

    with dr. gate. on_interval( interval = 50):
        # 每隔 50 个强化学习帧,执行以下随机化操作
        dr. physics_view. randomize_rigid_prim_view(
            view_name = object_view. name, # 指定要随机化的视图名称
            operation = "direct", # 执行直接操作
            force = rep. distribution. uniform(( 0,0,2.5),( 0,0,5.0)) # 在物体上施加一个在[0,0,2.5]与
[0,0,5.0]之间均匀分布的力

    with dr. gate. on_interval( interval = 10):
        # 每隔 10 个强化学习帧,执行以下随机化操作
        dr. physics_view. randomize_articulation_view(
            view_name = franka_view. name, # 指定要随机化的关节视图名称
            operation = "direct", # 执行直接操作
            joint_velocities = rep. distribution. uniform( tuple([ -2] * num_dof), tuple([ 2] * num_dof)), #
关节速度在[-2,-2,...,-2]与[2,2,...,2]之间均匀分布,num_dof 是关节自由度数量
        )

    with dr. gate. on_env_reset( ):
        # 当环境重置时,执行以下随机化操作
        dr. physics_view. randomize_rigid_prim_view(
            view_name = object_view. name, # 指定要随机化的视图名称
            operation = "additive", # 执行加法操作
```

　　position = rep. distribution. normal((0.0,0.0,0.0),(0.2,0.2,0.0)),# 物体的位置在均值为 (0,0,0),标准差为(0.2,0.2,0.0)的正态分布中随机变化

　　velocity = [0.0,0.0,0.0,0.0,0.0,0.0],# 物体的速度设置为零(这里假设是 6 维速度,如 3D 位置和 3D 速度)

　　)

　　dr. physics_view. randomize_articulation_view(

　　　　view_name = franka_view. name,# 指定要随机化的关节视图名称

　　　　operation = "additive",# 执行加法操作

　　　　joint_positions = rep. distribution. uniform(Tuple([-0.5] * num_dof),tuple([0.5] * num_dof)),# 关节位置在[-0.5,-0.5,...,-0.5]与[0.5,0.5,...,0.5]之间均匀分布

　　　　position = rep. distribution. normal((0.0,0.0,0.0),(0.2,0.2,0.0)),# 关节的位置也进行随机化,与上面物体位置的随机化方式相同

　　)

　　当内部随机化计数器达到指定的间隔(如 20 步)时,on_interval 门控将触发随机化。而若在步进随机化时指定了环境索引,on_env_reset 门控将被激活。

　　对于不同的属性,如 simulation_context、rigid_prim_view 和 articulation_view,可以定义多个门控进行随机化。每次随机化时,需指定应用随机化的视图、属性(通过参数名称指定)及所需的操作和分布类型。通过这种细致的控制,可以模拟出更接近真实世界的随机变化,从而提高强化学习算法的鲁棒性和泛化能力。

　　最后,为确保随机化流程的启动,执行了 rep. orchestrator. run()这一关键调用。这一步骤触发了之前配置的所有随机化设置,从而激活了模拟环境中的随机化过程。通过这一操作,得以在模拟中引入多样性和不确定性,使得强化学习算法能够在实际部署时展现出更高的鲁棒性和适应性。

7.5　本　章　小　结

　　本章主要围绕 Isaac Sim 环境下的强化学习示例进行阐述,涵盖了安装示例仓库、运行示例、创建新任务、配置训练等多个方面。用户可以在 Isaac Sim Docker 中安装示例存储库,并启动训练示例进行推理。此外,本章还详细介绍了如何在 OmniIsaacGymEnvs 中创建新的 RL 示例,包括任务框架介绍、倒立摆任务实现、注册新任务等步骤。对于用户界面和训练配置的详解,本章也提供了详细的指导。综上所述,本章为 Isaac Sim 环境下的强化学习示例提供了全面的指导和支持。

第 8 章

合成数据生成

Isaac Sim Replicator 是一套包含扩展程序、API、工作流程和工具的完整解决方案,专为简化广泛的机器学习任务的合成数据生成而设计。它赋予用户在高度仿真的环境中为模型训练和评估创建真实且多样化的数据集的能力。

本章介绍了合成数据可视化器、记录器、离线数据集生成等关键步骤。用户可配置核心组件参数,创建自定义写入器,并随机化相机。离线数据集生成涉及场景设置、生成过程及域随机化等。

8.1 概述与快速入门

Isaac Sim Replicator 是一个综合性的集合,包括关键的扩展(如 omni. replicator)、Python API、优化的工作流程,以及一系列工具(如 Replicator Composer 和 Replicator YAML)。它们共同协作,以支持各种复杂的合成数据生成需求。

8.1.1 语义模式编辑器

为最大化地利用 Replicator 的标注功能,如语义分割或 3D 边界框等,场景中的所有实体都需要进行语义级的精确标注。为此,NVIDIA 提供了语义模式编辑器(图 8.1)扩展,这是一个功能强大的基于 GUI 的工具,允许用户轻松查看、添加、编辑或删除各个阶段中 Prim 的类别类型或其他键值语义信息。

图 8.1 语义模式编辑器

启动编辑器,用户只需在 Kit 的顶部导航栏中选择"Replicator"→"语义模式编辑器 (Semantics Schema Editor)"。默认情况下,编辑器将作为"属性(Properties)"面板中的一个独立选项卡出现,为用户提供直观且高效的操作体验。

8.1.2　合成数据可视化器

合成数据可视化器是一个强大的工具,允许用户通过视口(Viewport)窗口点击可视化工具来直观地查看和呈现合成传感器的输出。用户可以选择不同的输出格式以满足特定需求。注意,如果相机名称过长,它可能会遮挡视口窗口中的可视化器图标,建议保持相机名称简短明了以避免这种情况。

使用合成数据可视化器的步骤如下。

(1)加载预标有语义信息的仓库模型。示例路径如下:

omniverse://<nucleus_path>/Isaac/Samples/Replicator/Stage/full_warehouse_worker_and_anim_cameras.usd

(2)在合成数据可视化器中,选择并勾选希望可视化的传感器。

(3)点击"可视化"按钮,即可实时查看已启用传感器的输出,如图 8.2 所示。

图8.2　合成数据可视化器使用示例

通过合成数据可视化器,用户可以轻松地查看和验证合成传感器的输出,这对于调试和验证整个合成数据生成流程至关重要。

8.2　合成数据记录器

Isaac Sim 中的合成数据记录器是一个基于 GUI 的扩展工具,它利用 Replicator 的功能来记录仿真环境中的合成数据。这个工具为用户提供了一个直观的方式来捕捉和保存模拟过程中的各种数据,包括相机图像、传感器读数等。此外,它还支持使用自定义的 Replicator 写入器将数据记录为任何所需的自定义格式,如图 8.3 所示。

图 8.3　合成数据记录器使用示例

本节的示例中继续使用以下预定义模型：

omniverse：//<nucleus_path>/Isaac/Samples/Replicator/Stage/full_warehouse_worker_and_anim_cameras.usd

这个示例模型已经预先加载了语义注释和多个相机。在模拟运行时,部分相机将移动以环绕场景,从而捕捉不同角度的视图。注意,当使用不同的场景时,确保向场景中添加适当的语义注释,否则某些注释器(如语义分割、3D 边界框等)可能无法生成有效的数据。

使用合成数据记录器,可以轻松地捕获并记录模拟过程中的合成数据。这对于生成用于训练机器学习模型的合成数据集至关重要。接下来将逐步介绍如何使用合成数据记录器来执行这一任务。

8.2.1　核心组件参数配置

合成数据记录器由两大核心组件构成：写入器框架和控制框架(图 8.4)。写入器框架负责管理和配置传感器数据、相关参数及输出格式;控制框架则提供了丰富的录制控制功能,如开始、停止、暂停录制,以及设置执行帧数等关键参数。

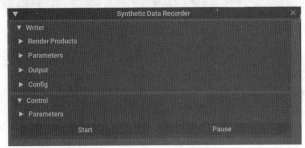

图 8.4　合成数据记录器窗口

1. 写入器参数配置

渲染产品(render products)设置：通过点击"添加新渲染产品(Add New Render Product)"按钮,可以轻松创建和管理渲染产品列表(图 8.5)。默认情况下,当前活动的视口相机会自动添加到列表中。此外,还可以手动选择并添加舞台查看器中的其他相机。列表支持多个相同相机路径,但每次可以选择不同的分辨率。所有条目,包括相机路径和分辨率,都可在输入框中直接编辑。

图 8.5　合成数据记录器渲染产品

(1)选择写入器。

在"参数(Parameters)"部分,可以选择使用内置的 BasicWriter 或其他自定义写入器(图 8.6)。对于内置写入器,复选框列表提供了各种注释器选项以供选择。若使用自定义写入器,则需要在"参数路径(Parameters Path)"中提供一个包含所有必要参数的 JSON文件路径。

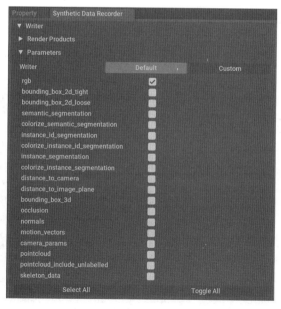

图 8.6　合成数据记录器参数

(2)输出路径与设置。

在"输出"部分,需要指定保存数据的工作目录及当前录制的文件夹名称(图 8.7)。如果目录冲突,系统将自动递增文件夹名称。此外,通过启用"使用 S3"选项并提供相应的 AWS 凭据,还可以直接将数据写入 S3 存储桶。注意,当使用 S3 时,文件夹名称将默认为当前时间戳,不支持递增命名。

（3）配置管理。

在"配置"部分，可以轻松加载和保存 GUI 写入器的配置状态为 JSON 文件。这不仅有助于保持工作一致性，还方便在不同会话之间共享配置。通过加载先前保存的 JSON 配置文件，可以迅速恢复到之前的工作状态，无须重新配置所有参数。

图 8.7　合成数据记录器输出和配置

合成数据记录器是 Isaac Sim 中不可或缺的工具，它简化了合成数据的捕获和记录过程，为机器学习模型训练、数据增强和场景理解等任务提供了强有力的支持。通过合理配置写入器参数、选择适当的注释器及设置输出路径，可以轻松获得高质量的合成数据集，进一步提升机器学习模型的性能和泛化能力。

2. 控制功能

控制框架是合成数据记录器的核心组件，提供了全面的录制控制功能。通过简单的点击操作，用户可以轻松管理录制过程，并根据需要调整关键参数，如图 8.8 所示。

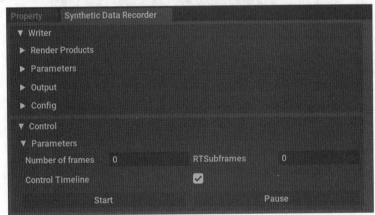

图 8.8　合成数据记录器控制功能

（1）开始/停止录制。

点击"开始（Start）"按钮，系统将根据预设参数创建写入器并启动录制。点击"停止（Stop）"按钮，则会立即停止录制，并清除当前写入器中的数据。

（2）暂停/恢复录制。

在录制过程中，用户可以通过点击"暂停（Pause）"按钮暂时中断录制，而无须清除写入器。当需要继续录制时，只需点击"恢复（Resume）"按钮即可。

（3）帧数设置。

在帧数（number of frames）输入字段中，用户可以指定要录制的帧数。一旦达到设定的帧数，记录器将自动停止并清除写入器。若将帧数设置为 0，录制将无限期进行，直至用户手动停止。

（4）子帧数调整。

RTSubframes 字段允许用户设置每个录制帧要渲染的额外子帧数。这有助于解决随机材料加载延迟或对象传送导致的时间渲染伪影问题，提高渲染质量。

（5）时间线同步。

选中"控制时间线（Control Timeline）"复选框后，记录器将与时间线同步。这意味着每次开始、停止、暂停或恢复录制时，时间线也会相应地移动。录制完成后，时间线将重置到时间戳 0。

（6）注意事项。

增加 RTSubframes 参数的值可以提高渲染质量，但可能会导致每帧的渲染时间延长。建议在需要提高渲染质量或避免低光照、快速移动物体引起的伪影时，适当增加该参数的值。无限期录制（帧数设为 0）可能会占用大量存储空间，请确保有足够的磁盘空间支持长时间录制。在使用控制框架时，建议定期保存配置和录制数据，以防止意外情况导致数据丢失。

8.2.2　自定义写入器示例

为满足特定数据格式的需求，Isaac Sim 允许用户注册并加载自定义写入器。下面的示例将展示如何使用脚本编辑器注册一个名为"MyCustomWriter"的自定义写入器（图 8.9），并将其与合成数据记录器结合使用：

```python
import numpy as np
from omni. replicator. core import AnnotatorRegistry, BackendDispatch, Writer, WriterRegistry


class MyCustomWriter( Writer) :
  def_ _init_ _(
    self,
    output_dir,
    rgb = True,
    normals = False,
  ) :
    self. version = "0. 0. 1"
    self. backend = BackendDispatch( {"paths": {"out_dir": output_dir} } )
    if rgb :
      self. annotators. append( AnnotatorRegistry. get_annotator("rgb") )
    if normals :
    self. annotators. append( AnnotatorRegistry. get_annotator("normals") )
```

```python
        self._frame_id = 0

    def write(self, data: dict):
        for annotator in data.keys():
            # If there are multiple render products the data will be stored in subfolders
            annotator_split = annotator.split("-")
            render_product_path = ""
            multi_render_prod = 0
            if len(annotator_split) > 1:
                multi_render_prod = 1
                render_product_name = annotator_split[-1]
                render_product_path = f"{render_product_name}/"

            # rgb
            if annotator.startswith("rgb"):
                if multi_render_prod:
                    render_product_path += "rgb/"
                filename = f"{render_product_path}rgb_{self._frame_id}.png"
                print(f"[{self._frame_id}] Writing {self.backend.output_dir}/{filename}..")
                self.backend.write_image(filename, data[annotator])

            # semantic_segmentation
            if annotator.startswith("normals"):
                if multi_render_prod:
                    render_product_path += "normals/"
                filename = f"{render_product_path}normals_{self._frame_id}.png"
                print(f"[{self._frame_id}] Writing {self.backend.output_dir}/{filename}..")
                colored_data = ((data[annotator] * 0.5+0.5) * 255).astype(np.uint8)
                self.backend.write_image(filename, colored_data)

        self._frame_id += 1

    def on_final_frame(self):
        self._frame_id = 0


WriterRegistry.register(MyCustomWriter)


my_params.json
{
"rgb":true,
"normals":true
}
```

图 8.9　使用脚本编辑器注册"MyCustomWrter"自定义写入器

1. 数据可视化写入器介绍

数据可视化写入器(Data Visualization Writer)是一个功能强大的自定义写入器,它能够在渲染的图像上直观地展示注释数据。该写入器的实现细节和源代码可以在/omni. replicator. isaac/python/scripts/writers/data_visualization_writer. py 路径下找到。为方便使用,可以通过 from omni. replicator. isaac. scripts. writers import DataVisualizationWriter 语句将其导入到脚本中。

2. 自定义写入器的使用

在合成数据记录器的"参数(Parameters)"框架中,可以选择使用自定义写入器。为配置这些写入器,需要提供一个包含所有必要参数的 JSON 文件,这些参数可以通过"参数路径(Parameters Path)"输入字段加载到记录器中。

3. 示例 JSON 文件

以下是一个示例 JSON 文件(my_data_visualization_params. json),用于参数化自定义写入器(如数据可视化写入器):

```json
{
"bounding_box_2d_tight":true,
"bounding_box_2d_tight_params":{
"background":"rgb",
"outline":"green",
"fill":null
},
"bounding_box_2d_loose":true,
"bounding_box_2d_loose_params":{
"background":"normals",
"outline":"red",
"fill":null
},
"bounding_box_3d":true,
```

```
"bounding_box_3d_params": {
"background":"rgb",
"fill":"blue",
"width":2
    }
}
```

4. 注册和使用自定义写入器

要在合成数据记录器中使用自定义写入器,需要在脚本编辑器中注册它。注册过程通常涉及编写一段代码,将自定义写入器类与记录器关联起来。一旦注册成功,就可以在"参数(Parameters)"框架中选择该写入器,并通过"参数路径(Parameters Path)"输入字段加载相应的 JSON 文件来配置它。

有关支持的参数的更多信息,请参阅以下类文档字符串:

class docstring

"""Data Visualization Writer

This writer can be used to visualize various annotator data.

Supported annotators:

-bounding_box_2d_tight

-bounding_box_2d_loose

-bounding_box_3d

Supported backgrounds:

-rgb

-normals

Args:

output_dir (str):

Output directory for the data visualization files forwarded to the backend writer.

bounding_box_2d_tight (bool,optional):

If True,2D tight bounding boxes will be drawn on the selected background (transparent by default).

Defaults to False.

bounding_box_2d_tight_params (dict,optional):

Parameters for the 2D tight bounding box annotator. Defaults to None.

bounding_box_2d_loose (bool,optional):

If True,2D loose bounding boxes will be drawn on the selected background (transparent by default).

Defaults to False.

bounding_box_2d_loose_params (dict,optional):

Parameters for the 2D loose bounding box annotator. Defaults to None.

bounding_box_3d (bool,optional):

If True,3D bounding boxes will be drawn on the selected background (transparent by default).

Defaults to False.
```
```

bounding_box_3d_params（dict,optional）：

    Parameters for the 3D bounding box annotator. Defaults to None.

frame_padding（int,optional）：

    Number of digits used for the frame number in the file name. Defaults to 4.

"""

8.2.3 随机化相机

为充分利用 Replicator 的随机化功能,在录制开始之前,可以通过脚本编辑器加载这些技术,确保在录制过程中能够实时运行场景随机化。本示例将展示如何使用 Replicator API 创建一个随机化相机,它可以作为录制器的渲染产品附加项,并在每一帧中根据预定义参数进行随机调整。

1. 随机化相机的实现

在 Replicator 中,可以利用 API 来构建自定义的随机化逻辑。这通常涉及定义相机参数的范围和分布,然后编写代码来随机选择这些参数并在每帧中更新相机状态。

2. 集成到录制过程

为将随机化相机集成到录制过程中,需要将它作为录制器的一个组件。这通常意味着在录制开始之前,需要在脚本中设置相机随机化器,并确保它在每帧渲染时被调用。

3. 参数配置

随机化相机的行为通常受到一系列参数的控制,如相机的位置、旋转、焦距等。可以设置这些参数的范围和分布,以便在随机化过程中获得所需的效果:

```python
python
import omni. replicator. core as rep


camera = rep. create. camera( )
with rep. trigger. on_frame( ):
  with camera：
    rep. modify. pose(
      position = rep. distribution. uniform( ( -5,5,1 ),( -1,15,5 ) ),
      look_at = "/Root/Warehouse/SM_CardBoxA_3",
    )
```

8.3 离线数据集生成

利用 Isaac Sim 和 Replicator,可以创建用于机器学习模型训练的离线合成数据集。这些数据集存储在磁盘上,便于后续使用于深度神经网络的训练。以下是一个详细的示例,展示了如何在 Isaac Sim 的 Python 独立环境中执行此过程。

8.3.1 场景设置

在这个示例中,场景默认设置在仓库环境中。叉车被随机放置在指定区域内,而货盘则根据叉车的位置以随机距离放置在其前方。通过使用 Replicator 的 scatter_2d 随机化函数,并确保设置 check_for_collisions 参数为 True,货盘上的箱子将被随机散布,同时避免箱子之间的自碰撞。scatter 图节点会在每个捕获帧中执行这一随机散布过程。

此外,一个交通锥被随机放置在叉车定向边界框(OBB)的底部角落之一,增加了场景的复杂性。在合成数据生成(SDG)管道开始之前,系统会执行一段短暂的物理模拟,在此期间部分箱子会从高处掉落在叉车后面的货盘上,模拟真实的货物装载场景。

为捕获场景的多样性,配置了以下三个不同的相机视图。

(1)top_view_cam 提供场景的俯视图,捕捉叉车和货盘的全局位置信息。

(2)pallet_cam 专注于货盘,捕获其上散布的箱子的随机视图。

(3)第三个相机从叉车驾驶员的位置出发,俯瞰货盘,并通过调整高度来捕捉不同的视角。

使用 Replicator 写入器(默认为 BasicWriter)收集数据。写入器的配置参数从 writer_config 条目加载,这些参数用于初始化诸如 rgb、semantic_segmentation、bounding_box_3d 等注释器。收集的数据存储在 output_dir 文件夹中,默认路径为 <working_dir>/_out_offline_generation。

通过这种方式,可以生成丰富多样的离线数据集,为机器学习模型的训练提供坚实的基础。

8.3.2 生成过程

为启动离线数据集生成过程,请使用位于 <install_path>/standalone_examples/replicator/offline_generation/offline_generation.py 的主脚本。这个脚本被设计为一个独立的可执行程序,而相关的辅助函数则集中在 offline_generation_utils.py 文件中。

本节的主脚本位于 <install_path>/standalone_examples/replicator/offline_generation/offline_generation.py,它被设置为独立应用程序运行,其辅助函数位于 offline_generation_utils.py 文件中。这个示例脚本设计得非常灵活,允许通过不同的配置选项来定制其运行方式。示例配置文件存储在 offline_generation/config/ 目录下,作为参考和配置的起点。默认配置参数以 Python 字典的形式直接嵌入在脚本中,提供了一套基础的设置选项。如果希望使用自定义的配置参数,可以通过命令行参数--config <path/to/file.json/yaml> 来指定一个配置文件。这个配置文件可以是 JSON 或 YAML 格式,它将覆盖脚本中的默认参数设置。注意,这些配置文件仅作为模板,用于展示脚本的可配置性,并可能需要根据具体需求进行调整。

如果不需要进行特别的定制,脚本也可以直接使用其内置的默认参数来运行,无须提供任何外部配置文件。开始离线生成合成数据集,请在命令行中执行以下命令:

bash

./python.sh standalone_examples/replicator/offline_generation/offline_generation.py

下面提供关于各种配置场景的详细信息。

1. 内置场景

当不指定任何配置文件时,脚本将默认使用脚本中预定义的参数集。这些参数为数据生成提供了基本的设置,默认参数如下:

yaml

```
config = {
"launch_config":{
"renderer":"RayTracedLighting",
"headless":False,
    },
"resolution":[1024,1024],
"rt_subframes":2,
"num_frames":20,
"env_url":"/Isaac/Environments/Simple_Warehouse/full_warehouse.usd",
"scope_name":"/MyScope",
"writer":"BasicWriter",
"writer_config":{
"output_dir":"_out_offline_generation",
"rgb":True,
"bounding_box_2d_tight":True,
"semantic_segmentation":True,
"distance_to_image_plane":True,
"bounding_box_3d":True,
"occlusion":True,
    },
"clear_previous_semantics":True,
"forklift":{
"url":"/Isaac/Props/Forklift/forklift.usd",
"class":"Forklift",
    },
"cone":{
"url":"/Isaac/Environments/Simple_Warehouse/Props/S_TrafficCone.usd",
"class":"TrafficCone",
    },
"pallet":{
"url":"/Isaac/Environments/Simple_Warehouse/Props/SM_PaletteA_01.usd",
"class":"Pallet",
    },
"cardbox":{
"url":"/Isaac/Environments/Simple_Warehouse/Props/SM_CardBoxD_04.usd",
"class":"Cardbox",
    },
}
```

可以通过命令行参数来提供一个自定义的配置文件,从而覆盖这些默认设置。这个配置文件可以是 JSON 或 YAML 格式,且需要遵循特定的结构,允许指定如场景类型、相机配置、随机化参数等。

运行脚本并使用默认参数,请执行以下命令:

```bash
bash
./python. sh standalone_examples/replicator/offline_generation/offline_generation. py
```

2. Basic Writer

当希望使用 BasicWriter 并自定义其配置时,可以使用 config_basic_writer. yaml 配置文件。以下代码示例的配置文件明确指定了 BasicWriter 并提供了 writer_config 的相关设置:

```yaml
yaml
launch_config:
    renderer:RayTracedLighting
    headless:false
resolution:[512,512]
env_url:"/Isaac/Environments/Grid/default_environment. usd"
rt_subframes:32
writer:BasicWriter
writer_config:
    output_dir:_out_basicwriter
    rgb:true
```

此外,它还会将环境设置为 /Isaac/Environments/Grid/default _ environment. usd。BasicWriter 是 Replicator 中的一个关键组件,负责将数据保存到磁盘。通过调整 writer_config,可以控制数据的格式、存储路径和其他相关参数。

运行脚本并使用 config_basic_writer. yaml 配置,请执行以下命令:

```bash
bash
./python. sh standalone_examples/replicator/offline_generation/offline_generation. py \
    --config standalone_examples/replicator/offline_generation/config/config_basic_writer. yaml
```

3. Default Writer

以下代码示例的配置文件 config_default_writer. json 使用默认的写入器(通常是 BasicWriter),并修改了 writer_config 以使用 rgb 和 instance_segmentation 注解器,默认写入器在 Replicator 中通常是指 BasicWriter,但可以通过不同的配置文件来定制其行为:

```json
json
{
"launch_config":{
"renderer":"RayTracedLighting",
"headless":false
    },
"resolution":[512,512],
"writer_config":{
"output_dir":"_out_defaultwriter",
"rgb":true,
"instance_segmentation":true
    }
}
```

运行脚本并使用 config_default_writer. json 配置,请执行以下命令:

```bash
bash
./python. sh standalone_examples/replicator/offline_generation/offline_generation. py \
   --config standalone_examples/replicator/offline_generation/config/config_default_writer. json
```

4. Kitti Writer

以下代码示例的配置文件 config_kitti_writer. yaml 用于指定 KittiWriter,它带有特定的 writer_config 配置:

```yaml
yaml
launch_config:
   renderer: RayTracedLighting
   headless: true
resolution: [512,512]
num_frames: 5
clear_previous_semantics: false
writer: KittiWriter
writer_config:
   output_dir: _out_kitti
   colorize_instance_segmentation: true
```

KittiWriter 是为了以与 KITTI Vision Benchmark Suite 兼容的格式输出数据而设计的。KITTI Vision Benchmark Suite 是一个广泛用于计算机视觉研究的数据集,特别是在目标检测、跟踪和场景理解方面。

使用 KittiWriter 时,生成的数据将按照 KITTI 数据集的结构进行保存,包括文件名约定、目录布局和文件格式。这为用户提供了与其他在 KITTI 基准上评估的方法进行比较的便利性。

运行脚本并使用 config_kitti_writer. yaml 配置,请执行以下命令:

```bash
bash
./python. sh standalone_examples/replicator/offline_generation/offline_generation. py \
   --config standalone_examples/replicator/offline_generation/config/config_kitti_writer. yaml
```

8.3.3　作为模拟软件独立运行

本节提供的代码示例与标准的 omni. replicator 示例有所区别,后者通常在 Isaac Sim 的 GUI 中的脚本编辑器内执行。此处的脚本被设计为作为 Isaac Sim 的一个独立应用程序实例运行。因此,在引入任何其他依赖项(如 omni. replicator. core)之前,初始化 SimulationApp 对象是至关重要的,这可能涉及配置一些参数或设置初始条件。

由于 SimulationApp 是作为独立应用程序运行的,它不会与其他 omni. replicator 示例共享上下文或资源,因此在编写脚本时,对资源管理、错误处理和线程安全等问题的考虑尤为关键。此外,由于 SimulationApp 的运行不依赖于 GUI,因此它可能不支持 GUI 提供的全部功能集。这意味着可能需要调整代码以适应无 GUI 环境的运行,或寻找其他方法来测试和调试 SimulationApp。

以下代码示例展示如何使 Isaac Sim 作为独立应用程序运行:

```python
python
from omni. isaac. kit import SimulationApp
```

```
[..]

# Create the simulation app with the given launch_config
simulation_app = SimulationApp(launch_config = config["launch_config"])

[..]

import offline_generation_utils

# Late import of runtime modules (the SimulationApp needs to be created before loading the modules)
import omni.replicator.core as rep
import omni.usd
from omni.isaac.core.utils import prims
from omni.isaac.core.utils.nucleus import get_assets_root_path
from omni.isaac.core.utils.rotations import euler_angles_to_quat
from omni.isaac.core.utils.stage import get_current_stage, open_stage
from pxr import Gf
```

注意,在 SimulationApp 对象创建之后,需要包含与 Omniverse 相关的导入项,以确保脚本能够正确访问和使用 Omniverse 的功能和 API。

8.3.4　加载环境

在 USD 的框架内,环境是以"舞台(Stage)"的形式存在的。为加载这个舞台,将采用一个辅助函数——open_stage。这个函数的关键作用是初始化与 USD 数据的交互,并提供一个工作空间,在这个空间中可以访问、修改和渲染场景内容。

为构建指向 USD 舞台的完整路径,需要结合 Nucleus 服务器的位置。这里,在以下代码示例中使用 get_assets_root_path 函数来获取到 Nucleus 服务器的根路径,这个路径将确保应用程序能够准确地定位到所需的 USD 数据:

```python
# 获取服务器路径
assets_root_path = get_assets_root_path()
if assets_root_path is None:
    carb.log_error("Could not get nucleus server path, closing application..")
    simulation_app.close()

# 在新舞台中打开给定环境
print(f"Loading Stage {config['env_url']}")
if not open_stage(assets_root_path + config["env_url"]):
    carb.log_error(f"Could not open stage{config['env_url']}, closing application..")
    simulation_app.close()
```

调用 open_stage 函数后,它会返回一个布尔值,这个值将告诉舞台是否已成功加载。如果舞台加载失败,应用程序将终止执行,因为一个没有正确加载的环境无法支持后续的模拟或渲染操作。这一步骤确保了模拟环境具备正确的初始状态,为后续的模拟操作奠定了坚实的基础。

8.3.5 创建摄像机和写入器

本示例中展示了两种方法来创建摄像机:一种是通过 Replicator 使用 rep. create. camera;另一种是利用 Isaac Sim API 的 prims. create_prim。这些摄像机的主要作用是作为渲染工具来生成数据。

为收集从选定的注释器(如 RGB 图像、语义分割结果、3D 边界框等)中产生的数据,并将它们写入指定路径,创建了一个渲染产品并将其附加到内置的 BasicWriter 上。BasicWriter 负责数据的序列化和存储,确保数据以适当的格式写入磁盘。

此外,通过使用 rep. get. prim_at_path,可以访问到由 omnigraph 节点包装的 driver_cam_prim。这允许通过 Replicator 生成的随机化图在每个步骤中对摄像机进行动态调整,从而实现场景的随机化渲染。

在以下代码示例中,摄像机是通过 Replicator(rep. create. camera)创建的,然后这些摄像机会被渲染产品用于生成所需的数据:

```
Cameras
driver_cam = rep. create. camera(
    focus_distance = 400. 0, focal_length = 24. 0, clipping_range = (0. 1, 10000000. 0), name = "DriverCam"
)

# Camera looking at the pallet
pallet_cam = rep. create. camera( name = "PalletCam")

# Camera looking at the forklift from a top view with large min clipping to see the scene through the ceiling
top_view_cam = rep. create. camera( clipping_range = (6. 0, 1000000. 0), name = "TopCam")
```

对于写入器部分,在以下代码示例中 BasicWriter 已经被注册,并且可以通过 WriterRegistry 轻松访问:

```
Writer and Render Products
# Setup the writer
writer = rep. WriterRegistry. get( config[ "writer"] )
writer. initialize( * * config[ "writer_config"] )
forklift_rp = rep. create. render_product( top_view_cam, config[ "resolution"], name = "TopView")
driver_rp = rep. create. render_product( driver_cam, config[ "resolution"], name = "DriverView")
pallet_rp = rep. create. render_product( pallet_cam, config[ "resolution"], name = "PalletView")
writer. attach( [ forklift_rp, driver_rp, pallet_rp] )
```

初始化时,提供了输出目录和所需的注释器列表。这样,BasicWriter 就知道应该收集哪些类型的数据,以及如何将它们保存到磁盘上。

最后,将从摄像机创建的渲染产品附加到写入器上,确保所有渲染得到的数据都会被捕获并写入指定的输出路径。

8.3.6 域随机化

下面的代码示例展示了如何利用 Isaac Sim 和 Replicator API 实现多种随机化效果:

```python
python
# Spawn a new forklift at a random pose
forklift_prim = prims. create_prim(
    prim_path = "/World/Forklift",
    position = (random. uniform( -20, -2), random. uniform( -1,3),0),
    orientation = euler_angles_to_quat([0,0,random. uniform(0,math. pi)]),
    usd_path = assets_root_path+config["forklift"]["url"],
    semantic_label = config["forklift"]["class"],
)


# Spawn the pallet in front of the forklift with a random offset on the Y ( pallet's forward) axis
forklift_tf = omni. usd. get_world_transform_matrix(forklift_prim)
pallet_offset_tf = Gf. Matrix4d( ). SetTranslate( Gf. Vec3d(0,random. uniform( -1. 2, -1. 8),0))
pallet_pos_gf = ( pallet_offset_tf  *  forklift_tf). ExtractTranslation( )
forklift_quat_gf = forklift_tf. ExtractRotationQuat( )
forklift_quat_xyzw = ( forklift_quat_gf. GetReal( ),  * forklift_quat_gf. GetImaginary( ))


pallet_prim = prims. create_prim(
    prim_path = "/World/Pallet",
    position = pallet_pos_gf,
    orientation = forklift_quat_xyzw,
    usd_path = assets_root_path+config["pallet"]["url"],
    semantic_label = config["pallet"]["class"],
)
```

首先，利用 Isaac Sim API 在随机位置生成一个叉车。然后，根据叉车的姿态，在叉车前方的一个随机距离内放置一个托盘。

为进一步增强场景的多样性，以下代码示例使用 Replicator API 注册了各种随机化器：

```python
python
# Register the boxes and materials randomizer graph
def register_scatter_boxes( pallet_prim,assets_root_path,config):
    # Calculate the bounds of the prim to create a scatter plane of its size
    bb_cache = create_bbox_cache( )
    bbox3d_gf = bb_cache. ComputeLocalBound( pallet_prim)
    prim_tf_gf = omni. usd. get_world_transform_matrix( pallet_prim)

    # Calculate the bounds of the prim
    bbox3d_gf. Transform( prim_tf_gf)
    range_size = bbox3d_gf. GetRange( ). GetSize( )

    # Get the quaterion of the prim in xyzw format from usd
    prim_quat_gf = prim_tf_gf. ExtractRotation( ). GetQuaternion( )
```

```
prim_quat_xyzw = (prim_quat_gf. GetReal( ) , * prim_quat_gf. GetImaginary( ) )

# Create a plane on the pallet to scatter the boxes on
plane_scale = (range_size[0] * 0.8,range_size[1] * 0.8,1)
plane_pos_gf = prim_tf_gf. ExtractTranslation( ) +Gf. Vec3d(0,0,range_size[2])
plane_rot_euler_deg = quat_to_euler_angles( np. array( prim_quat_xyzw) ,degrees = True)
scatter_plane = rep. create. plane(
    scale = plane_scale, position = plane_pos_gf, rotation = plane_rot_euler_deg, visible = False
)

cardbox_mats = [
    f"{assets_root_path}/Isaac/Environments/Simple_Warehouse/Materials/MI_PaperNotes_01. mdl",
    f"{assets_root_path}/Isaac/Environments/Simple_Warehouse/Materials/MI_CardBoxB_05. mdl",
]

def scatter_boxes( ) :
    cardboxes = rep. create. from_usd(
        assets _ root _ path + config["cardbox"]["url"], semantics = [("class", config["cardbox"]["class"])],count = 5
    )
    with cardboxes:
        rep. randomizer. scatter_2d( scatter_plane, check_for_collisions = True)
        rep. randomizer. materials( cardbox_mats)
    return cardboxes. node
```

rep. randomizer. register(scatter_boxes)

以 rep. randomizer. scatter_2d 为例,它会在托盘表面上随机散布盒子。同时,还使用 rep. randomizer. materials 随机化盒子的材质。这些随机化器生成的随机化图通过 rep. randomizer. register 进行注册。

接下来的随机化示例计算叉车和托盘的边界框的角落,并将这些角落作为预定义的位置列表,用于在这些位置随机放置交通锥:

```python
# Register the place cones randomizer graph
def register_cone_placement( forklift_prim, assets_root_path, config) :
    # Get the bottom corners of the oriented bounding box (OBB) of the forklift
    bb_cache = create_bbox_cache( )
    centroid, axes, half_extent = compute_obb( bb_cache, forklift_prim. GetPrimPath( ) )
    larger_xy_extent = ( half_extent[0] * 1.3, half_extent[1] * 1.3, half_extent[2])
    obb_corners = get_obb_corners( centroid, axes, larger_xy_extent)
    bottom_corners = [
        obb_corners[0]. tolist( ),
        obb_corners[2]. tolist( ),
```

```
        obb_corners[4].tolist(),
        obb_corners[6].tolist(),
    ]

    # Orient the cone using the OBB (Oriented Bounding Box)
    obb_quat = Gf.Matrix3d(axes).ExtractRotation().GetQuaternion()
    obb_quat_xyzw = (obb_quat.GetReal(), *obb_quat.GetImaginary())
    obb_euler = quat_to_euler_angles(np.array(obb_quat_xyzw), degrees = True)

    def place_cones():
        cones = rep.create.from_usd(
            assets_root_path+config["cone"]["url"], semantics = [("class", config["cone"]["class"])]
        )
        with cones:
            rep.modify.pose(position = rep.distribution.sequence(bottom_corners), rotation_z = obb_euler
[2])
        return cones.node

    rep.randomizer.register(place_cones)
```

此外,还随机化了叉车和托盘区域上方的灯光参数及其位置,为场景增加了更多的变化:

```python
# Register light randomization graph
def register_lights_placement(forklift_prim, pallet_prim):
    bb_cache = create_bbox_cache()
    combined_range_arr = compute_combined_aabb(bb_cache, [forklift_prim.GetPrimPath(), pallet_prim.
GetPrimPath()])
    pos_min = (combined_range_arr[0], combined_range_arr[1], 6)
    pos_max = (combined_range_arr[3], combined_range_arr[4], 7)

    def randomize_lights():
        lights = rep.create.light(
            light_type = "Sphere",
            color = rep.distribution.uniform((0.2, 0.1, 0.1), (0.9, 0.8, 0.8)),
            intensity = rep.distribution.uniform(500, 2000),
            position = rep.distribution.uniform(pos_min, pos_max),
            scale = rep.distribution.uniform(5, 10),
            count = 3,
        )
        return lights.node

    rep.randomizer.register(randomize_lights)
```

值得一提的是,Replicator 支持众多其他随机化功能。以下代码示例中已注册的随机化设置会在每帧中触发,并与摄像机的移动同步进行,一个摄像机专注于观察叉车前方的托盘并围绕其旋转,而另一个摄像机则从上方以不同高度观察整个场景:

```python
# Generate graph nodes to be triggered every frame
with rep. trigger. on_frame( ) :
    rep. randomizer. scatter_boxes( )
    rep. randomizer. place_cones( )
    rep. randomizer. randomize_lights( )

    pallet_cam_min = ( pallet_pos_gf[ 0 ] −2, pallet_pos_gf[ 1 ] −2, 2)
    pallet_cam_max = ( pallet_pos_gf[ 0 ] +2, pallet_pos_gf[ 1 ] +2, 4)
    with pallet_cam :
        rep. modify. pose(
            position = rep. distribution. uniform( pallet_cam_min, pallet_cam_max) ,
            look_at = str( pallet_prim. GetPrimPath( ) ) ,
        )

    driver_cam_min = ( driver_cam_pos_gf[ 0 ] , driver_cam_pos_gf[ 1 ] , driver_cam_pos_gf[ 2 ] −0. 25)
    driver_cam_max = ( driver_cam_pos_gf[ 0 ] , driver_cam_pos_gf[ 1 ] , driver_cam_pos_gf[ 2 ] +0. 25)
    with driver_cam :
        rep. modify. pose(
            position = rep. distribution. uniform( driver_cam_min, driver_cam_max) ,
            look_at = str( pallet_prim. GetPrimPath( ) ) ,
        )

# Generate graph nodes to be triggered only at the given interval
with rep. trigger. on_frame( interval = 4) :
    top_view_cam_min = ( foklift_pos_gf[ 0 ] , foklift_pos_gf[ 1 ] , 9)
    top_view_cam_max = ( foklift_pos_gf[ 0 ] , foklift_pos_gf[ 1 ] , 11)
    with top_view_cam :
        rep. modify. pose(
            position = rep. distribution. uniform( top_view_cam_min, top_view_cam_max) ,
            rotation = rep. distribution. uniform( ( 0, −90, −30) , ( 0, −90, 30) ) ,
        )
```

在注册随机化图并开始数据收集之前,进行了一段短暂的物理模拟。在生成叉车和空托盘之后,以下代码示例通过在叉车后方的托盘上放置几个堆叠的盒子并运行物理模拟,确保了场景的物理真实性:

```python
def simulate_falling_objects( forklift_prim, assets_root_path, config, max_sim_steps = 250, num_boxes = 8) :
    # Create the isaac sim world to run any physics simulations
    world = World( physics_dt = 1. 0 / 90. 0, stage_units_in_meters = 1. 0)
```

```python
# Set a random relative offset to the pallet using the forklift transform as a base frame
forklift_tf = omni.usd.get_world_transform_matrix(forklift_prim)
pallet_offset_tf = Gf.Matrix4d().SetTranslate(Gf.Vec3d(random.uniform(-1,1), random.uniform
(-4,-3.6),0))
pallet_pos = (pallet_offset_tf * forklift_tf).ExtractTranslation()

# Spawn pallet prim at a relative random offset to the forklift
[..]

# Spawn boxes falling on the pallet
for i in range(num_boxes):
    # Spawn box prim
    cardbox_prim_name = f"SimulatedCardbox_{i}"
    box_prim = prims.create_prim(
        prim_path = f"/World/{cardbox_prim_name}",
        usd_path = assets_root_path+config["cardbox"]["url"],
        semantic_label = config["cardbox"]["class"],
    )

    # Get the next spawn height for the box
    spawn_height += bb_cache.ComputeLocalBound(box_prim).GetRange().GetSize()[2] * 1.1

    # Wrap the cardbox prim into a rigid prim to be able to simulate it
    box_rigid_prim = RigidPrim(
        prim_path = str(box_prim.GetPrimPath()),
        name = cardbox_prim_name,
        position = pallet_pos+Gf.Vec3d(random.uniform(-0.2,0.2), random.uniform(-0.2,0.2),
spawn_height),
        orientation = euler_angles_to_quat([0,0,random.uniform(0,math.pi)]),
    )

    # Make sure physics are enabled on the rigid prim
    box_rigid_prim.enable_rigid_body_physics()

    # Register rigid prim with the scene
    world.scene.add(box_rigid_prim)

# Reset the world to handle the physics of the newly created rigid prims
world.reset()

# Simulate the world for the given number of steps or until the highest box stops moving
last_box = world.scene.get_object(f"SimulatedCardbox_{num_boxes-1}")
for i in range(max_sim_steps):
```

```
world. step( render = False )
if last_box and np. linalg. norm( last_box. get_linear_velocity( ) ) < 0. 001：
    print( f"Falling objects simulation finished at step {i}.. ")
    break
```

通过这种方式,可以收集到更多样化且贴近实际的数据,这有助于提高模型的鲁棒性和泛化能力。

8.3.7　脚本执行

在完成了所有必要的设置和随机化配置之后,最后一步是触发随机化过程和帧写入,以运行指定数量的帧,示例代码如下：

```
Script
# Register randomizers graphs
offline_generation_utils. register_scatter_boxes( pallet_prim , assets_root_path , config )
offline_generation_utils. register_cone_placement( forklift_prim , assets_root_path , config )
offline_generation_utils. register_lights_placement( forklift_prim , pallet_prim )


[..]


# Run a simulation before generating data
offline_generation_utils. simulate_falling_objects( forklift_prim , assets_root_path , config )


[..]


# Run the SDG
rep. orchestrator. run_until_complete( num_frames = config["num_frames"] )


simulation_app. close( )
```

此过程将确保捕获到足够多的随机场景变化,从而丰富数据集并提高模型的适应性。

一旦帧运行完成,将等待所有数据写入磁盘。这是确保数据完整性和可靠性的关键步骤,因为只有在所有数据都被安全地写入磁盘之后,才能确信数据集已经准备就绪。

最后,关闭应用程序以释放所有资源并结束模拟过程。这确保了系统的整洁和高效,为下一次运行或实验做好了准备。整个脚本的执行流程确保了从随机化设置到数据写入再到应用程序关闭的顺畅和高效运行,为生成高质量的模拟数据提供了坚实的基础。

8.4　本 章 小 结

本章主要介绍了 Isaac Sim Replicator,一个为简化机器学习任务的合成数据生成而设计的完整解决方案。Isaac Sim Replicator 通过集成扩展程序、API、工作流程和工具,赋予了用户在高度仿真的环境中创建真实且多样化数据集的能力。

首先,本章探讨了语义模式编辑器的功能。这是一个基于 GUI 的工具,允许用户轻松管理和编辑场景中实体的语义标注信息。通过语义模式编辑器,用户可以确保传感器数据中的语义标注准确无误,为后续的数据处理和分析提供坚实的基础。其次,本章介绍了合成数据可视化器的使用方法。这个强大的工具允许用户实时查看和呈现合成传感器的输出,通过视口窗口中的可视化工具,用户可以直观地验证和调整传感器数据的准确性,这对于调试和验证整个合成数据生成流程至关重要。最后,本章详细介绍了合成数据记录器的核心组件和参数配置方法。合成数据记录器利用 Replicator 的功能来记录仿真环境中的合成数据,包括相机图像、传感器读数等。通过配置写入器框架和控制框架,用户可以灵活地捕捉和保存模拟过程中的各种数据,并将其记录为所需的自定义格式。这为生成用于训练机器学习模型的合成数据集提供了极大的便利。

总的来说,Isaac Sim Replicator 为合成数据生成提供了一套完整的解决方案,通过其强大的工具和功能,用户可以轻松地创建和管理用于机器学习任务的合成数据集。这为机器学习的训练和评估提供了重要的支持,推动了人工智能领域的发展。

第9章

合成数据应用

本章通过生成合成数据来训练精确的 6D 位姿估计模型。利用 Isaac-Sim 的 API 和 NVIDIA 合成数据研究团队的域随机化技术,可以生成高质量的合成数据。主要关注 MESH 和 DOME 两种场景。其中,MESH 场景在目标物体周围放置飞行干扰物,并随机化其颜色和材质;而 DOME 场景则使用穹顶灯提供背景光照。利用 Omniverse Nucleus 平台的资产,可以方便地生成数据。生成的数据以 YCB Video Dataset 的结构格式进行组织,并可选择导出为 DOPE 训练格式。此外,可以利用 DOPE 训练存储库进行模型训练、推理和评估。而利用 SceneBlox 可以生成更多场景,包括预定义示例和仓库生成实例。总之,通过合成数据的生成和利用,可以缩小模拟到现实的差距,提高 6D 位姿估计模型的精度和实用性。

9.1 离线位姿估计

为训练精确的 6D 位姿估计模型,合成数据的生成至关重要。本节指导如何利用 Isaac-Sim 的 API 和 NVIDIA 合成数据研究团队的域随机化技术来生成此类数据,将重点关注模拟 MESH 和 DOME 数据集中所见的随机化效果。生成的数据将以 YCB Video Dataset 的结构格式进行组织,适用于各种 6D 位姿估计模型的训练。此外,本节还提供了将数据导出为 DOPE 训练格式的选项。

(1)MESH 场景。

MESH 场景专注于在目标物体周围放置飞行干扰物。除照明条件外,还会随机化干扰物的颜色和材质,以模拟真实世界的多样性。

(2)DOME 场景。

DOME 场景与 MESH 场景类似,但使用穹顶灯提供逼真的背景光照,同时减少了干扰物的数量。

进一步深入研究 standalone_examples/replicator/offline_pose_generation/offline_pose_generation.py 脚本,以揭示如何利用 Isaac-Sim 的高级 API 来实现飞行干扰物在模拟空间内的连续碰撞,并实现对物体位姿的精确操控。此脚本可在 Isaac-Sim 的 Python 环境中无缝运行,为研究者提供了一个强大的工具来生成高质量的合成数据。

建议阅读相关论文(https://arxiv.org/pdf/2105.13962.pdf),该论文详细阐述了 MESH 和 DOME 数据集的设计理念和实现细节,以及它们如何有效地缩小了模拟到现实(sim-to-real)的差距。简言之,这两个数据集通过在目标物体周围放置飞行干扰物来模拟现实世界的复杂性。此外,除考虑光照条件外,还引入了干扰物颜色和材质的随机化,以进一步增强数据的多样性和实用性。

本节将利用 Omniverse Nucleus 平台提供的现有资产。当然,对于有特殊需求的研究者,也可以自行创建 USD 格式的资产,以支持其感兴趣的自定义对象的数据生成。如果现成的 USD 资产不可用,用户还可以借助 BundleSDF 等先进工具来重建高质量的三维模型。

值得注意的是,MESH 与 DOME 数据集之间存在两个关键差异。首先,与 MESH 数据集相比,DOME 数据集使用的飞行干扰物数量较少,这有助于更突出地展现目标物体的特性。其次,DOME 数据集采用穹顶灯来模拟更加逼真的背景光照,为用户提供了一个更接近真实环境的视觉体验。这些差异共同增强了数据集的有效性和实用性,使其在 6D 位姿估计等领域具有广泛的应用前景。

为创建适用于训练姿态估计模型的合成数据集,首先打开终端或命令提示符,并运行以下命令:

```bash
./python.sh standalone_examples/replicator/offline_pose_generation/offline_pose_generation.py
```

此命令将启动合成数据生成过程。在此过程中,有以下几个可选参数可以调整以满足具体需求。如果未明确指定这些参数,它们将采用默认值。

(1)--num_mesh。该参数指定要记录的帧数,这与 MESH 数据集中找到的样本数相似。默认值是 30 帧。

(2)--num_dome。该参数指定要记录的帧数,这与 DOME 数据集中找到的样本数相似。默认值是 30 帧。

(3)--dome_interval。该参数指定在更改 DOME 背景之前要捕获的帧数。当生成大型数据集时,增加此间隔可以提高性能。默认值是 1 帧。

(4)--output_folder。该参数指定输出数据的文件夹。默认情况下,数据将保存在名为"output"的文件夹中。如果计划将数据写入 S3 存储桶,此参数将指定数据在存储桶中的路径。

(5)--use_s3。如果希望直接将输出写入 S3 存储桶,请传递此标志。注意,目前仅在使用 DOPE writer 时支持此功能。

(6)--endpoint。如果指定了--use_s3 标志,此参数将指定用于写入的 S3 端点。

(7)--bucket。如果希望将数据写入 S3 存储桶,此参数是必需的,用于指定要使用的存储桶名称。

(8)--writer。此参数允许选择使用的 writer 类型。可以选择 YCBVideo 或 DOPE。默认情况下,将使用 YCBVideo writer。

特别需要注意的是,如果在 Windows 操作系统上运行此示例,需要添加--vulkan 标志。如果未添加此标志,尺寸不是 2 的幂的图像可能无法正常渲染。在 Windows 上运行命令时,请按照以下格式操作:

```bash
. \python. bat
. \standalone_examples\replicator\offline_pose_generation\offline_pose_generation. py --vulkan
```

9.1.1　环境设置

在生成数据集之前,_setup_world( ) 函数负责使用资产填充虚拟环境,并对其进行适当的配置。

1.创建碰撞箱

碰撞箱用于容纳飞行干扰物,并确保它们能够彼此碰撞并从箱体的墙壁上反弹。为使这些干扰物在最终合成的数据集中可见,确保碰撞箱位于摄像头的视野内并且位置准确是至关重要的。以下代码段详细展示了如何设置这个碰撞箱:

```python
# Disable gravity in the scene to allow the flying distractors to float around
world. get_physics_context( ). set_gravity(0. 0)


# Create a collision box in view of the camera,allowing distractors placed in the box to be within
# [MIN_DISTANCE,MAX_DISTANCE] of the camera. The collision box will be placed in front of the camera,
# regardless of CAMERA_ROTATION or CAMERA_RIG_ROTATION.
self. fov_x = 2 * math. atan(WIDTH / (2 * F_X))
self. fov_y = 2 * math. atan(HEIGHT / (2 * F_Y))
theta_x = self. fov_x / 2. 0
theta_y = self. fov_y / 2. 0


# Avoid collision boxes with width/height dimensions smaller than 1. 3
collision_box_width = max(2 * MAX_DISTANCE * math. tan(theta_x),1. 3)
collision_box_height = max(2 * MAX_DISTANCE * math. tan(theta_y),1. 3)
collision_box_depth = MAX_DISTANCE-MIN_DISTANCE


collision_box_path = "/World/collision_box"
collision_box_name = "collision_box"


# Collision box is centered between MIN_DISTANCE and MAX_DISTANCE,with translation relative to camera in the z
# direction being negative due to cameras in Isaac Sim having coordinates of-z out,+y up,and+x right.
collision_box_translation_from_camera = np. array([0,0,-(MIN_DISTANCE+MAX_DISTANCE) / 2. 0])


# Collision box has no rotation with respect to the camera
collision_box_rotation_from_camera = np. array([0,0,0])
collision_box_orientation_from_camera = euler_angles_to_quat(collision_box_rotation_from_camera,degrees = True)
```

```
# Get the desired pose of the collision box from a pose defined locally with respect to the camera.
collision_box_center, collision_box_orientation = get_world_pose_from_relative(
    self. camera_path, collision_box_translation_from_camera, collision_box_orientation_from_camera
)

collision_box = CollisionBox(
    collision_box_path,
    collision_box_name,
    position = collision_box_center,
    orientation = collision_box_orientation,
    width = collision_box_width,
    height = collision_box_height,
    depth = collision_box_depth,
)
world. scene. add( collision_box)
```

在这段代码中,首先关闭了场景中的重力,使得飞行干扰物可以无拘无束地移动;然后计算了碰撞箱的尺寸,确保它足够大以容纳飞行干扰物,同时考虑到摄像头的视野和所需的最小/最大距离;接着定义了碰撞箱相对于相机的位置,并设置了它的旋转(在这种情况下,没有旋转,所以它是相对于相机的默认方向);再使用 get_world_pose_from_relative() 函数来计算碰撞箱在世界坐标系中的实际位置和方向,这个函数先获取相机(或其他 Prim)相对于世界坐标系的变换,再结合碰撞箱相对于相机的本地姿态,计算出碰撞箱在世界坐标系中的最终姿态;最后创建了一个 CollisionBox 对象,并将其添加到场景中,这个对象具有之前计算出的位置、方向和尺寸,它现在可以作为飞行干扰物的容器,并且可以被添加到合成数据集中。

按照以下代码示例精确获取碰撞盒在世界坐标系中的位置和姿态:

```python
def get_world_pose_from_relative( prim_path, relative_translation, relative_orientation):
"""Get a pose defined in the world frame from a pose defined relative to the frame of the prim at prim_path"""

    stage = get_current_stage()

    prim = stage. GetPrimAtPath( prim_path)

    # Row-major transformation matrix from the prim's coordinate system to the world coordinate system
    prim_transform_matrix = UsdGeom. Xformable( prim). ComputeLocalToWorldTransform( Usd. TimeCode. Default())

    # Convert transformation matrix to column-major
    prim_to_world = np. transpose( prim_transform_matrix)
```

```
# Column−major transformation matrix from the pose to the frame the pose is defined with respect to
relative_pose_to_prim = tf_matrix_from_pose( relative_translation, relative_orientation)

# Chain the transformations
relative_pose_to_world = prim_to_world @ relative_pose_to_prim

# Translation and quaternion with respect to the world frame of the relatively defined pose
world_position, world_orientation = pose_from_tf_matrix( relative_pose_to_world)

return world_position, world_orientation
```

利用 USD 框架的功能,特别是 ComputeLocalToWorldTransform 函数,能够计算从 Prim 的局部坐标系到世界坐标系的变换矩阵。利用这个函数,能够将碰撞盒的位姿从 Prim 的局部坐标系转换到世界坐标系。另外,为考虑碰撞箱相对于 Prim(如相机)的本地姿态,采用 omni. isaac. core. utils. transformations 库中的 tf_matrix_from_pose 函数。这个函数能够根据给定的平移和旋转生成变换矩阵。通过结合这两个变换矩阵,得到了碰撞盒相对于世界坐标系的最终姿态。这一步骤确保了碰撞盒的位姿能够精确反映其在现实世界中的位置和方向。这种结合 USD 框架和 omni. isaac. core. utils. transformations 库的方法能够准确地获取碰撞盒在世界坐标系中的位姿信息,这对于碰撞检测、物理模拟和渲染等应用至关重要。

2. 创建飞行干扰物

在复杂的场景中,管理大量干扰物是一个挑战。为有效地处理这一挑战,采用了一种组织化的方法,利用在 standalone _ examples/replicator/offline _ pose _ generation/flying _ distractors 目录中定义的多个类。这些类提供了对飞行干扰物的高效管理和控制,确保它们的行为符合预期。

(1)FlyingDistractors。

FlyingDistractors 是一个核心类,负责管理 DynamicShapeSet 和 DynamicObjectSet 的多个实例。它提供了一个统一的接口,用于创建、更新和控制所有飞行干扰物。

(2)DynamicAssetSet。

无论干扰物是基本形状还是复杂对象,DynamicAssetSet 都提供了一个统一的 API。它负责控制干扰物的运动,确保它们在碰撞箱内移动,并允许对干扰物的各种属性进行随机化,以增加场景的真实感。

(3)DynamicShapeSet。

DynamicShapeSet 专门用于管理基本形状的干扰物,如立方体、球体、圆柱体等。它继承了 DynamicAssetSet 的功能,并添加了针对这些基本形状的特定方法。

(4)DynamicObjectSet。

与 DynamicShapeSet 类似,DynamicObjectSet 用于管理复杂对象的干扰物。它使用 DynamicObject 类来创建和管理这些对象,确保它们以预期的方式移动和交互。

(5)DynamicObject。

DynamicObject 负责从 USD 引用中获取资产,并使用 RigidPrim 和 GeometryPrim 进行包装。这确保了干扰物具有适当的刚体属性和物理行为,以便在模拟中正确地与其他对象交互。

为确保飞行干扰物具有动态行为,以下代码示例在 DynamicAssetSet 中定义了 apply_force_to_prims( )函数:

```python
def apply_force_to_prims(self,force_limit):
"""Apply force in random direction to prims in dynamic asset set"""

    for path in itertools.chain(self.glass_asset_paths,self.nonglass_asset_paths):

        # X,Y,and Z components of the force are constrained to be within [-force_limit,force_limit]
        random_force=np.random.uniform(-force_limit,force_limit,3).tolist()

        handle=self.world.dc_interface.get_rigid_body(path)

        self.world.dc_interface.apply_body_force(handle,random_force,(0,0,0),False)
```

这个函数向干扰物施加随机方向的力,使它们在空中飞行,增加了场景的动态感和真实感。

要了解有关这些类的更多详细信息,包括它们的函数、属性和用法,请参阅 standalone_examples/replicator/offline_pose_generation/ 目录中的类定义。这些定义提供了深入的洞察,有助于更好地理解和使用这些类来创建和管理飞行干扰物。

3. 添加感兴趣的对象

本节的任务选择了 YCB Cracker Box 和 YCB Power Drill 资产作为训练姿态估计模型的关键对象。这些资产在 config/ * _config.yaml 文件中被明确指定,具体文件取决于所使用的写入器配置。如果在实际操作中缺少所需的 3D 模型,可以利用工具如 BundleSDF 来生成相应的模型。

以下是一个示例配置,展示了如何将单个 cracker box 和单个 power drill 指定为感兴趣的对象:

```python
# prim_type is determined by the usd file.
# To determine,open the usd file in Isaac Sim and see the prim path. If you load it in /World,the path will be /World/<prim_type>
OBJECTS_TO_GENERATE:
    -{part_name:003_cracker_box,num:1,prim_type:_03_cracker_box}
    -{part_name:035_power_drill,num:1,prim_type:_35_power_drill}
```

需要注意的是,由于 usd 命名规则的限制,因此不能直接使用以数字开头的名称作为 prim_type,需要进行相应的命名调整,然后在_setup_train_objects( )函数中将这些感兴趣的对象添加到模拟场景中:

```python
def_setup_train_objects(self):
    # Add the part to train the network on
    train_part_idx=0
```

```python
for object in OBJECTS_TO_GENERATE：
    for prim_idx in range(object["num"])：
        part_name=object["part_name"]
        ref_path=self.asset_path+part_name+".usd"
        prim_type=object["prim_type"]

        path="/World/"+prim_type+f"_{prim_idx}"

        mesh_path=path+"/"+prim_type
        name=f"train_part_{train_part_idx}"

        self.train_part_mesh_path_to_prim_path_map[mesh_path]=path

        train_part=DynamicObject(
            usd_path=ref_path,
            prim_path=path,
            mesh_path=mesh_path,
            name=name,
            position=np.array([0.0,0.0,0.0]),
            scale=config_data["OBJECT_SCALE"],
            mass=1.0,
        )

        train_part.prim.GetAttribute("physics:rigidBodyEnabled").Set(False)

        self.train_parts.append(train_part)

        # Add semantic information
        mesh_prim=world.stage.GetPrimAtPath(mesh_path)
        add_update_semantics(mesh_prim,prim_type)

        train_part_idx+=1
```

　　本程序中禁用了感兴趣对象的刚体动力学,以确保它们不会因碰撞而移出屏幕,并为对象添加了语义信息。

4. 域随机化

　　为实现域随机化,定义了以下关键函数,用以随机化光照条件、穹顶光属性、形状颜色及感兴趣对象的姿态。

　　(1)随机化光照。

　　函数:randomize_sphere_lights。代码示例如下:

```python
def randomize_sphere_lights()：
    lights=rep.create.light(
```

```
        light_type = "Sphere",
        color = rep. distribution. uniform( (0.0,0.0,0.0) , (1.0,1.0,1.0) ) ,
        intensity = rep. distribution. uniform( 100000,3000000) ,
        position = rep. distribution. uniform( ( -250, -250, -250) , (250,250,100) ) ,
        scale = rep. distribution. uniform( 1,20) ,
        count = NUM_LIGHTS,
    )
    return lights. node
```

目的:创建并随机化场景中的球体光源属性,包括颜色、强度、位置和大小。

效果:生成多样化的光照场景,为 MESH 和 DOME 数据集提供不同的视觉条件。

(2)随机化穹顶光。

函数:randomize_domelight。代码示例如下:

```
python
def randomize_domelight( texture_paths) :
    lights = rep. create. light(
        light_type = "Dome",
        rotation = rep. distribution. uniform( (0,0,0) , (360,360,360) ) ,
        texture = rep. distribution. choice( texture_paths)
    )


    return lights. node
```

目的:随机化穹顶光的旋转和纹理,模拟不同的背景环境和光照条件。

使用场景:特别适用于与 DOME 数据集相似的样本。

(3)随机化形状属性。

函数:randomize_colors。代码示例如下:

```
python
def randomize_colors( prim_path_regex) :
    prims = rep. get. prims( path_pattern = prim_path_regex)


    mats = rep. create. material_omnipbr(
        metallic = rep. distribution. uniform( 0.0,1.0) ,
        roughness = rep. distribution. uniform( 0.0,1.0) ,
        diffuse = rep. distribution. uniform( (0,0,0) , (1,1,1) ) ,
        count = 100,
    )
    with prims:
        rep. randomizer. materials( mats)
    return prims. node
```

目的:根据给定的正则表达式选择对象,并随机化其材质属性,如金属度、粗糙度和漫反射颜色。

效果:增加场景中物体的材质多样性。

对于干扰物形状,对金属度、反射率和颜色属性进行了随机化,使干扰物具有不同的材质外观。

（4）集成到随机化器中。

为应用上述随机化函数，需将上述函数注册到′rep. randomizer′中，代码示例如下：

python

rep. randomizer. register(randomize_sphere_lights, override＝True)

rep. randomizer. register(randomize_colors, override＝True)

with rep. trigger. on_frame( )：

　　rep. randomizer. randomize_sphere_lights( )

　　rep. randomizer. randomize_colors(″(? ＝. ＊shape)(? ＝. ＊nonglass). ＊″)

这样，在模拟过程中，这些函数将自动被调用以执行随机化操作。

注意，只在_ _next_ _函数中注册 randomize_domelight( )，因为最初不想在生成 MESH 数据集图像时随机化穹顶灯，代码示例如下：

python

rep. randomizer. register(randomize_domelight, override＝True)

dome_texture_paths＝［ self. dome_texture_path＋dome_texture＋″. hdr″ for dome_texture in DOME_TEX-TURES］

with rep. trigger. on_frame(interval＝self. dome_interval)：

　　rep. randomizer. randomize_domelight(dome_texture_paths)

（5）随机化感兴趣对象的姿态。

除随机化光照和材质属性外，还定义了 randomize_movement_in_view 函数，用以随机化感兴趣对象的姿态，同时确保对象保持在相机视野内。此函数使用 get_random_world_pose_in_view 来确定对象在相机视野内的随机姿态，并通过 set_world_pose 方法应用这些变化。代码示例如下：

python

def randomize_movement_in_view(self, prim)：

″″″Randomly move and rotate prim such that it stays in view of camera″″″

　　translation, orientation＝get_random_world_pose_in_view(

　　　　self. camera_path,

　　　　MIN_DISTANCE,

　　　　MAX_DISTANCE,

　　　　self. fov_x,

　　　　self. fov_y,

　　　　FRACTION_TO_SCREEN_EDGE,

　　　　self. rig. prim_path,

　　　　MIN_ROTATION_RANGE,

　　　　MAX_ROTATION_RANGE,

```
)
prim. set_world_pose( translation, orientation)
```

通过这些随机化函数和策略,能够生成多样化的场景,增强模型的泛化能力,并更准确地评估其在现实世界中的性能。

9.1.2　数据生成

本节将详细阐述如何通过随机化场景来捕获真实数据,并在_ _next_ _函数中将这些数据传输给数据写入器:

```python
def_ _next_ _(self):

    if self. cur_idx == self. num_mesh:    # MESH datset generation complete, switch to DOME dataset
        print(f"Starting DOME dataset generation of {self. num_dome} frames. .")

        # Hide the FlyingDistractors used for the MESH dataset
        self. mesh_distractors. set_visible(False)

        # Show the FlyingDistractors used for the DOME dataset
        self. dome_distractors. set_visible(True)

        # Switch the distractors to DOME
        self. current_distractors = self. dome_distractors

        # Randomize the dome backgrounds
        self. _setup_dome_randomizers()

    # Randomize the distractors by applying forces to them and changing their materials
    self. current_distractors. apply_force_to_assets(FORCE_RANGE)
    self. current_distractors. randomize_asset_glass_color()

    # Randomize the pose of the object(s) of interest in the camera view
    for train_part in self. train_parts:
        self. randomize_movement_in_view(train_part)

    # Step physics, avoid objects overlapping each other
    timeline. get_timeline_interface(). play()

    kit. app. update()

    print(f"ID: {self. cur_idx}/{self. train_size-1}")
    rep. orchestrator. step()
```

```
self. cur_idx+ = 1
```

```
# Check if last frame has been reached
if self. cur_idx > = self. train_size:
    print(f"Dataset of size {self. train_size} has been reached,generation loop will be stopped..")
    self. last_frame_reached = True
```

数据生成过程始于与 MESH 数据集相似的样本创建。为确保数据的多样性和真实性,在生成样本时采取了以下关键步骤。

①应用了一系列精心设计的随机化函数,使飞行干扰物保持动态变化。这一举措不仅增强了场景的逼真度,还有助于捕捉更多实际场景中可能出现的细节。

②关注并随机化感兴趣对象的姿态。这一步骤对于确保数据的广泛性和实用性至关重要,因为它能够模拟不同角度和位置下的对象表现。

③利用先前定义的随机化函数,对干扰物的形状以及球体灯光的材质属性进行调整。这一过程是通过 omni. replicator 的内部 step( ) 函数实现的。这种灵活性能够根据需要调整场景元素,以获得更贴近实际应用的数据集。

④当生成了指定数量的 MESH 样本后,将通过动态调整资源的可见性来为生成与 DOME 数据集相似的样本做好准备。隐藏了用于 MESH 样本的 FlyingDistractors,并展示了更小型的、专为 DOME 样本设计的 FlyingDistractors 集合。这一步骤确保了不同数据集之间的区分度,从而满足了特定任务的需求。

此外,在_setup_dome_randomizers 函数中定义了 randomize_domelight 函数,并将其注册到 rep. randomizer 中。当调用 rep. orchestrator. step( ) 时,这个随机化器将被激活。值得注意的是,这一调用还触发了之前定义的两个随机化函数:randomize_sphere_lights( ) 和 randomize_colors( )。这些函数共同增强了数据集的多样性和实用性。

要获取更多关于数据生成过程的详细信息,请参考 offline_pose_generation. py 文件。该文件包含了实现上述功能的完整代码和逻辑,对于理解和应用数据生成方法具有重要意义。

9.1.3　数据输出与写入

首先,为获取高质量的图像数据,使用 rep. create. camera( ) 创建了一个虚拟相机,并通过 rep. create. render_product( ) 创建了一个渲染产品,代码示例如下:

```python
# Setup camera and render product
self. camera = rep. create. camera(
    position = (0,0,-MAX_DISTANCE),
    rotation = CAMERA_ROTATION,
    focal_length = focal_length,
    clipping_range = (0. 01,10000),
)
```

```python
self. render_product = rep. create. render_product( self. camera, ( WIDTH, HEIGHT) )
```

这两个组件的设置确保了可以从特定的视角捕捉场景,并以所需的分辨率生成图像。

接下来,为确保数据能够按照特定格式被正确写入和存储,配置了专门的写入器,代码示例如下:

```python
python
# setup writer
self. writer_helper. register_pose_annotator( config_data = config_data)
self. writer = self. writer_helper. setup_writer( config_data = config_data, writer_config = self. writer_config)
self. writer. attach( [ self. render_product] )
```

首先,初始化了 DOPE 或 YCBVideo 写入器,这些写入器支持不同的数据格式和编码方式,以满足不同的应用需求。然后,将之前创建的渲染产品附加到写入器上,这样写入器就能够将渲染产品生成的数据写入到指定的存储介质中。

为更深入地了解 DOPE 或 YCBVideo 写入器的实现细节,请参阅位于 omni. replicator. isaac 扩展文件夹中的 dope_writer. py 或 ycbvideo_writer. py 文件。这些文件包含了写入器的具体实现代码和逻辑。

此外,为理解如何定义自定义注释器节点,请查阅 omni. replicator. isaac 扩展文件夹中的 OgnDope. ogn、OgnDope. py 或 OgnPose. ogn、OgnPose. py 文件。注释器节点通常用于在数据上添加额外的信息或元数据,这对于后续的数据处理和分析至关重要。通过捕获和记录这些额外信息,可以更全面地理解和利用生成的数据集。

9.1.4　写入器切换

对于仅依赖 YCB 视频格式进行数据写入的用户,本节可能不是必需的。然而,对于希望利用 DOPE 写入器并以适用于 DOPE 网络训练的格式输出数据的用户,本节提供了灵活的切换选项。

要切换到 DOPE 写入器,只需在运行 offline_pose_generation. py 脚本时通过命令行参数指定--writer DOPE。这一简单操作将允许以 DOPE 网络所需的格式生成和保存数据。

此外,当使用 DOPE 写入器时,提供了将数据直接写入 Amazon S3 存储桶的选项。要启用此功能,只需在运行时附加--use_s3 标志。DOPE 写入器将利用 boto3 模块,这是一个与 Amazon S3 服务交互的 Python SDK,以高效且安全的方式将数据传输到 S3 存储桶。

在使用 boto3 将数据写入 S3 之前,它期望在 ~/. aws/config 路径下存在一个配置文件。此文件包含身份验证凭据,允许 boto3 在尝试写入数据之前进行身份验证。以下是一个配置文件的示例模板:

```
Config
[ default]
aws_access_key_id = <username>
aws_secret_access_key = <secret_key>
region = us−east−1
```

请将此模板文件复制到 ~/. aws/config 位置,并用实际凭据替换占位符。确保妥善保管凭据,避免泄露给未经授权的个人或系统。通过上述设置,可以灵活地在本地机器或 Amazon S3 存储桶之间选择数据写入的位置,以满足不同的数据处理和存储需求。

9.2　使用合成数据训练姿态估计模型

9.2.1　在 NGC 上生成数据

为显著提高与本地机器相比可以生成的数据量,利用 OVX 集群在 NVIDIA GPU Cloud(NGC)上进行数据生成。这些集群专为渲染作业进行了优化,从而确保了高效的数据生成速度。对于训练过程,将采用针对机器学习优化的 DGX 集群。由于生成和训练过程将使用两个不同的集群,因此将自动将生成的数据保存到 S3 存储桶中,并在训练期间从该存储桶加载数据。

1. 定制数据生成容器

为在 NGC 上运行而构建一个容器,需要使用 Dockerfile。请将以下内容复制到名为 Dockerfile 的文件中,并将该 Dockerfile 放置在 standalone_examples/replicator/offline_pose_generation 目录下:

```
Dockerfile
# See https://catalog.ngc.nvidia.com/orgs/nvidia/containers/isaac-sim
# for instructions on how to run this container
FROM nvcr.io/nvidia/isaac-sim:2023.1.1

RUN apt-get update && export DEBIAN_FRONTEND=noninteractive && apt-get install s3cmd-y

# Copies over latest changes to pose generation code when building the container
COPY ./ standalone_examples/replicator/offline_pose_generation
```

当构建容器时,standalone_examples/replicator/offline_pose_generation 文件夹中离线姿态生成代码(offline_pose_generation.py)与其他文件的最新更改将被复制到容器中。这允许直接修改 offline_pose_generation/文件夹内的文件,而无须重新构建整个容器。要构建容器,请在命令行中运行以下命令:

```
bash
cd standalone_examples/replicator/offline_pose_generation
docker build -t NAME_OF_YOUR_CONTAINER:TAG.
```

这里,NAME_OF_YOUR_CONTAINER 是为容器选择的名称,而 TAG 是为容器指定的标签。例如,可能会使用 my_pose_generation_container:v1 作为名称和标签。一旦容器构建完成,就可以使用它来在 NGC 的 OVX 集群上生成数据。这些数据可以存储在 S3 存储桶中,然后可以用于在 DGX 集群上训练姿态估计模型。

2. 将 Docker 容器部署到 NGC

在 NGC 中使用自定义构建的容器之前,必须将其推送到 NGC 的容器注册表中。要执行此操作,需要先通过 NGC 进行身份验证,确保有适当的权限将容器推送到组织或项目中。

当推送容器到 NGC 时,必须遵循特定的命名和标记约定。通常,容器的名称应遵循 nvcr. io/<ORGANIZATION_NAME>/<TEAM_NAME>/<CONTAINER_NAME>:<TAG>的格式,这样做有助于确保容器的可识别性和组织内的版本控制。

以下是将容器推送到 NGC 的命令示例:

```bash
docker push NAME_OF_YOUR_CONTAINER:TAG
```

这里,NAME_OF_YOUR_CONTAINE 是在 NGC 上设置的容器名称;TAG 是在构建容器时指定的标签。请确保使用与构建容器时完全相同的名称和标签,以避免任何混淆或错误。当容器成功推送到 NGC 的容器注册表中时,就可以在 NGC 的 OVX 集群中使用它来生成姿态估计所需的合成数据。这些生成的数据随后可以用于在 DGX 集群上进行模型训练,从而充分利用 NGC 提供的计算资源和服务。

3. 在 NGC 作业中配置 S3 认证信息

当计划使用 S3 存储桶作为数据的源或目的地时,需要在 NGC 作业定义中提供 S3 的认证信息。目前,NGC 尚未提供内置的秘密管理功能,因此需要手动执行此操作。可以通过以下代码示例在作业定义中的运行命令前附加以下命令来设置 S3 的认证信息,请确保在相应的位置填入 S3 凭据:

```bash
# Credentials for boto3
mkdir ~/.aws
echo "[default]" >> ~/.aws/config
echo "aws_access_key_id=<YOUR_USER_NAME>" >> ~/.aws/config
echo "aws_secret_access_key=<YOUR_SECRET_KEY>" >> ~/.aws/config
# Credentials for s3cmd
echo "[default]" >> ~/.s3cfg
echo "use_https=True" >> ~/.s3cfg
echo "access_key=<YOUR_USER_NAME>" >> ~/.s3cfg
echo "secret_key=<YOUR_SECRET_KEY>" >> ~/.s3cfg
echo "bucket_location=us-east-1" >> ~/.s3cfg
echo "host_base=<YOUR_ENDPOINT>" >> ~/.s3cfg
echo "host_bucket=bucket-name" >> ~/.s3cfg
```

将容器推送到 NGC 后,可以在创建作业时选择该容器,并在运行命令中包含上述 S3 认证信息的配置。以下是一个示例运行命令:

```bash
# ADD YOUR S3 CREDENTIALS HERE
# (see "Adding S3 Credentials to NGC Jobs" section above for more details)

# Run Pose Generation
./python.sh standalone_examples/replicator/offline_pose_generation/offline_pose_generation.py \
--use_s3 --endpoint https://YOUR_ENDPOINT --bucket OUTPUT_BUCKET --num_dome 1000 --num_mesh 1000 --writer DOPE \
--no-window
```

在运行脚本时,使用--no-window 标志在无头模式下运行 Isaac Sim。这个标志会覆盖任何可能指示应用以有头模式运行的其他设置。如果不包含此标志,而配置文件中设置了"headless":false,那么在 Docker 容器中运行时可能会遇到错误,因为 Isaac Sim 的窗口无法启动。

为确保作业能够在 OVX 集群上成功提交并执行,该作业必须被配置为可抢占的。在创建作业的过程中,请务必在抢占选项中选择"可恢复(Resumable)"。这一设置将允许作业在资源不足或其他必要情况下被中断,并在资源可用时恢复执行。选择"可恢复"选项将提高作业在 OVX 集群上的灵活性和可靠性,确保作业能够在需要时及时获得所需的计算资源。

9.2.2　训练、推理与评估

1. 本地执行

要在本地运行训练、推理和评估流程,请按照以下步骤操作。

(1)克隆 DOPE 训练存储库。

(2)遵循存储库内 README.md 文件中的指导进行操作。

2. NGC 上执行

NGC 为用户提供了强大的训练作业扩展能力。由于 DOPE 需要为每个对象类别单独训练,因此 NGC 在并行训练多个模型时表现出色。此外,NGC 支持多 GPU 作业,从而有效缩短训练时间。

创建作业时,请使用以下命令作为 NGC 作业的"运行命令(Run Command)":

```bash
# ADD YOUR S3 CREDENTIALS HERE
# (see "Adding S3 Credentials to NGC Jobs" section for more details)

# Change values below:
export endpoint="https://YOUR_ENDPOINT"
export num_gpus=1
export train_buckets="BUCKET_1 BUCKET_2"
export batchsize=32
export epochs=60
export object="CLASS_OF_OBJECT"
export output_bucket="OUTPUT_BUCKET"
export inference_data="PATH_TO_INFERENCE_DATA"

# Run Training
python -m torch.distributed.launch--nproc_per_node=$ num_gpus \
train.py --use_s3 \
--train_buckets $ train_buckets \
--endpoint $ endpoint \
--object $ object \
--batchsize $ batchsize \
```

```
--epochs $((epochs / num_gpus))

# Copy Inference Data Locally
mkdir sample_data/inference_data
s3cmd sync s3:// $ inference_data sample_data/inference_data

# Run Inference
cd inference/
python inference.py \
--weights ../output/weights \
--data ../sample_data/inference_data \
--object $ object

# Run Evaluation
cd ../evaluate
python evaluate.py \
--data_prediction ../inference/output \
--data ../sample_data/inference_data \
--outf ../output/ \
--cuboid

# Store Training and Evaluation Results
cd ../
s3cmd mb s3:// $ output_bucket
s3cmd sync output/ s3:// $ output_bucket
```

请根据具体需求调整参数。若希望一次性执行整个训练、推理和评估流程,请参阅接下来的"单命令全流程执行"部分。

在上述脚本中,首先在 NGC 上启动训练作业,然后利用 s3cmd 从 S3 存储桶中同步推理数据至本地,再在本地执行推理和评估脚本,并将结果保存在本地 output/ 目录中,最后通过 s3cmd 将结果从本地目录同步回 S3 存储桶。这样,就可以利用 NGC 轻松扩展训练作业,并通过多 GPU 加速来提升训练效率。

3. 单命令全流程执行

为提升在 NGC 上执行整个流程的便捷性,特别设计了一个名为 run_pipeline_on_ngc. py 的脚本,该脚本允许通过单一命令完成整个训练、推理和评估流程。以下是在 NGC 上使用该脚本的示例运行命令:

```
bash
# ADD YOUR S3 CREDENTIALS HERE
# (see "Adding S3 Credentials to NGC Jobs" section for more details)

python run_pipeline_on_ngc. py \
--num_gpus 1 \
--endpoint https://ENDPOINT \
```

```
--object YOUR_OBJECT \
--train_buckets YOUR_BUCKET \
--inference_bucket YOUR_INFERENCE_BUCKET \
--output_bucket YOUR_OUTPUT_BUCKET
```

请确保将上述命令中的占位符(如 ENDPOINT、YOUR_OBJECT、YOUR_BUCKET 等)替换为实际的参数值。这样做将使整个训练、推理和评估流程更加自动化,提高了在 NGC 上执行作业的效率和便捷性。

4. 利用 Dockerfile 构建自定义训练容器

尽管使用 NGC 上提供的现有容器是运行此流程的最简便方法,但 Dope 训练存储库还提供了一个 Dockerfile,允许根据自己的需求构建自定义 Docker 镜像。这个 Dockerfile 以 NGC 上的 PyTorch 容器为基础镜像,从而确保能够利用 NVIDIA 提供的优化和加速功能。

若要使用 Dockerfile 构建自己的镜像,请按照以下步骤操作。

(1)确保当前位于包含 Dockerfile 的目录中。

(2)运行以下命令,以获取并配置 NVIDIA 相关库:

```
bash
cd docker
./get_nvidia_libs.sh
```

get_nvidia_libs.sh 脚本的作用是复制 NVIDIA 驱动程序文件到容器中,这是因为 evaluate.py 脚本中使用的 visii 模块依赖于这些驱动程序。这些驱动程序通常不会包含在基础 PyTorch 容器中。

(3)构建 Docker 镜像:

```
bash
docker build -t nvcr.io/nvidian/onboarding/sample-image-dope-training:1.0.
```

在这个命令中,nvcr.io/nvidian/onboarding/sample-image-dope-training 是将要构建的镜像的名称,而 1.0 是该镜像的标签。这个命名约定是为了将来能够方便地将镜像作为容器上传到 NGC。

(4)构建和推送 Docker 镜像通常需要适当的权限和配置。确保已经按照 NVIDIA 和 Docker 的指南设置了正确的认证和配置。

9.3　本 章 小 结

本章主要介绍了如何利用 Isaac Sim 的 API 和 NVIDIA 合成数据研究团队的域随机化技术来生成高质量的合成数据,以训练精确的 6D 位姿估计模型。重点关注了模拟 MESH 和 DOME 数据集中所见的随机化效果,并详细阐述了如何利用 Isaac Sim 的高级 API 实现飞行干扰物在模拟空间内的连续碰撞,以及对物体位姿的精确操控。

在数据生成过程中,本章深入探讨了如何通过随机化干扰物的颜色和材质,以及调整光照条件来模拟真实世界的多样性。此外,还强调了使用 Omniverse Nucleus 平台提供的现有资产,以及利用 BundleSDF 等先进工具创建自定义 USD 格式资产的重要性。这些方法和工具的使用有助于研究者根据自己的需求生成高质量的合成数据。

　　此外,本章还详细描述了 MESH 与 DOME 数据集之间的关键差异,包括飞行干扰物数量的不同及穹顶灯的使用,这些差异使得这两个数据集在模拟真实环境方面更具优势。同时,本章还介绍了如何调整合成数据生成过程中的可选参数,以满足研究者的具体需求。

　　最后,本章提供了将生成的数据导出为 YCB Video Dataset 结构格式或 DOPE 训练格式的选项,这使得生成的数据能够适用于各种 6D 位姿估计模型的训练。同时,本章也强调了阅读 NViSII 论文的重要性,该论文详细阐述了 MESH 和 DOME 数据集的设计理念和实现细节,为研究者提供了深入理解这些数据集的背景知识和技术细节。

　　综上所述,本章为研究者提供了一个强大的工具和方法来生成高质量的合成数据,以支持 6D 位姿估计模型的训练。通过利用 Isaac Sim 的 API 和域随机化技术,研究者可以模拟真实世界的多样性,并生成适用于各种应用场景的合成数据集。

第10章

合成数据生成的扩展程序

Omni. Replicator. Character(ORC)是一个用于生成高质量合成数据的扩展程序,通过模拟角色和机器人在不同环境中的行为,为 AI 模型训练提供大量可控数据。用户可以通过 Isaac Sim 应用的扩展管理器启用 ORC,并通过其用户界面进行精确的环境和行为配置。ORC 的核心目标在于解决 AI 模型训练中的数据获取困难问题,并提供 GPU 加速的计算方案。该程序具备模拟角色和机器人在仓库环境中行走等复杂场景的能力。启用 ORC 后,用户可以通过配置面板设置场景、摄像机视角和代理行为等参数生成符合需求的合成数据。未来,随着 ORC 的进一步完善,其将在 AI 模型训练与应用开发领域发挥更加重要的作用,为更多场景提供高效、高质量的合成数据生成解决方案。此外,本章还将介绍物体检测合成数据生成的相关内容,包括运行说明、概念和约定等。通过利用这些工具和方法,用户可以更高效地生成合成数据,以支持 AI 模型的训练和应用开发。

10.1 扩展程序简介

ORC 扩展程序旨在通过多样化的环境配置,生成高质量的合成数据。该程序通过精细化的配置文件和命令文件,实现对环境、摄像机视角及代理行为的精确控制。其核心目标在于解决 AI 模型训练与应用开发过程中数据获取困难的问题,并为此提供 GPU 加速的计算方案。

ORC 具备模拟角色和机器人在仓库环境中行走等复杂场景的能力(图 10.1)。这种模拟能力在需要生成高度逼真但又可控的合成数据以支持 AI 模型训练的场景中显得尤为关键。通过利用 ORC,用户能够根据自身需求生成大量合成数据,进而用于 AI 模型的训练与应用开发。这不仅能够显著提升 AI 模型的效率与准确性,而且能够减少对实际数据收集的依赖,降低数据获取的成本与难度。

未来,随着 ORC 的进一步发展与完善,其将在 AI 模型训练与应用开发领域发挥更加重要的作用,为更多场景提供高效、高质量的合成数据生成解决方案。

图 10.1　角色和机器人在仓库环境中行走场景

10.1.1　启动扩展程序

为启用 Omni. Replicator. Character 功能,请遵循以下步骤操作。

(1)打开 Isaac Sim 应用的扩展管理器。在菜单栏中选择"窗口(Window)"选项,然后在下拉菜单中点击"扩展(Extensions)"。在扩展管理器的搜索栏中键入"people"关键字,以便快速定位相关扩展。

(2)在搜索结果中找到"omni. replicator. character. core"和"omni. replicator. character. ui"两个扩展,并分别点击它们旁边的启用按钮,确保这两个扩展的状态已更改为已启用,如图 10.2 所示。

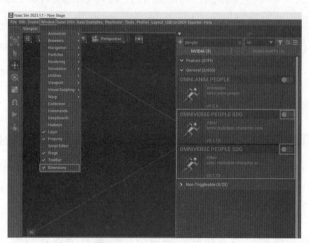

图 10.2　ORC 的启动过程

(3)为访问 ORC 的 UI 面板,请在菜单栏中再次选择"窗口(Window)",然后依次选择"PeopleSDG"和"配置面板(Configuration Panel)"。当 UI 面板成功打开后,它将显示在屏幕的右侧区域,如图 10.3 所示。

(4)为确保 Omni. Replicator. Character 的所有功能都能正常运作,请检查并确保已安装以下扩展,并更新至最新版本 omni. anim. graph. core、omni. anim. navigation. core、omni. anim. people 及 omni. replicator. core。

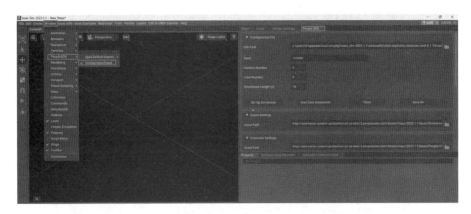

图 10.3　ORC 的用户界面

在扩展管理器中,可以点击"自动加载(Auto-Load)"按钮,以便在 Isaac Sim 应用启动时自动加载这些扩展。由于某些扩展可能存在依赖关系,因此可能需要按照提示重新启动 Isaac Sim 应用。如果系统提示重启,请遵循提示完成操作。

完成上述步骤后,Omni. Replicator. Character 功能即已成功启用,可以开始使用它进行角色和代理的模拟合成数据生成工作。

10.1.2　开始使用扩展程序

为迅速启动 ORC 进行数据生成任务,可以选择加载一个预先准备的. yaml 配置文件,或利用扩展自带的默认配置文件。以下是基本的使用步骤,如需更详尽的操作指南,请查阅"基本用法"部分。

步骤 1:确保 ORC 扩展已启用与 UI 面板已打开。

请确保已按照之前的说明启用了 Omni. Replicator. Character 扩展,并打开了其 UI 面板。

步骤 2:加载或选择配置文件。

在 ORC 的 UI 面板中,导航至"配置文件(Configuration File)"选项卡。可以选择点击"浏览"按钮加载个人定制的. yaml 配置文件,或直接使用默认配置作为起点。

步骤 3:设置模拟并等待资源加载。

点击"设置模拟(Set Up Simulation)"按钮,系统将开始加载模拟所需的资源,如图 10.4 所示。加载过程可能耗时较长,请耐心等待直至完成。

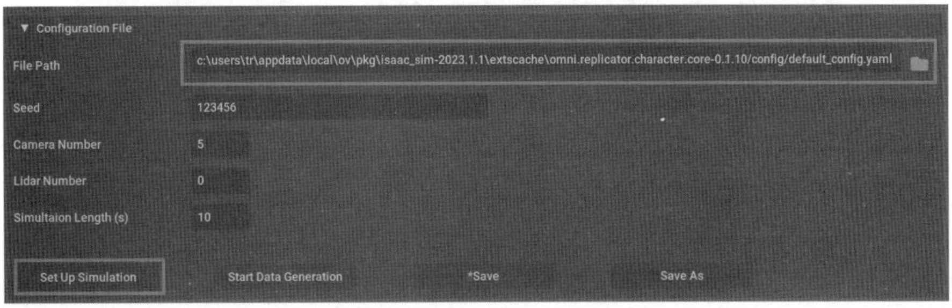

图 10.4　生成随机命令并保存

步骤 4:生成并保存角色命令。

在"角色设置（Character Settings）"面板中点击"生成随机命令（Generate Random Commands）"按钮，为选定的角色生成一组随机的行为指令。然后，通过点击"保存命令（Save Commands）"按钮保存这些生成的指令。若场景中包含机器人，请重复此步骤以保存机器人的命令，如图 10.5 所示。

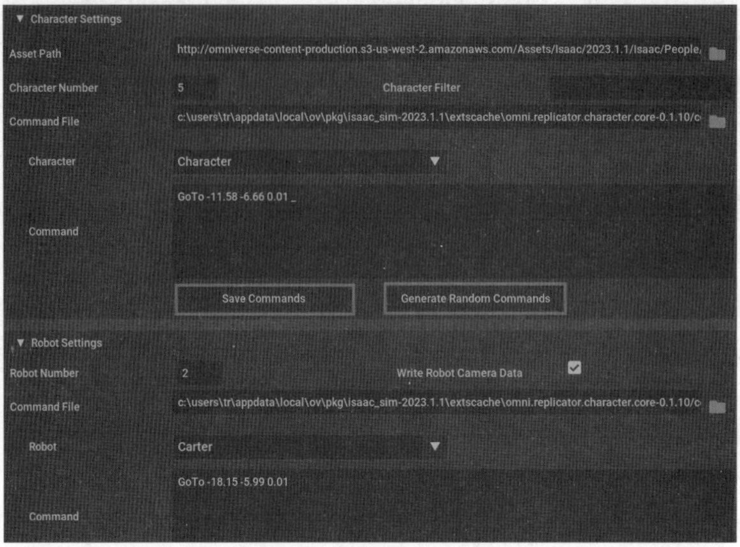

图 10.5　保存命令

步骤 5（可选）：保存当前配置。

若希望保存此次模拟的配置以便将来复用，可在"配置文件（Configuration File）"面板中点击"保存（Save）"或"另存为（Save As）"按钮。

步骤 6：启动数据生成。

点击"开始数据生成（Start Data Generation）"按钮以启动模拟进程，并开始生成所需的合成数据，如图 10.6 所示。根据模拟的复杂性和参数设置的不同，数据生成可能需要一定的时间。

图 10.6　启动数据生成

步骤 7：查看与管理输出数据。

根据"Replicator Settings"面板中的配置，生成的数据将保存在指定的 output_dir 目录中。可以在该目录下找到并管理生成的数据文件，如图 10.7 所示。

注意，上述步骤提供了一个基础的操作流程。根据具体需求和环境配置，可能需要进行额外的参数调整或高级配置。建议深入阅读官方文档或参考相关教程，以获取更为详尽的信息和操作指导。

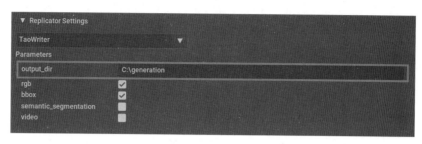

图 10.7 输出数据

10.1.3 扩展程序解析

以下是关于 Omni. Replicator. Character 扩展程序中涉及的专业术语的详细解释。

(1) Omni. Replicator. Character. Core, 核心扩展。

核心扩展是 Omni. Replicator. Character 扩展程序中的关键组件, 负责管理模拟的整体状态。它集成了设置模拟场景、启动模拟进程及捕获模拟数据的基础 API 和模块, 这些模块可独立调用, 以满足不同模拟需求。

(2) Omni. Replicator. Character. UI, UI 扩展。

UI 扩展是 Omni. Replicator. Character 的用户界面组件, 当加载此扩展时, 核心扩展将自动加载。它提供了一组用户交互友好的界面元素, 简化了用户与扩展程序的交互过程。

(3) . yaml 配置文件。

配置文件是以 . yaml 格式存储的文件, 其中包含了定义模拟关键组件所需的所有配置数据。这些配置数据包括随机化种子、模拟的持续时间、代理的数量及输出数据的格式等。为使用 Omni. Replicator. Character 扩展程序, 用户需要加载一个预先配置好的 . yaml 文件, 或通过 UI 界面生成一个新的配置文件。

(4) . txt 命令文件。

命令文件是以 . txt 格式存储的文件, 其中包含了代理需要执行的命令序列。代理 (包括角色和机器人) 将根据这些命令在模拟环境中执行相应的操作。Omni. Replicator. Character 扩展程序通过调用 omni. anim. people 扩展程序来控制代理的行为, 不同的代理类型对应不同的命令文件。

(5) 代理 (agents)。

代理是指在模拟环境中执行操作的实体, 它们的行为由相应的命令文件控制。目前, Omni. Replicator. Character 扩展程序支持角色 (如人类) 和机器人 (如 Isaac Nova Carter) 作为代理。

(6) 随机化种子 (randomization seed)。

随机化种子是用于生成随机数的初始值。在 Omni. Replicator. Character 扩展程序中, 给定相同的随机化种子, 扩展程序可以生成相同的相机、代理位置和代理行为, 从而确保在相同的操作序列下生成一致的数据。

(7) Omni. Replicator 复制器扩展。

复制器扩展是 Omni. Replicator. Character 扩展程序所依赖的数据捕获组件。它提供了捕获模拟数据的基础功能。

（8）Omni. Anim. People 扩展。

Omni. Anim. People 扩展是用于控制代理行为的基础组件。它采用基于命令的系统来驱动代理的行为，包括角色的动作和机器人的运动等。

10.2　扩展程序配置文件

配置文件是定义模拟关键参数的重要载体，深入理解其结构和内容对于充分利用 ORC 扩展的功能至关重要。配置文件主要包含五个核心部分：全局（global）、场景（scene）、复制器（replicator）、角色（character）和机器人（robot）。尽管配置文件的结构是固定的，但属性的排列顺序不影响其功能，这使得配置过程更为灵活，不符合既定格式的属性将被扩展程序自动忽略，确保了配置的健壮性。

配置文件中，每个字段都有默认的赋值，若未明确指定，则扩展程序将采用这些默认值。这给用户提供了极大的便利，使得配置过程更为简洁高效。下面是配置文件的示例，它遵循 YAML 格式，这是一种常用于配置文件的数据序列化格式，因其易读性高、易于编写而广受欢迎：

```yaml
omni. replicator. character:
version:0. 1. 0
global:
    seed:123456
    camera_num:5
    lidar_num:0
    simulation_length:10
scene:
    asset_path:[Isaac Sim Path]/Isaac/Environments/Simple_Warehouse/full_warehouse. usd
character:
    asset_path:[Isaac Sim Path]/Isaac/People/Characters/
    command_file:
    filters:
    num:5
robot:
    command_file:
    num:0
    write_data:false
replicator:
    writer:TaoWriter
    parameters:
    output_dir:
    rgb:True
    bbox:True
    semantic_segmentation:False
```

video：False

在配置文件中，[Isaac Sim Path]是一个占位符，它应被替换为 Isaac Sim 应用程序的实际安装路径。可以通过 Isaac Sim 的脚本编辑器执行 get_assets_root_path( ) 函数来获取这个路径。

10.2.1　最小配置文件

对于 ORC 扩展，最小配置文件仅需要包含扩展的头部和版本信息，这是启动扩展并进行基本模拟所必需的最少数据。配置文件的版本必须与当前扩展的主版本号相匹配，以确保兼容性和稳定性。例如，版本 0.1.12 的扩展可以与版本 0.1.x 系列的其他版本兼容，但无法与 0.0.x 系列版本兼容。请遵循语义化版本控制规范，以确保对版本号的正确理解和使用。

当配置文件中未指定命令文件时，ORC 扩展会在系统的默认位置创建 default_command.txt 和 default_robot_command.txt，并将这些文件的路径自动添加到配置文件中，以便扩展能够正常读取和使用。

最小配置文件的示例如下：

yaml

omni. replicator. character：

version：0.1.0

在这个最小配置文件中，仅指定了扩展名称 omni. replicator. character 和版本 0.1.0。这意味着，只要所提供的版本与当前扩展的版本兼容，用户就可以启动基本的模拟，而无须提供其他复杂的配置。所有其他配置选项，如场景设置、代理参数等，都将在运行时采用默认值或根据用户后续的操作进行动态设置。

10.2.2　全局配置解析

1. 随机种子

全局配置中的随机种子用于初始化所有涉及随机化功能的组件，以确保实验结果的可重复性。如果在配置文件中未指定种子值，系统将默认采用当前系统时间作为随机种子，以引入随机性。

2. 摄像头数量配置

camera_num 参数用于指定模拟过程中需捕获数据的摄像头数量。若设定的摄像头数量大于舞台上实际可用的摄像头数量，系统将仅使用舞台上及/World/Cameras 路径下的可用摄像头来生成数据。反之，若设定的摄像头数量小于舞台上实际摄像头数量，则仅启用舞台上前 n 个摄像头进行数据采集。在通过用户界面启动模拟设置时，ORC 将自动调整并生成所需数量的摄像头，以满足配置要求。

3. 激光雷达数量配置

lidar_num 参数定义了模拟中需捕获数据的激光雷达数量，其工作原理与 camera_num 类似，即根据配置调整激光雷达的使用数量。

4. 模拟长度设定

simulation_length 参数决定了模拟运行的时长，进而影响了数据采集的总量。系统默认模拟以 30 帧/s 的帧率运行,因此若将模拟长度设置为 10,则每个摄像头将生成 300 帧的数据。此外,模拟长度还影响了在生成随机命令时命令序列的长度,确保代理至少按照设定的模拟长度运行。

10.2.3 场景环境与角色配置

场景配置部分要求提供 USD 格式的场景环境文件路径。该文件应包含模拟所需的环境信息,并可能包含用于数据生成的预设角色和摄像头。用户若对某个场景的随机化结果满意,可将其保存为 USD 文件,并在配置中指定其路径,以便复用。

1. 角色数量配置

num 参数指定了模拟中角色的数量。在通过用户界面启动模拟设置时,ORC 将确保舞台上有足够数量的角色以满足配置要求。若舞台上已有超过配置数量的角色,则不会进行任何更改。

2. 角色资源路径配置

asset_path 参数定义了存储角色资源 USD 文件的目录路径。该路径允许包含子目录和自定义资源,以便灵活管理角色资源。

3. 角色控制命令文件配置

command_file 参数指定了控制角色行为的命令文件路径。该文件应为.txt 格式,每行以角色名称开头,后跟命令名称及该命令所需的参数。

4. 角色筛选配置

filters 参数是一个以逗号分隔的标签列表,用于从指定的资源路径中筛选出要生成的角色。筛选逻辑通过名为 filter. json 的 JSON 文件实现,该文件应位于资源路径文件夹的根目录下。筛选标签与角色之间的映射关系在 filter. json 中定义。当使用用户界面时,用户可以通过悬停在过滤标签上查看当前可用的标签列表。

10.2.4 机器人配置

1. 机器人数量配置

num 参数定义了模拟中机器人的数量。与角色配置类似,ORC 将在模拟设置时确保舞台上有足够数量的机器人,若舞台上已有超过配置数量的机器人,则不进行任何更改。

2. 机器人控制命令文件配置

command_file 参数指定了控制机器人行为的命令文件路径。文件格式与角色控制命令文件相同,每行以机器人的舞台名称开头,后跟命令名称及参数。

3. 机器人数据写入配置

write_data 参数是一个布尔值,用于控制是否将机器人的摄像头输出数据写入文件。若设置为 true,ORC 将输出每个机器人的前两个摄像头的数据;若设置为 false,机器人仍将根据命令文件进行控制,但其摄像头不会输出任何数据。

10.2.5 复制器配置详解

1. 写入器配置

writer 参数指定了复制器在生成数据时所使用的写入器。ORC 提供的写入器将在启动时自动注册到复制器中,而用户自定义的写入器则需要在使用前手动注册。

2. 写入器参数配置

parameters 参数定义了写入器初始化函数所需的参数列表。每个参数的名称应与初始化函数的输入参数保持一致,以确保正确的参数传递和写入器初始化。

10.3　扩展程序的基本用法

10.3.1　通过用户界面生成数据

ORC 用户界面为模拟配置提供了直观的控制界面,使用户能够精确控制模拟结果。以下是按照所需模拟配置启动数据生成的步骤。

(1)启用 Omni. Replicator. Character 应用程序及其必要的扩展程序。

(2)激活 UI 扩展程序(omni. replicator. character. ui)。

(3)启用扩展程序后,默认配置文件将自动加载至 UI,并显示相应的默认值。如需加载不同的配置文件,请点击"配置文件(Configuration File)"面板中"文件路径(File Path)"文本字段旁边的文件夹图标,或直接在"文件路径(File Path)"文本字段中输入配置文件的路径,如图 10.8 所示。

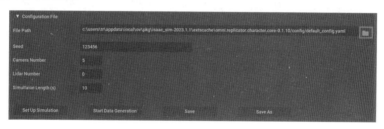

图 10.8　从"配置文件"面板中选择文件路径

(4)在 UI 中编辑模拟属性。

配置文件中的每个字段均可在 UI 中直接编辑,每个 UI 面板对应配置文件中的一个部分。请参考 10.2 节了解每个字段的详细说明。

在 UI 中进行更改时,若未点击"保存文件(Save File)"按钮,更改将不会写入配置文件。但点击"设置模拟(Set Up Simulation)"或"开始数据生成(Start Data Generation)"按钮时,即使更改尚未保存至配置文件,也将使用 UI 中设置的配置。

修改命令时,"保存命令(Save Commands)"按钮上会出现"∗"符号,表示命令文件中的更改不会反映至配置文件本身。保存配置文件时,也将触发命令文件的保存。

提供"生成随机命令(Generate Random Commands)"按钮,用于为场景中的代理生成随机命令。点击"保存命令(Save Commands)"时,将覆盖命令文件中的现有命令。

点击"设置模拟(Set Up Simulation)"按钮前,资产(场景、角色、摄像头)将不会加载。若场景中的角色不足,扩展程序将自动生成角色。同样,为确保场景中有足够的摄像头,扩展程序将生成摄像头。若场景中已有更多角色或摄像头,扩展程序不会删除任何资产,并将使用前 N 个摄像头进行数据输出。

存在未保存更改时,"设置模拟(Set Up Simulation)"和"开始数据生成(Start Data Generation)"按钮将根据 UI 中的设置而非磁盘上的配置文件运行。

(5)点击"设置模拟(Set Up Simulation)"按钮加载模拟资产,并等待加载完成。根据资产的复杂性,加载可能需要一定时间。在设置模拟前,请关闭 NavMesh 设置中的"Auto Rebake"功能,以避免加载和运行模拟时出现卡顿问题,如图 10.9 所示。

图 10.9 NavMesh 设置

(6)在"角色设置(Character Settings)"面板中点击"生成随机命令(Generate Random Commands)"按钮,为每个代理生成命令。ORC 为每个代理提供了命令编辑器,用户可在选项卡上选择代理名称,并使用文本编辑器编辑其命令,如图 10.10 所示。

图 10.10 角色的命令编辑器

(7)在"角色设置(Character Settings)"面板中点击"保存命令(Save Commands)"按钮保存命令。若场景中存在机器人,请对机器人重复步骤(6)和(7)。

(8)(可选)若用户希望保存此次模拟的配置,请点击"配置文件(Configuration File)"面板中的"保存(Save)"或"另存为(Save As)"按钮。保存配置文件时,将同时保存命令文件。

(9)当资产加载完成、命令文件生成并保存时,请在"配置文件(Configuration File)"面板中点击"开始数据生成(Start Data Generation)"按钮开始记录数据。代理将开始执行命令,Replicator 将开始记录数据。当生成的数据量达到配置文件中设定的模拟时长时,模拟将自动停止。

(10)等待数据生成完成。根据代理数量、环境复杂性和摄像头数量,此过程可能需要较长时间。

(11)根据"Replicator 设置"面板,在 output_dir 中查找输出数据。

10.3.2　通过脚本生成数据

对于大规模数据生成任务,建议使用脚本启动。ORC 提供了一个自动化脚本(sdg_scheduler. py)来运行一系列数据生成任务。每次运行均在独立进程中执行,因此某个任务的失败不会影响其他任务。通过脚本运行数据时,请在应用程序选择器中选择"在终端中打开"。

在弹出的命令行窗口中,对于 Linux 机器,运行以下命令:

bash

./python. sh tools/isaac_people/sdg_scheduler. py -c [config file path] -n [num_of_run]

对于 Windows 机器,使用以下命令:

bash

./python. bat tools/isaac_people/sdg_scheduler. py -c [config file path] -n [num_of_run]

在 isaac_people 文件夹中提供了一个示例配置文件。作为示例运行,用户可以执行以下命令:

bash

./python. sh tools/isaac_people/sdg_scheduler. py -c tools/isaac_people/config. yaml -n 1

上述命令中的参数说明如下。

(1)配置文件路径。

配置文件的位置,可以是单个配置文件或包含多个配置文件的文件夹。

(2)运行次数。

运行次数是一个可选参数。默认情况下,脚本将为每个配置文件运行一次。若运行次数大于1,脚本将自动修改每个配置文件中的"output_dir",以避免数据写入同一位置。

10.3.3　模拟控制

1. 代理控制

代理控制旨在实现对模拟中代理(主要为机器人或虚拟角色)行为的精确操纵,涵盖运动轨迹、动作执行及决策逻辑等方面。其实现手段多样,包括直接编辑代理输入指令、调整参数配置及应用高级控制算法等。

(1)概述。

ORC 目前支持对角色和 Nova Carter 机器人两种类型的代理进行精细控制。通过ORC,代理行为可实现随机化处理。本节将深入探讨每种代理所支持的命令集及其随机化功能。ORC UI 提供了一个直观的代理设置面板,内置命令编辑器,使用户能够便捷地编辑各个代理的命令序列,进而控制模拟过程中代理的行为表现。

(2)角色控制。

角色行为控制基于 Omni. Anim. People 扩展实现,如需更详尽的指南,请参照官方Omni. Anim. People 文档。本书将聚焦于可随机化的命令集。

①GoTo 命令。GoTo 命令用于指导角色移动至指定位置。该命令可接收单个点或一系列点作为参数,最后一个点用于指定角色到达目标位置时的结束旋转角度。若无须设置旋转角度,可使用"_"作为占位符。当提供一系列点时,角色将依次经过每个点。若启

用了 Navmesh 导航和动态障碍物规避功能,角色将智能地避开静态和动态障碍物。

示例:female_adult_police_03 GoTo 10 10 0 90。

②Idle 命令。Idle 命令使角色保持静止状态,需指定持续时间,角色将在该时间段内保持静止。

示例:female_adult_police_03 Idle 10。

③LookAround 命令。LookAround 命令使角色在原地保持站立,同时头部从左至右转动。需指定持续时间,角色将在该时间段内执行此动作。

示例:female_adult_police_03 LookAround 10。

这些命令为用户提供了对角色行为的精细控制手段,使其能够在模拟中执行多样化的任务和动作。通过组合运用这些命令,用户能够构建复杂的场景和交互逻辑,以满足特定的模拟需求。

(3)机器人控制。

①GoTo 命令。GoTo 命令用于指引机器人从其当前位置移动至目标位置。该命令需提供目标位置的 X、Y、Z 世界坐标作为参数。

示例:Carter_01 GoTo 10.02 5.9 0。

②Idle 命令。Idle 命令使机器人在指定时间段内保持当前位置不动。该命令常与 GoTo 命令结合使用,实现机器人移动至指定位置后停留一段时间,再继续移动至下一个位置的功能。命令参数为以 s 为单位的持续时间。

示例:Carter_01 Idle 5。

通过运用这些命令,用户能够精确控制机器人的移动和停留行为,以满足模拟场景的具体需求。结合 GoTo 命令和 Idle 命令,用户能够构建更为复杂的机器人行为模式,模拟实际场景中机器人的操作过程。这对于测试、验证和优化机器人行为具有重要意义,尤其适用于自动化、导航及机器人技术等领域的应用场景。

2. 相机控制

相机控制功能旨在调整模拟环境中相机的位置与参数,以优化视图与视角的捕捉。此功能允许用户对相机的位置、方向、缩放比例及旋转角度进行精细化操作。在模拟过程中,相机控制对于捕捉关键事件、记录重要数据及生成高质量的视觉效果至关重要。

(1)概述。

ORC 提供了一套完善的相机随机化机制。默认情况下,相机将自动生成并指向世界坐标系的原点。此外,ORC 还提供了一个便捷选项,能够生成专门用于观察场景中角色的相机。ORC 还扩展了相机校准功能,为通过 ORC 生成的相机提供详尽的相机信息。

(2)相机对准角色功能。

该功能旨在实现相机布局的自动化调整。在启动模拟之前,用户可以通过调整 carb.settings 中的相关参数来定制相机的高度、视角及与角色的距离(图 10.11)。

要启用此功能,用户需将 aim_camera_to_character 设置项设为 True,并配置相应的变量。

以下是对相机设置属性的详细说明。

①设置最大相机高度。定义相机可达到的最大高度值(沿 Z 轴的平移距离)。

默认值:3。

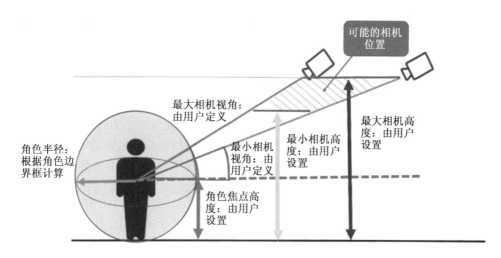

图 10.11 相机对准角色示意图

②设置最小相机高度。定义相机可达到的最小高度值(沿 Z 轴的平移距离)。

默认值:2。

③设置相机焦点高度。此参数决定了相机视线的聚焦点。相机的焦点应设置在角色根节点上方"相机焦点高度"所指定的位置。

默认值:0.7。

④设置相机最大俯仰角。限制相机与地面之间的最大夹角。

默认值:60。

⑤设置相机最小俯仰角。限制相机与地面之间的最小夹角。

默认值:0。

注意:为确保良好的视觉效果,相机的高度应高于角色的焦点高度,如图 10.12 所示。

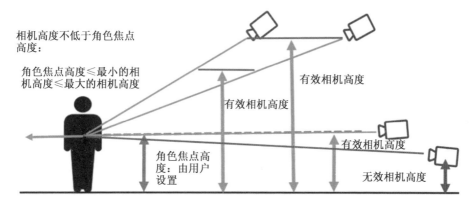

图 10.12 相机的高度高于角色的焦点高度示意图

综上,设置相机方法如下。

首先,确定想要相机在场景中的初始位置。这通常是一个可以清晰看到角色的位置,但也可以根据需要进行调整。使用相机的高度属性(最大相机高度和最小相机高度)来确定相机可以移动的范围。例如,如果最小相机高度设置为 2,那么相机不能低于这个高度。设置相机焦点高度,以决定相机应该聚焦在角色的哪个位置。这通常设置在角色的眼睛或胸部高度,以提供更好的视觉效果。调整相机最大俯仰角和最小俯仰角,以控制相机可以向上或向下旋转的角度范围,这有助于防止相机过于倾斜或仰视。根据需要调整其他相机设置,如视场(FOV)或镜头类型(如透视或正交),以获得所需的视觉效果。最后,确保相机设置与场景和角色相匹配,以提供最佳的视觉效果和用户体验。

特殊情况分析:当面临最大相机高度与最小相机高度均等于 x 的特定条件时,程序将依据这一高度值 x 来部署相机。若遇到最大相机俯仰角与最小相机俯仰角均设定为 y 的情境,程序将确保所有生成的相机均具备相同的俯仰角 y。若在既定条件下无法找到合适的位置来部署相机,系统将自动启动默认的相机生成机制。在此机制下,所有相机将统一聚焦于地图的坐标原点 $(0,0,0)$。

考虑到激光雷达相机的生成需求,设定了一套自动匹配机制。具体而言,当创建 Lidar_01 时,系统将自动检查场景中是否存在 Camera_01。若存在,则 Lidar_01 将与 Camera_01 共享相同的变换参数。

额外相机配置参数说明如下(图 10.13)。

①max_camera_distance。用于设定相机相对于角色的最大距离,其默认值为 14。

②min_camera_distance。用于设定相机相对于角色的最小距离,其默认值为 6.5。这些参数共同确保了相机在场景中的合理布局与视角调整。

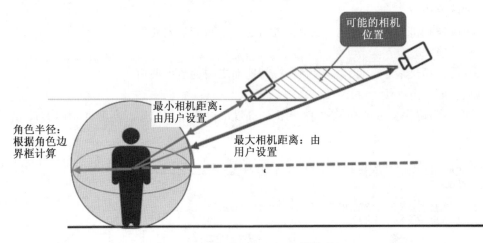

图 10.13　额外相机配置参数说明

注意:为确保视觉效果的合理性和真实性,最大相机高度应保持在最大相机距离之下。这一限制有助于防止相机在生成时出现位置异常或逻辑错误,确保生成的相机视角既符合物理规则又能满足视觉效果需求。

调整随机相机设置变量方法如下。

用户如需调整这些配置值,需对 carb 设置变量进行相应更改。以下是一个可供参考的示例脚本,该脚本演示了如何修改 carb 设置变量以调整相机配置。这些变量控制着相机的生成与配置参数,通过修改它们,用户可以自定义相机的行为以满足特定需求。

```python
python
import carb
```

```
# activate the feature by setting aim_camera_to_character to true
my_setting = carb. settings. get_settings( )
target_value = True
aim_camera_to_character = "persistent/exts/omni. replicator. character/aim_camera_to_character"
my_setting. set( aim_camera_to_character, target_value )

# please set your target value in here
target_max_camera_height = 3
target_min_camera_height = 2
target_character_focus_height = 0. 7
target_max_camera_look_down_angle = 60
target_min_camera_look_down_angle = 0
target_max_camera_distance = 14
target_min_camera_distance = 6. 5

# set min camera height to "target min camera height"
min_camera_height = "/persistent/exts/omni. replicator. character/min_camera_height"
my_setting. set( min_camera_height, target_min_camera_height )
setted_min_camera_height = my_setting. get( min_camera_height )
carb. log_warn( "This is the setted min height" + str( setted_min_camera_height ) )

# set max camera height to "target max camra height"
max_camera_height = "/persistent/exts/omni. replicator. character/max_camera_height"
my_setting. set( max_camera_height, target_max_camera_height )
setted_max_camera_height = my_setting. get( max_camera_height )
carb. log_warn( "This is the setted max height" + str( setted_max_camera_height ) )

# set camera focus height to "target camera focus height"
character_focus_height = "/persistent/exts/omni. replicator. character/character_focus_height"
my_setting. set( character_focus_height, target_character_focus_height )
setted_character_focus_height = my_setting. get( character_focus_height )
carb. log_warn( "This is the setted focus character height" + str( setted_character_focus_height ) )

# set max camera look down angle to " taget max camera look down angle"
max_camera_look_down_angle = "/persistent/exts/omni. replicator. character/max_camera_look_down_angle"
my_setting. set( max_camera_look_down_angle, target_max_camera_look_down_angle )
setted_max_camera_look_down_angle = my_setting. get( max_camera_look_down_angle )
carb. log_warn( "This is the setted max camera look down" + str( setted_max_camera_look_down_angle ) )

# set min camera look down angle to " target min camera look down angle"
min_camera_look_down_angle = "/persistent/exts/omni. replicator. character/min_camera_look_down_angle"
```

```
my_setting. set( min_camera_look_down_angle, target_min_camera_look_down_angle)
setted_min_camera_look_down_angle = my_setting. get( min_camera_look_down_angle)
carb. log_warn("This is the setted min camera look down"+str( setted_min_camera_look_down_angle))

# set max camera distance to " target max camera distance"
max_camera_distance = "persistent/exts/omni. replicator. character/max_camera_distance"
my_setting. set( max_camera_distance, target_max_camera_distance)
setted_max_camera_distance = my_setting. get( max_camera_distance)
carb. log_warn("This is the setted min camera distance"+str( setted_max_camera_distance))

# set min camera distance to " target min camera distance"
min_camera_distance = "persistent/exts/omni. replicator. character/min_camera_distance"
my_setting. set( min_camera_distance, target_min_camera_distance)
setted_min_camera_distance = my_setting. get( min_camera_distance)
carb. log_warn("This is the setted min camera distance"+str( setted_min_camera_distance))
```

（3）相机校准指南。

Omni. Replicator. Character. Camera_calibration 扩展模块是 ORC 系统的重要组件，负责为 ORC 生成的相机提供精确的校准信息。通过此模块，用户可以在虚拟舞台内选择一个顶视图相机，用以创建精确的舞台布局。该模块能够捕获并保存诸如相机方向、位置和视野多边形等关键信息，并以 JSON 格式的文件进行存储。每个由 ORC 生成的相机，其视野多边形将在舞台布局中以可视化的方式精确呈现。

具体启用与操作的方式如下。

①在"窗口（Window）"菜单下选择"扩展（Extensions）"，并在搜索栏中输入"omni. replicator. character. camera. calibration"。

②启用 Omni. Replicator. Character. Camera_calibration UI 扩展模块，如图 10.14 所示。

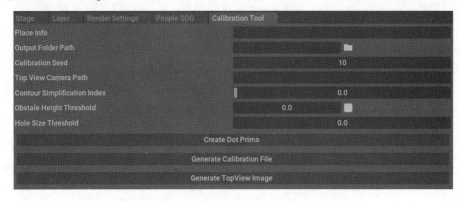

图 10.14　相机校准扩展的 UI 布局示例图

①位置信息（Place Info）。用户可在此字段定义详细的位置信息，输入内容将被转换并记录在生成的 calibration. json 文件中。

默认值：空字符串。

输入格式：city = [城市名称]/building = [建筑名称]/room = [房间名称]。

示例：输入 city = SiliconValley/building = QuantumComputeCenter/room = MainChamber。

②输出文件夹路径(Output Folder Path)。用于指定输出信息的存储位置,用户可点击文件夹图标进行选择。

默认值:空字符串。

③校准种子(Calibration Seed)。影响射线投射的密集程度,输入更高的值将生成更精细的视野轮廓。

默认值:10(每个相机提交 10×10 的射线投射)。

④顶视图相机路径(Top View Camera Path)。记录顶视图相机的 prim 路径,该相机将用于生成顶视图图像。

默认值:空字符串。

注意:顶视图相机需垂直于地面,覆盖所有校准点及相机位置,并设置为 1080P 分辨率。

⑤障碍物高度阈值(Obstacle Height Threshold)。设定一个高度阈值(单位:m),低于此阈值的障碍物将被忽略。

默认值:0(不设置高度过滤)。

⑥轮廓简化级别(Contour Simplification Index)。利用 Douglas-Peucker 算法简化轮廓顶点,数值越大,简化程度越高。

默认值:0(不进行简化)。

⑦孔洞大小阈值(Hole Size Threshold)。在数据处理时,忽略小于此阈值的视野多边形孔洞。

默认值:0(保留所有孔洞)。

在生成 calibration.json 文件和顶视图图像前,请确保满足以下条件:顶视图相机路径字段已设置有效的相机 Prim 路径;输出文件夹路径已设置且不为空;位置信息已填写且格式正确;待校准相机已设置在/World/Cameras prim 路径下。

具体的操作任务如下。

①创建点 Prim(Create Dot Prims)。为每个相机生成校准点 Prim,校准点应随机生成。注意:输出文件夹路径或顶视图相机路径为空将阻止此操作。

②生成校准文件(Generate Calibration File)。创建符合 MDX(model data exchange)格式的 calibration.json 文件,并存储至用户指定的输出文件夹。注意:需确保已设置输出文件夹路径和顶视图相机路径,且已运行"创建点 Prim"任务。顶视图相机需设置为 1080P 分辨率。

③生成顶视图图像(Generate TopView Image)。

生成顶视图图像及相关的 image.json 文件,并在顶视图布局上可视化视野多边形。注意:需确保已设置输出文件夹路径和顶视图相机路径,且当前相机视口已切换至顶视图相机。顶视图相机需设置为 1080P 分辨率。

请严格遵循上述指南和注意事项,以确保成功利用 Omni.Replicator.Character.Camera_calibration 扩展模块进行相机校准,并生成所需的文件和图像。

3. 写入器控制

写入器控制是模拟数据管理的重要环节,它负责将模拟过程中产生的数据(如代理位置、行为、传感器信息等)精准地写入文件或数据库中。通过精细调整写入器的设置,用户能够定制数据的输出格式、保存路径和频率,以适应不同分析和研究需求。

此功能提供了强大的灵活性,使得用户能够精确控制模拟的各个环节,从而确保结果的准确性、可重复性及实用性。借助这些控制功能,用户可以模拟更贴近实际的场景,优化代理的行为模式,并高效地收集和分析模拟数据。

Omni. Replicator. Character 提供了内置写入器,同时用户也可以创建自己的自定义写入器。

(1)内置写入器。

①TaoWriter 写入器能够发布带有检测到的字符数据的对齐图像。它能够从相机捕获 RGB 图像,并生成包含 2D 边界框、3D 边界框及人物分割数据的相应标签。这些标签严格按照 Kitti 3D 注释格式,为场景中的每个字符提供边界框坐标。

TaoWriter 写入器提供以下可配置参数。RGB:控制是否输出 RGB 图像注释。bbox:控制是否输出字符数据,包括 2D 边界框、3D 边界框及关节位置等。semantic_segmentation:控制是否输出语义分割信息。这些参数允许用户根据实际需求定制写入器的输出内容。RGB 图像:从相机视口渲染的当前帧图像。彩色语义分割:每个字符以独特的颜色进行标注,便于区分。角色信息:针对每个通过宽度/高度阈值检测的字符,输出包括语义标签、2D 紧密边界框、2D 宽松边界框、角色在 Isaac sim omniverse 空间中的 3D 位置、关节信息及 3D 边界框信息等。

②Lidar Fusion 写入器能够发布带有 3D 边界框注释的对齐图像和点云数据。它不仅能够从相机获取 RGB 图像,还能从激光雷达获取对应场景的点云数据及内外校准矩阵。此外,它还能为场景中的每个人物生成带有 3D 边界框的标签,这些标签遵循 Kitti 3D 注释格式。

Lidar Fusion 写入器提供以下可配置参数。rgb:控制是否输出 RGB 图像注释。bbox:控制是否输出字符数据,包括 2D 边界框、3D 边界框在相机空间的位置和旋转信息等。lidar:控制是否输出点云数据。这些参数允许用户根据实际需求定制写入器的输出内容。相机信息:包括内外校准矩阵,用于后续的图像处理或点云融合。RGB 图像:从相机视口渲染的当前帧图像。Lidar 数据:从激光雷达捕获的点云数据,用于三维场景重建或目标检测。角色信息:针对每个通过宽度/高度阈值检测的字符,输出包括角色标签、2D 紧密边界框及 3D 边界框信息(包括尺度、位置、旋转角度及其在屏幕上的 2D 投影)等。

③Objectron 写入器负责以 JSON 格式输出 3D 标签文件。这种地面真实数据对于训练 3D 对象检测模型或估计 6DOF 姿态至关重要。每个文件都记录了相机的姿态,以及感兴趣对象在 2D 图像平面和 3D 相机空间中的 3D 边界框。此外,它还包含了每个对象的姿态和类别信息。

Objectron 写入器向用户提供了以下参数选项。rgb:控制是否输出 RGB 注释器。bbox:控制是否输出字符数据,包括 3D 边界框的尺度、相机空间旋转和相机空间平移等。semantic_segmentation:控制是否输出语义分割信息。distance_to_camera:控制是否输出深度图像。这些参数允许用户根据实际需求定制写入器的输出内容。RGB:从相机视口渲染的当前帧图像。彩色语义分割:每个字符将以可区分的颜色进行着色。到相机的距离:深度信息。相机投影矩阵:相机的投影矩阵。相机视图:相机的视图矩阵。相机内部参数:cx,cy,fx,fy。视口宽度/高度。相机的平移:在 Isaac Sim 坐标系中的 X、Y、Z 坐标。相机的四元数旋转:以 *qw*、*qx*、*qy*、*qz* 格式表示。

对于通过宽度/高度阈值检查的每个对象,Objectron 写入器将输出以下数据。语义标签:对象的语义标签。3D 边界框在相机空间中的位置:边界框在相机空间中的位置。3D 边界框在相机空间中的旋转:以四元数 *qw*、*qx*、*qy*、*qz* 格式表示。3D 边界框顶点在屏幕上的 2D 投影。3D 边界框顶点在相机空间中的 3D 位置。

④RTSP 写入器是自定义写入器,负责将附加的渲染产品的注释发布到 RTSP 服务器。它通过注释器名称和渲染产品的 Prim 路径的组合来跟踪渲染产品的字典。每个渲染产品都被记录为一个 RTSPCamera 的实例。每个 RTSPCamera 实例的发布 RTSP URL 是通过将渲染产品的相机 Prim 路径和注释器名称附加到基本输出目录来构建的。

支持的注释器包括 LdrColor/rgb、semantic_segmentation、instance_id_segmentation、instance_segmentation、DiffuseAlbedo、Roughness、EmissionAndForegroundMask、distance_to_camera、distance_to_image_plane、DepthLinearized、HdrColor。

RTSP 写入器接受以下参数。device:一个整数变量,用于指定执行 NVENC 操作的 GPU 设备 ID,所有附加渲染产品的注释器数据都将在同一 GPU 设备上进行编码。annotator:一个字符串变量,用于指定要流式传输的所有附加渲染产品的注释器,可接受的值包括 LdrColor/rgb、semantic_segmentation、instance_id_segmentation、instance_segmentation、HdrColor、distance_to_camera 或 distance_to_image_plane,字符串值必须精确无误。output_dir:一个字符串变量,用于指定基本 RTSP URL 的格式,格式为 rtsp://<RTSP服务器主机名>:8554/<基本主题名称>,给定一个渲染产品和注释器,完整的 RTSP URL 格式为 rtsp://<RTSP 服务器主机名>:8554/<基本主题名称><相机 prim 路径><注释器>。例如,如果 RTSP 服务器主机名是 my_rtsp_server.com,基本主题名称是 RTSPWriter,相机 Prim 路径是/World/Cameras/Camera_01,注释器是 rgb,那么完整的 RTSP URL 将是 rtsp://my_rtsp_server.com:8554/RTSPWriter_World_Cameras_Camera_01_LdrColor。

在使用 Omniverse 的 RTSPWriter 进行相机视口流式传输之前,请按照以下步骤操作。

Writer 将所有流发送至同一 RTSP 服务器。该服务器可部署于本地环境。MediaMTX 是可用的 RTSP 服务器候选者之一。以下是 Linux 版本服务器的安装与启动步骤,从发布页面下载并解压独立二进制文件:

```bash
mkdir mediamtx; cd mediamtx
wget https://github.com/bluenviron/mediamtx/releases/download/v1.1.1/mediamtx_v1.1.1_linux_amd64.tar.gz
tar xvzf mediamtx_v1.1.1_linux_amd64.tar.gz
```

启动服务器:

```bash
./mediamtx
```

在执行 RTSPWriter 的同一台机器上安装 FFmpeg:

```bash
sudo apt update && sudo apt install-y ffmpeg
```

注册并初始化 RTSPWriter,以下面的代码片段为例,准备将渲染产品的 rgb 或等效的

LdrColor 注释器发送至 rtsp://< RTSP server hostname >:8554,基本主题名称设定为 RTSPWriter：

```python
python
import omni. replicator. core as rep
...
render_products = [ ]
render_products. append( rep. create. render_product(...))
...
render_products. append( rep. create. render_product(...))
...
writer = rep. WriterRegistry. get("RTSPWriter")
writer. initialize( device = 0, annotator = "rgb", output_dir = "rtsp://<RTSP server hostname>:8554/RTSP-
Writer")
writer. attach( render_products)
```

RTSP 流的完整主题名称由 RTSPWriter_<camera prim path>_<annotator> 构成。如果注释器数据格式受 NVENC 支持,则帧编码将在 GPU 上执行 device = 0;否则,device = 选项无效。

假设一个渲染产品的相机 Prim 路径是 /World/Cameras/Camera_01,那么 RTSP 流的完整主题名称就是 RTSPWriter_World_Camera_01_LdrColor。

(2)自定义编写器。

ORC 提供了用户友好的界面和灵活的配置文件选项,允许用户直接利用自定义编写的编写器。

若要通过用户界面启用自定义编写器,请按照以下步骤操作。首先,在"Replicator 设置(Replicator Setting)"面板中,从下拉菜单中选择"自定义(Custom)"选项。然后,在提供的文本框中输入编写器的具体名称及所需的输入参数,这将确保 ORC 在运行时能够正确识别并调用该编写器。

另外,若选择通过配置文件来启用自定义编写器,则需在配置文件的"replicator"部分明确指定编写器的名称及相应参数。通过这种方式,ORC 能够自动加载并应用用户定义的编写器配置。

值得注意的是,ORC 是通过编写器的名称从 Replicator 扩展中获取编写器的。因此,预期所有自定义编写器都应在 Replicator 中事先完成注册。对于 ORC 提供的编写器,它们在加载 ORC 时会自动完成注册过程。然而,对于用户创建的自定义编写器,注册步骤需要由用户自行完成。

为创建和注册自定义编写器,建议用户遵循 Replicator 文档中的自定义编写器指南。这些指南提供了详细的步骤和最佳实践,帮助用户确保编写器符合 Replicator 的扩展接口和约定,从而与 ORC 保持兼容并正确运行。

在创建自定义编写器时,请确保对 Replicator 的文档和指南有深入的了解,并按照最佳实践进行编码和测试。这将有助于减少潜在的问题,提高编写器的稳定性和性能。

(3)宽度/高度阈值检查。

为确保字符的有效性和减少遮挡造成的识别误差,实施了严格的阈值检查机制。字符的标记遵循三个核心条件,仅当所有条件同时满足时,才会对字符进行标记。

　　对于因遮挡而部分不可见的对象(即被其他物体在相机帧内部分遮挡的对象),设定了以下高度和宽度的可见性要求。

　　①高度可见性标记示意图如图 10.15。当对象头部可见,并且其可见高度达到或超过 20%时,该对象将被标记。若对象头部不可见,但其可见高度仍达到或超过 60%,同样会标记该对象。

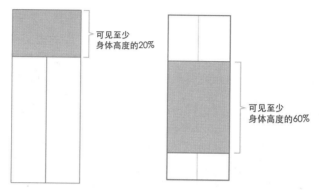

图 10.15　高度可见性标记示意图

　　②宽度可见性标记示意图如图 10.16 所示。当对象的可见身体宽度超过 60% 时,该对象将被标记。

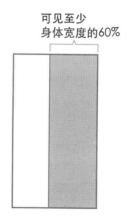

图 10.16　宽度可见性标记示意图

　　对于因相机视角限制而被截断的对象,放宽了条件,仅需满足高度或宽度可见性中的任意一项即可。这些阈值检查机制的设定旨在确保被标记的对象具有足够的可见性,从而支持准确的识别和跟踪。此外,用户可以通过相机校准扩展的用户界面对这些阈值进行配置和调整,以满足特定应用场景的需求。

10.4　物体检测合成数据生成

　　omni. replicator. object 扩展无须编写代码即可生成适用于模型训练的合成数据,广泛应用于零售物体检测、机器人导航等多种任务。该扩展通过解析 YAML 格式的描述文件来构建动态场景,支持单文件或堆叠描述文件的输入,并输出描述文件,以及包括 RGB 图像、2D/3D 边界框、分割掩码等在内的图形内容。

10.4.1 运行指南

1. 用户界面运行

在 Omniverse Kit 或 Isaac Sim 环境中,通过"窗口(Windows)"菜单下的"扩展管理器(Extension manager)"启用 omni. replicator. object 扩展,如图 10.17 所示。然后,点击弹出的窗口中的文件夹图标或 Visual Studio Code 图标,访问扩展的根文件夹。

图 10.17　启动 omni. replicator. object 扩展

在路径 source/extensions/omni. replicator. object/omni/replicator/object/configs 下,可找到多个 YAML 格式的描述文件。建议从 demo_kaleidoscope. yaml 文件开始。为此,打开 global. yaml 文件并更新 output_path 至本地文件夹,以便存储模拟输出。然后,将 demo_kaleidoscope 填入"描述文件(Description File)"文本框中,点击"模拟(Simulate)"按钮启动模拟,如图 10.18 所示。也可以输入描述文件的绝对路径(如.../source/extensions/omni. replicator. object/omni/replicator/object/configs/demo_kaleidoscope. yaml,其中...代表本地路径),模拟结果将存储在指定的 output_path 中。

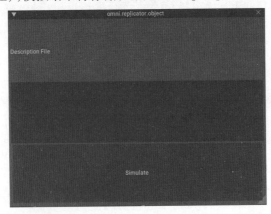

图 10.18　启动模拟

2. Docker 容器运行

在 Docker 环境中运行模拟,请执行以下命令:

bash

docker run ──gpus device＝0 ──entrypoint /bin/bash－v LOCAL_PATH：/tmp──network host －it ISAAC_SIM_DOCKER_CONTAINER_URL

请确保将 LOCAL_PATH 替换为本地路径,ISAAC_SIM_DOCKER_CONTAINER_URL 替换为 Isaac Sim Docker 容器的实际 URL。随后,更新 global. yaml 文件中的 output_path 为 /tmp 下的任意文件夹。若要启动模拟,如使用 demo_kaleidoscope 描述文件,请运行以下命令:

bash

bash kit/omni. app. dev. sh ──no－window ──enable omni. replicator. object ──allow－root ──/log/file＝/tmp/omni. replicator. object. log

──/log/level＝warn ──/windowless＝True

──/config/file＝/tmp/omni. replicator. retail/source/extensions/omni. replicator. object/omni/replicator/object/configs/demo_kaleidoscope. yaml

/tmp/omni. replicator. object. log 文件将包含执行过程中的日志信息和来自扩展的消息。可以使用 METROPERF 工具过滤该文件,以检索与扩展相关的消息。注意,根据系统和 Docker 配置,可能需要对上述命令进行适当的调整。此外,请确保已安装 Docker,并具备运行容器的必要权限。

10.4.2　核心概念解析

1. 描述文件结构

描述文件采用 YAML 格式,其核心键为 omni. replicator. object,该键下包含详细的描述信息。描述内容由一系列键值对组成,每个键值对代表一个 Mutable、Harmonizer 或 Setting 元素。这些元素共同构建了模拟场景的描述,并决定了如何生成模拟帧。在模拟过程中,场景会根据描述文件中的设置进行随机化调整,随后图形内容会被捕获并输出至磁盘。Settings 部分详细定义了场景的配置方式及数据的输出格式,如可以设定输出的帧数、是否包含 2D 边界框信息,或调整物理模拟中的重力和摩擦力参数。

描述文件通过引入名为 mutables 的对象来构建动态变化的场景。这些 mutables 在每一帧模拟中都会被随机化处理。然而,在某些情况下,需要对 mutables 的随机化方式进行约束,如根据其他 mutables 的随机化状态进行相应的调整等。为此,引入了 harmonizers 的概念。

2. 模拟工作流程

每次启动模拟时,系统会首先解析描述文件,然后初始化模拟场景及相关的 mutables 和 harmonizers。针对每一帧的模拟,系统将按照以下阶段进行。

(1)自由随机化阶段。不涉及 harmonizer 的 mutable 属性将进行自由随机化,以引入场景中的变化。

(2)协调阶段。harmonizers 开始进行随机化操作,并从已完成自由随机化的 Mutable 属性中收集信息。这些信息称为 pitch,类似于真实世界中的协调信号。pitch 会被收集并传播回所有相关的 mutables,确保它们之间的协调一致性。

（3）协调随机化阶段。利用 harmonizer 返回的信息,相关的 Mutable 属性进行进一步的随机化调整,以确保场景内的元素之间保持协调。

（4）物理解析阶段。系统解决物理问题,如处理对象之间的重叠和碰撞,以及应用重力等物理效应,以确保模拟场景的真实性。

（5）图形内容捕获阶段。捕获模拟场景中的图形内容,包括 RGB 图像、边界框等。

（6）日志记录阶段。记录当前帧场景的状态信息,并更新至描述文件中,以便于后续的恢复或检查操作。

3. 场景恢复机制

通过利用输出内容中的特定帧描述文件,用户可以再次生成与该帧完全相同的图形内容。此外,用户还可以对描述文件进行细微修改,以获得类似但略有不同的内容。这种机制支持对预训练模型进行多次采样,便于用户对模型性能进行更加全面和细致的分析与评估。

本节对于表格中列出的数据类型,设定了明确的预期和约定。在指定数据类型的场合,采用宏字符串的方式,以便在后续的评估过程中能够准确识别并应用特定的数据类型。举例来说,若预期某个字段的值为整数类型,可以提供直接的整数数值,或采用类似 $[index] 这样的表达式来动态获取整数值。这种灵活性允许在描述文件中更加便捷地定义和引用数据。在 Mutable 的上下文中,除直接提供整数值或使用表达式外,还支持指定一个 Mutable 属性作为值的来源。这意味着该 Mutable 属性将在评估时解析为其对应的数据类型,并作为该字段的值。

此外,"数字(numeric)"这一数据类型是指可以是字面量数值,或是经过评估后得到的浮点数或整数。这种宽泛的定义确保了在处理数值数据时能够保持足够的灵活性和准确性。通过遵循这些约定,能够确保描述文件的正确性和一致性,从而提高模拟流程的可靠性和效率。

10.5　本章小结

本章主要探讨了合成数据生成中的相机控制功能及其扩展程序。相机控制在模拟环境中扮演着至关重要的角色,它负责调整相机的位置与参数,以捕捉优质的视图和视角,这对于捕捉关键事件、记录重要数据及生成高质量的视觉效果至关重要。

本章首先概述了 ORC 提供的相机随机化机制。默认情况下,相机会自动生成并指向世界坐标系的原点。此外,ORC 还提供了生成专门用于观察场景中角色的相机的便捷选项,这大大增强了模拟的灵活性和实用性。同时,ORC 还扩展了相机校准功能,为通过 ORC 生成的相机提供了详尽的相机信息,使得用户能够更准确地了解和控制相机的状态。然后,本章详细介绍了相机对准角色功能。这一功能旨在实现相机布局的自动化调整,以更好地捕捉和展示场景中的角色。在启动模拟之前,用户可以通过调整相关参数来定制相机的高度、视角及与角色的距离,从而得到更符合需求的视觉效果。最后,本章还对相机设置属性进行了详细说明,帮助用户更深入地了解和使用这些功能。这些属性包括相机的位置、方向、缩放比例及旋转角度等,用户可以根据需要进行精细化操作,以达到最佳的模拟效果。

　　综上所述,本章通过介绍相机控制功能及其扩展程序,为读者在合成数据生成中优化视图和视角提供了有力的工具和支持。相信随着技术的不断发展和完善,相机控制在模拟领域的应用将会越来越广泛和深入。

第*11*章

随机化模拟

本章首先介绍使用 Isaac Sim 和 Replicator 工具进行自主移动机器人(AMR)导航的随机化模拟。通过部署装备 OmniGraph 导航堆栈的 Carter 机器人,模拟了机器人在不同环境中导航至随机目标的过程。在模拟中,机器人通过其主摄像头传感器收集图像数据,并在接近目标时触发数据捕获流程。此外,通过随机改变背景环境和目标位置,增加了模拟的多样性。为提高模拟效率,引入了 usetemprp 标志,仅在需要捕获数据时启用临时渲染产品。这些功能使得模拟过程更为真实、高效,并为后续的数据处理和分析提供了丰富的基础数据。通过展示不同环境中生成的数据示例,验证了本案例在随机化场景下的数据捕获能力。

此外,本章聚焦于在码垛演示场景中实现多种参数的随机化处理,以增强模拟的多样性和真实性。该部分通过编程式加载和初始化 UR10 码垛演示场景,模拟了从传送带上拾取箱子并将其放置在托盘上的典型码垛任务。通过实现多种参数的随机化处理,提高了模拟的多样性和真实性,为后续的数据分析和机器人性能评估提供了有力支持。

11.1 自主移动机器人导航

本节将通过 Isaac Sim 和 Replicator 工具展示如何从模拟环境中捕获合成数据的具体案例,该案例聚焦于 AMR 导航。

11.1.1 场景设置

本案例的场景中部署了装备 OmniGraph 导航堆栈的 Carter 机器人。特别地,该机器人未配备碰撞避免功能。导航堆栈的主要任务是驱动机器人朝向预设的 Xform 目标(<..>/targetXform),该目标位置由随机选取的感兴趣对象决定。

当机器人接近目标对象时,将触发合成数据生成(SDG)流程,从机器人的两个主摄像头传感器中捕获图像数据。完成数据捕获后,系统将重新随机化目标对象的位置,并继续模拟过程。此外,为增加模拟的多样性,每经过一定数量的帧(env_interval),背景环境也将随机改变。整个模拟过程将持续 num_frames 帧后结束。此外,为提高运行效率,引入了一个 use_temp_rp 标志。当该标志启用时,仅在需要捕获数据的时刻使用临时渲染产品,避免了在不需要数据捕获时的传感器视图渲染开销,从而有效提升了模拟的速度。

在本场景中,Carter 机器人的左右摄像头传感器(<..>/stereo_cam_<left/right>sensor_frame/camera_sensor<left/right>)负责收集数据,这些数据通过 Replicator 的 LdrColor(rgb)注释器进行处理。默认情况下,捕获的数据将被写入<working_dir>/_out_nav_sdg_demo目录,并且模拟将运行 num_frames=9 次迭代。此外,为增加场景的多样性,设置 env_interval=3,这意味着每捕获 3 帧数据,背景环境就会随机变化一次。

在性能优化方面,提供了 use_temp_rp(默认为 False)标志。当设置为 True 时,系统将在仅需要捕获数据时启用临时渲染产品,从而在不牺牲数据质量的前提下显著提升模拟的运行效率。不同环境中生成的数据示例如图 11.1 所示,这充分体现了本案例在随机化场景下的数据捕获能力。

图 11.1 不同环境中生成的数据示例

11.1.2 实现细节

本节将详细阐述实现的具体步骤,并解释如何执行演示示例。

1. 代码解读

以下代码段负责加载并启动演示场景:

```python
ENV_INTERVAL = 3
NUM_FRAMES = 9
USE_TEMP_RP = True


nav_demo = NavSDGDemo()
nav_demo.start(
    num_frames = NUM_FRAMES,
    out_dir = out_dir,
    env_urls = ENV_URLS,
    env_interval = ENV_INTERVAL,
    use_temp_rp = USE_TEMP_RP,
    seed = 124,
)
```

该场景将依据设定的 num_frames 参数运行,并且每经过 env_interval 帧,背景环境将发生变更,所有输出数据将被存储至指定的 out_dir 路径,use_temp_rp 参数旨在优化性能,仅在数据捕获时创建渲染产品。

在上述代码中,NavSDGDemo 类可能是为导航与合成数据生成功能创建的自定义类。start 方法将负责初始化场景,设定演示所需的各项参数,并启动模拟流程。out_dir 参数用于指定输出数据的存储目录。env_urls 可能是一个包含不同环境资源链接的列表,用于在模拟过程中切换背景环境。seed 参数则用于设定随机数生成器的初始值,以确保每次运行演示时,对象与环境的随机化顺序保持一致,这对于可重复的实验和调试至关重要。

NavSDGDemo 类封装了该脚本的演示部分如下代码示例,其主要属性用于管理和控制导航场景,以及合成数据生成流程:

```python
class NavSDGDemo:
    CARTER_URL = "/Isaac/Samples/Replicator/OmniGraph/nova_carter_nav_only.usd"
    DOLLY_URL = "/Isaac/Props/Dolly/dolly_physics.usd"
    PROPS_URL = "/Isaac/Props/YCB/Axis_Aligned_Physics"
    LEFT_CAMERA_PATH = "/NavWorld/CarterNav/chassis_link/front_hawk/left/camera_left"
    RIGHT_CAMERA_PATH = "/NavWorld/CarterNav/chassis_link/front_hawk/right/camera_right"

    def __init__(self):
        self._carter_chassis = None
        self._carter_nav_target = None
        self._dolly = None
        self._dolly_light = None
        self._props = []
        self._cycled_env_urls = None
        self._env_interval = 1
        self._timeline = None
        self._timeline_sub = None
        self._stage_event_sub = None
        self._stage = None
        self._trigger_distance = 2.0
        self._num_frames = 0
        self._frame_counter = 0
        self._writer = None
        self._out_dir = None
        self._render_products = []
        self._use_temp_rp = False
        self._in_running_state = False
```

以下是对该类及其主要工作流程的详细解释。

①self._carter_chassis。Carter 机器人的底盘,用于导航控制。

②self._carter_nav_target。Carter 机器人的导航目标 Xform,用于设定导航路径。

③self._dolly。作为导航目标的物体(Dolly),Carter 机器人将朝其移动。

④self._dolly_light。随机放置在 Dolly 上方的光源,用于场景照明。

⑤self._props。道具列表,用于在每个捕获的帧上放置在 Dolly 周围,增加场景复杂度。

⑥self._cycled_env_urls。背景环境的路径列表,用于循环更换场景背景。

⑦self._env_interval。指定更换背景环境的帧数间隔。

⑧self._timeline。时间线控制对象,用于管理模拟的播放和暂停。

⑨self._timeline_sub。时间线事件的订阅者,用于监听时间线滴答声,触发合成数据生成。

⑩self._stage_event_sub。舞台事件订阅者,用于在舞台变化时清理和重置演示环境。

⑪self._stage。活动舞台的引用,用于创建、修改和删除场景元素。

⑫self._trigger_distance。Carter 与 Dolly 之间的触发距离,当二者接近到此距离时,触发数据捕获。

⑬self._num_frames 和 self._frame_counter。用于控制演示运行的帧数,当达到指定帧数时停止演示。

⑭self._writer。数据写入器对象,用于将捕获的合成数据写入磁盘。

⑮self._render_products。附加到 Carter 相机传感器的渲染产品列表,用于数据捕获。

⑯self._use_temp_rp。布尔标志,控制是否为每个数据捕获创建临时渲染产品。

⑰self._in_running_state。布尔标志,表示演示的当前运行状态。

NavSDGDemo 类的主要工作流程如下。

(1)初始化。在__init__方法中,初始化所有必要的属性和成员变量。

(2)启动演示。start 方法负责启动整个演示流程。它首先创建一个新的环境,包括加载导航场景、Carter 机器人、导航目标、Dolly、光源和道具。接着,它创建时间线订阅者,并设置_on_timeline_event 为回调函数,以便在时间线滴答声时触发。

(3)_on_timeline_event 回调函数。这是演示的核心逻辑。每当时间线发出滴答声时,该函数检查 Carter 是否接近到 Dolly 的_trigger_distance。如果达到触发条件,它将暂停模拟,取消订阅时间线回调,并触发合成数据生成(SDG)。SDG 完成后,函数会清理场景,重置 Carter 的位置,并重新开始模拟。

(4)同步与异步运行。根据演示是在脚本编辑器中运行还是作为独立应用程序运行,SDG 的执行方式可能有所不同。在脚本编辑器中,SDG 可能会同步执行;而在独立应用程序中,它可能会异步执行,以允许更流畅的用户交互。

(5)循环与退出。如果演示是在脚本编辑器中运行的,则每次 SDG 完成后,它会重新订阅时间线回调以继续处理后续的时间线。如果演示是作为独立应用程序运行的,它会在生成指定数量的合成数据后自动退出。

通过这个类及其工作流程,NavSDGDemo 能够控制导航场景,触发数据捕获,并在捕获完成后清理环境。实现自动化和可重复的合成数据生成演示的示例如下:

```python
def start(..)

    [..]

    self._load_env()
    self._randomize_dolly_pose()
    self._randomize_dolly_light()
    self._randomize_prop_poses()
```

```python
    self._setup_sdg()

    [..]

    self._timeline_sub = self._timeline.get_timeline_event_stream().create_subscription_to_pop_by_type(
        int(omni.timeline.TimelineEventType.CURRENT_TIME_TICKED), self._on_timeline_event
    )

    [..]

def _on_timeline_event(self, e: carb.events.IEvent):
    carter_loc = self._carter_chassis.GetAttribute("xformOp:translate").Get()
    dolly_loc = self._dolly.GetAttribute("xformOp:translate").Get()
    dist = (Gf.Vec2f(dolly_loc[0], dolly_loc[1]) - Gf.Vec2f(carter_loc[0], carter_loc[1])).GetLength()
    if dist < self._trigger_distance:
        print(f"[NavSDGDemo] Capturing frame no. {self._frame_counter}")
        self._timeline.pause()
        self._timeline_sub.unsubscribe()
        if self._is_running_in_script_editor():
            import asyncio

            task = asyncio.ensure_future(self._run_sdg_async())
            task.add_done_callback(self._on_sdg_done)
        else:
            self._run_sdg()
            self._setup_next_frame()
```

在合成数据捕获之前，通过以下代码示例实现环境的随机化处理。

```python
def _randomize_dolly_pose(self):
    min_dist_from_carter = 4
    carter_loc = self._carter_chassis.GetAttribute("xformOp:translate").Get()
    for _ in range(100):
        x, y = random.uniform(-6, 6), random.uniform(-6, 6)
        dist = (Gf.Vec2f(x, y) - Gf.Vec2f(carter_loc[0], carter_loc[1])).GetLength()
        if dist > min_dist_from_carter:
            self._dolly.GetAttribute("xformOp:translate").Set((x, y, 0))
            self._carter_nav_target.GetAttribute("xformOp:translate").Set((x, y, 0))
            break
    self._dolly.GetAttribute("xformOp:rotateXYZ").Set((0, 0, random.uniform(-180, 180)))


def _randomize_dolly_light(self):
    dolly_loc = self._dolly.GetAttribute("xformOp:translate").Get()
    self._dolly_light.GetAttribute("xformOp:translate").Set(dolly_loc + (0, 0, 2.5))
```

```
self._dolly_light.GetAttribute("inputs:color").Set(
    (random.uniform(0,1),random.uniform(0,1),random.uniform(0,1))
)


def _randomize_prop_poses(self):
    spawn_loc = self._dolly.GetAttribute("xformOp:translate").Get()
    spawn_loc[2] = spawn_loc[2]+0.5
    for prop in self._props:
        prop.GetAttribute("xformOp:translate").Set(spawn_loc+(random.uniform(-1,1),random.uniform
(-1,1),0))
        spawn_loc[2] = spawn_loc[2]+0.2
```

（1）_randomize_dolly_pose。

该函数旨在将 Dolly 安置在一个随机但满足特定条件的姿势上,确保 Dolly 与 Carter 之间维持一个预定的最小距离。一旦找到合适的 Dolly 姿势,导航目标将随之被设定为 Dolly 的当前位置,以确保 Carter 能够有效地追踪并与之互动。

（2）_randomize_dolly_light。

该函数负责将光源放置在 Dolly 的上方,并通过随机分配颜色属性为场景引入多样性的照明效果。通过这种方式,每次合成数据捕获时,光照条件都会有所变化,进而增强数据的真实感和复杂性。

（3）_randomize_prop_poses。

该函数的作用是将道具以随机的方式布置在 Dolly 的上方。随着模拟的开始,这些道具将按照物理规则自由下落,为场景增添动态性和不确定性。

这些随机化函数的综合运用确保了每次合成数据捕获前,演示环境都会发生一定的变化,从而丰富了数据集的多样性和真实性。在机器学习模型训练或模拟测试中,这种环境多样性显得尤为重要。它能够提升模型在面对复杂和多变现实世界情况时的泛化能力,使得合成数据更贴近真实场景,进而提升模型性能和鲁棒性。通过随机化 Dolly 的姿势、光源和道具位置,成功地模拟了现实世界中普遍存在的随机性和变化性,为合成数据的生成提供了更加真实可靠的依据。

在执行合成数据生成流程时,rep.orchestrator.step 函数被调用,该函数负责触发数据捕获流程并启动写入器的 write 函数以执行数据写入操作。随后,rep.orchestrator.wait_until_complete 函数确保写入器将数据完整无误地写入磁盘。

关于传感器的渲染产品处理,其方式取决于 use_temp_rp 标志的设置。

（1）若 use_temp_rp 设置为 True,则通过_setup_render_products 方法为每次捕获动态地创建渲染产品,并在捕获完成后通过_destroy_render_products 方法进行销毁。这种处理方式确保了每次捕获都拥有独立的渲染环境,从而消除了捕获之间的潜在干扰。

（2）若 use_temp_rp 未设置或默认为 False,则渲染产品仅在流程开始时初始化一次,并在流程结束时进行销毁。这意味着在整个 SDG 流程执行期间,渲染环境保持一致。

这种设计提供了处理渲染产品的灵活性,允许用户根据具体需求进行选择。当每次捕获需要独立的渲染配置时,可以启用 use_temp_rp,代码示例如下:

```python
python
def _run_sdg(self):
    if self._use_temp_rp:
        self._setup_render_products()
    rep.orchestrator.step(rt_subframes=16, pause_timeline=False)
    rep.orchestrator.wait_until_complete()
    if self._use_temp_rp:
        self._destroy_render_products()
```

若渲染环境在整个流程中无须变化,则保持默认设置即可,从而优化资源使用,特别是在处理大规模数据或执行长时间流程时。

合成数据生成流程完成后,_setup_next_frame 函数随即启动,负责准备下一帧的模拟环境,代码示例如下:

```python
python
def _setup_next_frame(self):
    self._frame_counter += 1
    if self._frame_counter >= self._num_frames:
        print(f"[NavSDGDemo] Finished")
        self.clear()
        return
    self._randomize_dolly_pose()
    self._randomize_dolly_light()
    self._randomize_prop_poses()
    if self._frame_counter % self._env_interval == 0:
        self._load_next_env()
    # Set a new random distance from which to take capture the next frame
    self._trigger_distance = random.uniform(1.75, 2.5)
    self._timeline.play()
    self._timeline_sub = self._timeline.get_timeline_event_stream().create_subscription_to_pop_by_type(
        int(omni.timeline.TimelineEventType.CURRENT_TIME_TICKED), self._on_timeline_event
    )
```

该函数的主要任务包括递增帧计数器(self._frame_counter)。对 Dolly、Dolly 光源及道具进行随机化重置,并在达到 env_interval 设定值时切换背景环境。同时,时间线及其相关订阅者也会被重新启动,确保同步更新。

若达到预设的_num_frames 值,则整个演示流程将自动终止。这一机制有效限制了合成数据的生成总量,确保模拟在达到特定帧数后停止。通过这种方式,能够精确控制模拟过程的时长,从而平衡数据生成所需的时间与资源消耗,满足特定应用场景的需求。

_setup_next_frame 函数的作用不仅在于为下一帧的模拟环境做好准备,更在于确保整个模拟过程中环境、道具和光照条件的随机变化。这种随机性有助于增加合成数据的多样性和真实性,使模型能够更好地泛化到各种实际场景。

综上所述,_setup_next_frame 函数在合成数据生成流程中扮演着至关重要的角色,它承上启下,为下一帧的模拟环境提供必要的准备和更新,确保整个模拟过程的连贯性和可控性。

2. 独立应用程序的执行

若希望将示例作为独立的应用程序运行，请执行以下步骤。

通过以下命令来调用提供的脚本：

bash

./python. sh standalone_examples/replicator/amr_navigation. py

该脚本支持多个可选参数，允许根据具体需求定制其执行行为。以下是可用的参数列表。

①--use_temp_rp。此标志用于指示是否使用临时渲染产品。若未指定或设为 False，则使用默认的非临时渲染产品。

②--num_frames。定义要捕获的帧数。默认值为 9，意味着默认情况下将捕获 9 帧数据。

③--env_interval。设定背景环境更改的捕获间隔。默认值为 3，表示每 3 帧后背景环境将发生一次变化。

使用这些参数的示例命令如下：

bash

./python. sh standalone_examples/replicator/amr_navigation. py --use_temp_rp --num_frames 9 --env _interval 3

在此命令中，amr_navigation. py 脚本将以独立应用程序的形式运行，并根据提供的参数进行相应的设置。--use_temp_rp 标志指示脚本使用临时渲染产品，--num_frames 9 指定捕获的帧数为 9 帧，而--env_interval 3 则设置每 3 帧更换一次背景环境。可以根据实际需求调整这些参数，以满足特定的数据捕获要求。

11.2　UR10 机械臂码垛

本节将展示如何利用 Isaac Sim 和 Replicator 从模拟环境（即 UR10 码垛场景）中捕获合成数据，指导用户如何扩展现有的 Isaac Sim 模拟，以触发 SDG 管道。在此过程中，将利用 omni. replicator 扩展，在特定的模拟事件中随机化环境并收集合成数据。同时，确保 SDG 管道的运行不会干扰模拟的正常进行，并在每次数据捕获后清理所有变更。

11.2.1　场景描述

本节基于 UR10 码垛演示场景进行。此场景通过提供的脚本进行编程式加载和初始化。它呈现了一个典型的码垛任务，其中 UR10 机器人负责从传送带上拾取箱子，并将其放置在托盘上。若箱子处于翻转状态，机器人会先使用辅助工具将其翻转，再放置到托盘上。

合成数据的收集将集中在以下两个关键事件：箱子被放置在翻转辅助对象上时；箱子被放置在托盘上（或已放置在托盘上的其他箱子上）时。

数据收集工作将通过注释器进行，所采集的信息包括 LdrColor(rgb)和实例分割。从图 11.2 中可以看到，左侧 2 列图像数据对应的是箱子翻转场景。在这一场景中，摄像机姿势通过预定义序列进行迭代，同时自定义灯光的参数被随机化。收集到的数据通过注释器直接访问,并利用自定义辅助函数保存至磁盘。

图 11.2　UR10 码垛演示场景

图 11.2 右侧 2 列则展示了托盘上的箱子场景。在此场景中,每捕获一帧,箱子的颜色会被随机化,同时以较低的速率随机化摄像机的姿势和托盘的纹理。这些数据通过内置的 Replicator 写入器(BasicWriter)写入磁盘。默认情况下,码垛演示中的每个被操作的箱子都会生成数据,总计涉及 36 个箱子的迭代处理。

11.2.2　实现细节

以下代码段旨在加载并启动预定义的 UR10 码垛演示场景,并随后运行合成数据生成的附加部分,持续指定的帧数(num_captures):

```python
NUM_CAPTURES = 36


async def run_example_async():
    from omni.isaac.examples.ur10_palletizing.ur10_palletizing import BinStacking

    bin_staking_sample = BinStacking()
    await bin_staking_sample.load_world_async()
    await bin_staking_sample.on_event_async()

    sdg_demo = PalletizingSDGDemo()
    sdg_demo.start(num_captures = NUM_CAPTURES)


asyncio.ensure_future(run_example_async())
```

演示脚本封装在 PalletizingSDGDemo 类中,负责监控模拟环境并管理合成数据的生成。以下是该类的主要属性及其功能说明。

(1)self._bin_counter 和 self._num_captures。用于追踪当前处理的箱子索引和所需捕获的总帧数。

(2)self._stage。用于在模拟过程中访问和操作环境中的特定对象。

(3)self._active_bin。跟踪当前被处理的箱子实例。

(4)self._stage_event_sub。订阅舞台关闭事件,以便在模拟结束时进行必要的清理工作。

（5）self. _in_running_state。指示 SDG 演示是否当前处于运行状态。

（6）self. _bin_flip_scenario_done。标记箱子翻转场景是否已完成,防止重复触发。

（7）self. _timeline。用于响应 SDG 事件以暂停和恢复模拟执行。

（8）self. _timeline_sub。订阅时间线事件,允许监控模拟状态(如跟踪活动箱子周围的环境变化)。

（9）self. _overlap_extent。缓存箱子大小的扩展信息,用于查询活动箱子周围的重叠部分。

（10）self. _rep_camera。指向用于捕获 SDG 数据的临时 Replicator 摄像机实例。

（11）self. _output_dir。指定存储 SDG 数据的输出目录路径。

下面是 PalletizingSDGDemo 类:

```python
class PalletizingSDGDemo:
    BINS_FOLDER_PATH = "/World/Ur10Table/bins"
    FLIP_HELPER_PATH = "/World/Ur10Table/pallet_holder"
    PALLET_PRIM_MESH_PATH = "/World/Ur10Table/pallet/Xform/Mesh_015"
    BIN_FLIP_SCENARIO_FRAMES = 4
    PALLET_SCENARIO_FRAMES = 16


    def _init_ (self):
        # There are 36 bins in total
        self. _bin_counter = 0
        self. _num_captures = 36
        self. _stage = None
        self. _active_bin = None

        # Cleanup in case the user closes the stage
        self. _stage_event_sub = None

        # Simulation state flags
        self. _in_running_state = False
        self. _bin_flip_scenario_done = False

        # Used to pause/resume the simulation
        self. _timeline = None

        # Used to actively track the active bins surroundings (e. g. , in contact with pallet)
        self. _timeline_sub = None
        self. _overlap_extent = None

        # SDG
        self. _rep_camera = None
        self. _output_dir = os. path. join( os. getcwd( ) ,"_out_palletizing_sdg_demo","")
```

start 函数负责初始化并启动 SDG 演示如下代码:

```python
def start(self, num_captures):
    self._num_captures = num_captures if 1 <= num_captures <= 36 else 36
    if self._init():
        self._start()
```

[..]

```python
def _init(self):
    self._stage = omni.usd.get_context().get_stage()
    self._active_bin = self._stage.GetPrimAtPath(f"{self.BINS_FOLDER_PATH}/bin_{self._bin_counter}")

    if not self._active_bin:
        print("[PalletizingSDGDemo] Could not find bin, make sure the palletizing demo is loaded..")
        return False

    bb_cache = create_bbox_cache()
    half_ext = bb_cache.ComputeLocalBound(self._active_bin).GetRange().GetSize() * 0.5
    self._overlap_extent = carb.Float3(half_ext[0], half_ext[1], half_ext[2] * 1.1)
```

[..]

```python
def _start(self):
    self._timeline_sub = self._timeline.get_timeline_event_stream().create_subscription_to_pop_by_type(
        int(omni.timeline.TimelineEventType.CURRENT_TIME_TICKED), self._on_timeline_event
    )
```

[..]

在初始化阶段,该函数通过调用 self._init() 方法来确保 UR10 码垛演示已经加载并处于运行状态。同时,它还设置了 self._stage 和 self._active_bin 等关键属性,以便在后续的演示过程中使用。当初始化完成后,start 函数通过调用 self._start() 方法来启动 SDG 演示。在启动过程中,self._timeline_sub 订阅了时间线事件,以便在模拟运行时能够实时响应并捕获关键场景。时间线事件的回调函数是 self._on_timeline_event,它负责监视模拟状态,包括活动箱子的位置、姿态及周围环境的变化。

在模拟过程中,每当时间线更新并向前推进时,self._check_bin_overlaps 函数将被自动调用,以实时监视活动料箱周围的环境状态。该函数负责检测料箱之间是否发生重叠。一旦检测到重叠现象,self._on_overlap_hit 回调函数将被触发,代码示例如下:

```python
def _on_timeline_event(self, e: carb.events.IEvent):
    self._check_bin_overlaps()
```

```
def_check_bin_overlaps(self):
    bin_pose = omni. usd. get_world_transform_matrix(self._active_bin)
    origin = bin_pose. ExtractTranslation()
    quat_gf = bin_pose. ExtractRotation(). GetQuaternion()

    any_hit_flag = False
    hit_info = get_physx_scene_query_interface(). overlap_box(
        carb. Float3(self._overlap_extent),
        carb. Float3(origin[0], origin[1], origin[2]),
        carb. Float4(
            quat_gf. GetImaginary()[0], quat_gf. GetImaginary()[1], quat_gf. GetImaginary()[2], quat_
gf. GetReal()
        ),
        self._on_overlap_hit,
        any_hit_flag,
    )


def_on_overlap_hit(self, hit):
    if hit. rigid_body == self._active_bin. GetPrimPath():
        return True # Self hit, return True to continue the query

    # First contact with the flip helper
    if hit. rigid_body. startswith(self. FLIP_HELPER_PATH) and not self._bin_flip_scenario_done:
        self._timeline. pause()
        self._timeline_sub. unsubscribe()
        self._timeline_sub = None
        asyncio. ensure_future(self._run_bin_flip_scenario())
        return False # Relevant hit, return False to finish the hit query

    # Contact with the pallet or other bin on the pallet
    pallet_hit = hit. rigid_body. startswith(self. PALLET_PRIM_MESH_PATH)
    other_bin_hit = hit. rigid_body. startswith(f"{self. BINS_FOLDER_PATH}/bin_")
    if pallet_hit or other_bin_hit:
        self._timeline. pause()
        self._timeline_sub. unsubscribe()
        self._timeline_sub = None
        asyncio. ensure_future(self._run_pallet_scenario())
        return False # Relevant hit, return False to finish the hit query

    return True # No relevant hit, return True to continue the query
```

self._on_overlap_hit 回调函数的核心任务是判断发生的重叠是否与两种特定场景相关:料箱翻转或料箱放置在托盘上。根据重叠类型的判断结果,该函数将采取相应的行动。如果重叠与这两种场景之一有关，模拟将被暂停，同时移除对时间线事件的订阅，以确保在 SDG 过程中模拟状态不会发生变化。随后，根据当前的模拟状态，SDG 将通过调用 self._run_bin_flip_scenario 或 self._run_pallet_scenario 函数之一来启动。这两个函数分别负责处理料箱翻转和料箱放置在托盘上两种不同场景下的 SDG 流程。

当活动料箱被精准放置在翻转辅助对象上时，系统将自动触发料箱翻转场景。在此特定场景中，为优化视觉效果和数据收集的准确性，选择路径追踪作为渲染模式。通过直接使用 Replicator 注释器，能够高效地访问并收集模拟过程中产生的关键数据。同时，辅助函数负责将这些数据以结构化的方式写入磁盘，以便后续分析。

为确保料箱翻转场景的顺利进行，_create_bin_flip_graph 函数负责构建所需的 Replicator 随机化图。在这一过程中，不仅创建了专用的相机和随机化的灯光以模拟真实环境，还通过派发延迟预览命令来确保在启动 SDG 之前，整个图形已完全构建并准备就绪。

随后，rep.orchestrator.step_async 函数根据预设的帧数（BIN_FLIP_SCENARIO_FRAMES）被依次调用，逐步推进随机化图的帧数，并实时更新注释器中的数据。每次帧数推进后，get_data() 函数会立即从注释器中检索最新的数据，并由辅助函数迅速保存至磁盘。为提高模拟的连续性和响应速度，在每个 SDG 管道处理完成后立即丢弃渲染产品，并释放已构建的 Replicator 图资源。

料箱翻转场景的 SDG 过程一旦完成，系统会自动将渲染模式切换回光线追踪，以恢复正常的模拟视觉效果。同时，时间线将重新启动模拟，并重新激活时间线订阅者，使其能够继续监控模拟环境的实时状态。为防止料箱翻转场景因料箱仍与辅助对象接触而重复触发，self._bin_flip_scenario_done 标志被设置为 True，从而确保该场景在单次触发后不再重复执行。

综上所述，以下代码示例描述了在料箱翻转场景中如何通过精心设计的图形创建、数据收集与保存机制，以及模拟状态恢复与场景防重复触发策略，实现了高效且准确的合成数据生成过程：

```python
async def _run_bin_flip_scenario(self):
    await omni.kit.app.get_app().next_update_async()
    print(f"[PalletizingSDGDemo] Running bin flip scenario for bin {self._bin_counter}..")

    # Util function to save rgb images to file
    def save_img(rgb_data, filename):
        rgb_img = Image.fromarray(rgb_data, "RGBA")
        rgb_img.save(filename+".png")

    self._switch_to_pathtracing()
    self._create_bin_flip_graph()

    # Because graphs are constantly created and destroyed during the demo
    # a delayed preview command is required to guarantee a full generation of the graph
```

```
EVENT_NAME = carb. events. type_from_string("omni. replicator. core. orchestrator")
rep. orchestrator. _orchestrator. _message_bus. push ( EVENT_NAME, payload = {"command":"pre-
view"} )


rgb_annot = rep. AnnotatorRegistry. get_annotator("rgb")
is_annot = rep. AnnotatorRegistry. get_annotator ("instance_segmentation", init_params = {"colorize":
True} )
rp = rep. create. render_product( self. _rep_camera, (512,512) )
rgb_annot. attach( rp )
is_annot. attach( rp )
out_dir = os. path. join( self. _output_dir, f"annot_bin_{self. _bin_counter}", "")
os. makedirs( out_dir, exist_ok = True )

for i in range( self. BIN_FLIP_SCENARIO_FRAMES) :
    await rep. orchestrator. step_async( pause_timeline = False )

    rgb_data = rgb_annot. get_data( )
    rgb_filename = f"{out_dir} rgb_{i}"
    save_img( rgb_data, rgb_filename )

    is_data = is_annot. get_data( )
    is_filename = f"{out_dir} is_{i}"
    is_img_data = is_data["data"]
    height, width = is_img_data. shape[ :2 ]
    is_img_data = is_img_data. view( np. uint8 ). reshape( height, width, -1 )
    save_img( is_img_data, is_filename )
    is_info = is_data["info"]
    with open(f"{out_dir} is_info_{i}. json", "w") as f:
        json. dump( is_info, f, indent = 4 )

await rep. orchestrator. wait_until_complete_async( )
rgb_annot. detach( )
is_annot. detach( )
rp. destroy( )


if self. _stage. GetPrimAtPath("/Replicator") :
    omni. ands. execute("DeletePrimsCommand", paths = [ "/Replicator"] )


self. _switch_to_raytracing( )


self. _bin_flip_scenario_done = True
self. _timeline_sub = self. _timeline. get_timeline_event_stream( ). create_subscription_to_pop_by_type(
    int( omni. timeline. TimelineEventType. CURRENT_TIME_TICKED ), self. _on_timeline_event
```

```
)
    self._timeline.play()
```

在料箱翻转场景的合成数据生成过程中,Replicator 随机化图采用了预定义的颜色调色板列表。此列表的引入为系统提供了在通过 rep. distribution. choice(color_palette)函数变化灯光时能够随机选取颜色的能力。这种随机性不仅丰富了场景的视觉效果,同时也为数据收集提供了更多样化的样本。

与此同时,相机操作则依赖于一组预定义的位置。与灯光的随机化不同,相机的位置选择并非随机,而是通过 rep. distribution. sequence(camera_positions)函数,在这些预定义位置之间实现顺序切换。这种系统性的相机移动方式确保了模拟过程中能够捕捉到料箱翻转场景的关键视角,从而获取更为全面和准确的数据。

灯光随机化和相机的系统性移动均被编程为在每帧捕获时执行,这一机制通过 rep. trigger. on_frame()函数实现。每当模拟推进到新的一帧时,系统便会根据预设规则更新灯光颜色和相机位置,从而生成新的合成数据。

简而言之,以下代码示例描述了在料箱翻转场景的随机化图中,如何结合预定义的颜色调色板和相机位置序列,实现每帧合成数据的生成:

```python
def _create_bin_flip_graph(self):
    # Create new random lights using the color palette for the color attribute
    color_palette = [(1,0,0),(0,1,0),(0,0,1)]

    def randomize_bin_flip_lights():
        lights = rep. create. light(
            light_type = "Sphere",
            temperature = rep. distribution. normal(6500,2000),
            intensity = rep. distribution. normal(45000,15000),
            position = rep. distribution. uniform((0.25,0.25,0.5),(1,1,0.75)),
            scale = rep. distribution. uniform(0.5,0.8),
            color = rep. distribution. choice(color_palette),
            count = 3,
        )
        return lights. node

    rep. randomizer. register(randomize_bin_flip_lights)

    # Move the camera to the given location sequences and look at the predefined location
    camera_positions = [(1.96,0.72,-0.34),(1.48,0.70,0.90),(0.79,-0.86,0.12),(-0.49,1.47,0.58)]
    self. _rep_camera = rep. create. camera()
    with rep. trigger. on_frame():
        rep. randomizer. randomize_bin_flip_lights()
        with self. _rep_camera:
```

rep. modify. pose(position = rep. distribution. sequence(camera_positions) , look_at = (0. 78 ,0. 72 , −0. 1))

　　这一过程既保证了数据的多样性,又确保了关键视角的捕捉,为后续的数据分析和模拟优化提供了有力支持。

　　当活动料箱被准确放置在托盘上或托盘上已存在的另一个料箱之上时,系统将自动触发托盘上的料箱场景。由于该场景涉及料箱和托盘的材料和纹理的随机化,因此原始材料信息会被先行缓存。这一步骤确保了模拟恢复后,原始材料可以被快速重新应用,保证了场景的连续性和数据的准确性。

　　以下代码示例针对托盘上的料箱场景,_create_bin_and_pallet_graph 函数负责构建所需的 Replicator 随机化图,这些图形包括一个相机,其位置将在托盘周围随机化,以捕捉不同视角下的场景变化:

```python
async def_run_pallet_scenario( self) :
    await omni. kit. app. get_app( ) . next_update_async( )
    print( f"[ PalletizingSDGDemo] Running pallet scenario for bin {self. _bin_counter}..")
    mesh_to_orig_mats = {}
    pallet_mesh = self. _stage. GetPrimAtPath( self. PALLET_PRIM_MESH_PATH)
    pallet_orig_mat, _ = UsdShade. MaterialBindingAPI( pallet_mesh) . ComputeBoundMaterial( )
    mesh_to_orig_mats[ pallet_mesh] = pallet_orig_mat
    for i in range( self. _bin_counter+1) :
        bin_mesh = self. _stage. GetPrimAtPath( f"{ self. BINS_FOLDER_PATH}/bin_{i}/Visuals/FOF_Mesh_Magenta_Box")
        bin_orig_mat, _ = UsdShade. MaterialBindingAPI( bin_mesh) . ComputeBoundMaterial( )
        mesh_to_orig_mats[ bin_mesh] = bin_orig_mat

    self. _create_bin_and_pallet_graph( )

    # Because graphs are constantly created and destroyed during the demo
    # a delayed preview command is required to guarantee a full generation of the graph
    EVENT_NAME = carb. events. type_from_string( "omni. replicator. core. orchestrator")
    rep. orchestrator. _orchestrator. _message_bus. push ( EVENT_NAME, payload = {"command":"preview"} )

    out_dir = os. path. join( self. _output_dir, f"writer_bin_{self. _bin_counter}","")
    writer = rep. WriterRegistry. get( "BasicWriter")
    writer. initialize( output_dir = out_dir, rgb = True, instance_segmentation = True, colorize_instance_segmentation = True)
    rp = rep. create. render_product( self. _rep_camera, ( 512 ,512) )
    writer. attach( rp)
    for i in range( self. PALLET_SCENARIO_FRAMES) :
        await rep. orchestrator. step_async( rt_subframes = 24 , pause_timeline = False)
    writer. detach( )
```

```
rp. destroy( )

for mesh, mat in mesh_to_orig_mats. items( ):
    print( f"[ PalletizingSDGDemo] Restoring original material( {mat} ) for {mesh. GetPath( )}" )
    UsdShade. MaterialBindingAPI( mesh). Bind( mat, UsdShade. Tokens. strongerThanDescendants )

if self. _stage. GetPrimAtPath( "/Replicator") :
    omni. ands. execute( "DeletePrimsCommand", paths = [ "/Replicator"] )

self. _replicator_running = False
self. _timeline. play( )
if self. _next_bin( ) :
    self. _timeline_sub = self. _timeline. get_timeline_event_stream( ). create_subscription_to_pop_by_
type(
        int( omni. timeline. TimelineEventType. CURRENT_TIME_TICKED), self. _on_timeline_event
    )
```

同时，随机化图还涉及放置在托盘上的料箱的不同材料选项，以及托盘本身纹理的交替变化。在图形创建完成后，系统会派发一个延迟预览命令，确保在启动 SDG 之前，所有图形元素已完全加载并准备就绪。

在数据写入方面，托盘上的料箱场景采用了名为 BasicWriter 的内置 Replicator 写入器。对于由 PALLET_SCENARIO_FRAMES 定义的每一帧，rep. orchestrator. step_async 函数将负责推进随机化图至下一帧，并触发写入器将相应数据保存到磁盘。为提高模拟过程中的性能表现，每个场景完成后，系统会立即丢弃生成的渲染产品，并移除已创建的图形，以减少内存占用。

当托盘上的料箱场景完成后，之前缓存的材料信息将被重新应用到相应的料箱和托盘上，模拟状态也将恢复如初。随后，系统会检查是否已处理完最后一个料箱。若仍有未处理的料箱，系统将自动将其指定为新的活动料箱，并重新激活时间线订阅者，以便继续监视模拟环境的实时状态。这一机制确保了系统能够连续且高效地处理多个料箱场景，提高了模拟的整体效率和准确性。

在托盘上的料箱场景中，Replicator 随机化图对料箱材料的颜色进行随机化处理。系统利用一个预定义的纹理列表，通过 rep. randomizer. texture(texture_paths, ...) 函数从中随机选取并应用托盘的纹理。这一机制为模拟场景带来了丰富的视觉变化，增强了数据的多样性。

相机位置的设置则采用 rep. distribution. uniform(...) 函数，确保相机在托盘周围进行均匀分布的位置变化，并始终朝向托盘的位置。这种设置方式有助于捕捉料箱在不同视角下的外观变化，为后续的数据分析和模型训练提供全面的视角信息。

在触发器设计方面，采用了两种不同的触发机制。料箱材料的颜色变化采用 rep. trigger. on_frame( ) 触发器，确保每帧模拟时料箱的外观都会有所变化，这种高频变化有助于模型学习在不同光照和颜色条件下的物体特征；托盘纹理和相机位置的变化则采用 rep. trigger. on_frame(interval = 4) 触发器，每 4 帧执行一次，这种低频变化保持了一定的连贯性,使得模拟场景在视觉上更加稳定,有助于模型学习在不同视角下的物体特征。

通过这样的设计,既保证了料箱外观在每帧的多样性变化,又确保了托盘和相机位置变化的连贯性。这对于训练机器视觉模型非常有用,因为它能够帮助模型在多样的数据条件下学习物体特征,提高模型的泛化能力。同时,不同视角和纹理条件的变化也有助于模型更好地适应实际应用场景中的复杂环境,代码示例如下:

```python
def create_bin_and_pallet_graph(self):
    # Bin material randomization
    bin_paths = [
        f"{self.BINS_FOLDER_PATH}/bin_{i}/Visuals/FOF_Mesh_Magenta_Box" for i in range(self._bin_counter+1)
    ]
    bins_node = rep.get.prim_at_path(bin_paths)

    with rep.trigger.on_frame():
        mats = rep.create.material_omnipbr(
            diffuse=rep.distribution.uniform((0.2,0.1,0.3),(0.6,0.6,0.7)),
            roughness=rep.distribution.choice([0.1,0.9]),
            count=10,
        )
        with bins_node:
            rep.randomizer.materials(mats)

    # Camera and pallet texture randomization at a slower rate
    assets_root_path = get_assets_root_path()
    texture_paths = [
        assets_root_path+"/NVIDIA/Materials/Base/Wood/Oak/Oak_BaseColor.png",
        assets_root_path+"/NVIDIA/Materials/Base/Wood/Ash/Ash_BaseColor.png",
        assets_root_path+"/NVIDIA/Materials/Base/Wood/Plywood/Plywood_BaseColor.png",
        assets_root_path+"/NVIDIA/Materials/Base/Wood/Timber/Timber_BaseColor.png",
    ]
    pallet_node = rep.get.prim_at_path(self.PALLET_PRIM_MESH_PATH)
    pallet_prim = pallet_node.get_output_prims()["prims"][0]
    pallet_loc = omni.usd.get_world_transform_matrix(pallet_prim).ExtractTranslation()
    self._rep_camera = rep.create.camera()
    with rep.trigger.on_frame(interval=4):
        with pallet_node:
            rep.randomizer.texture(texture_paths,texture_rotate=rep.distribution.uniform(80,95))
        with self._rep_camera:
            rep.modify.pose(
                position=rep.distribution.uniform((0,-2,1),(2,1,2)),
                look_at=(pallet_loc[0],pallet_loc[1],pallet_loc[2]),
            )
```

11.3　本 章 小 结

本章介绍了如何通过 Isaac Sim 和 Replicator 工具在模拟环境中为 AMR 导航捕获合成数据。通过部署装备 OmniGraph 导航堆栈的 Carter 机器人，在随机选取的目标位置导航，并在接近目标时触发数据捕获流程。为增加模拟多样性，背景环境在每经过一定帧数后随机变化。同时，引入 use_temp_rp 标志优化性能，仅在需要捕获数据时启用临时渲染产品，提升模拟速度。该方案在多个不同环境中生成数据示例，体现了随机化场景下的数据捕获能力。具体实现中，创建了 NavSDGDemo 类，封装了演示部分，管理导航场景和合成数据生成流程。通过加载并启动演示场景，设置相关参数，启动模拟流程，并将输出数据存储在指定目录。NavSDGDemo 类包含机器人底盘、导航目标、导航物体、光源和道具等属性，用于构建和控制模拟环境。

在码垛演示场景中实现多种参数的随机化处理，以增强模拟的多样性和真实性。该部分通过编程式加载和初始化 UR10 码垛演示场景，模拟了从传送带上拾取箱子并将其放置在托盘上的典型码垛任务。通过实现多种参数的随机化处理，提高了模拟的多样性和真实性，为后续的数据分析和机器人性能评估提供了有力支持。

附　　录

A.1　Isaac Sim 参考约定

本章提供了 Isaac Sim 中使用的单位、表示和坐标约定的参考。

1. 默认单位表示

默认单位表示见表 A.1。

表 A.1　默认单位表示

测量	单位	注释
长度	m	
质量	kg	
时间	s	
物理时间步长	s	可由用户配置,默认值为 1/60
力	N	
频率	Hz	
线性驱动刚度	kg/s^2	
角驱动刚度	$kg \cdot m^2 \cdot (s^2 \cdot angle)^{-1}$	
线性驱动阻尼	kg/s	
角驱动阻尼	$kg \cdot m^2 \cdot (s \cdot angle)^{-1}$	
惯性对角线	$kg \cdot m^2$	

2. 默认旋转表示

默认旋转表示见表 A.2。

表 A.2　默认旋转表示

API	表示
Isaac Sim Core	(QW,QX,QY,QZ)
USD	(QW,QX,QY,QZ)
PhysX	(QX,QY,QZ,QW)
Dynamic Control	(QX,QY,QZ,QW)

3. 角度表示

角度表示见表 A.3。

表 A.3　角度表示

API	表示
Isaac Sim Core	弧度
USD	度
PhysX	弧度
Dynamic Control	弧度

4. 矩阵顺序表示

矩阵顺序表示见表 A.4。

表 A.4　矩阵顺序表示

API	表示
Isaac Sim Core	行主序
USD	行主序

5. 世界坐标系表示(右手坐标约定)

Isaac Sim 遵循右手坐标约定,见表 A.5。

表 A.5　右手坐标约定

方向	轴
上	$+Z$
向前	$+X$

6. 默认相机轴表示

默认相机轴表示见表 A.6。

表 A.6　默认相机表示

方向	轴
上	$+Y$
向前	$-Z$

注意:Isaac Sim 到 ROS 的转换要从 Isaac Sim 相机坐标转换为 ROS 相机坐标,请绕 X

轴旋转180°。

7. 图像帧(合成数据)表示

图像帧(合成数据)表示见表 A.7。

表 A.7　默认旋转表示

坐标	角落
(0,0)	左上角

以上信息提供了 Isaac Sim 中使用的关键约定和参考,以确保在使用该平台进行机器人仿真和控制时的一致性和准确性。请遵循这些约定,以确保模型和算法能够正确地在 Isaac Sim 中运行和交互。

A.2　快捷键约定

1. 视角控制

描述视角(通常是3D模型的查看区域)中使用的快捷键。

(1)移动。使用鼠标右键(RMB)与 W、S、A、D 或上下左右箭头键结合,可以在视口中前后左右移动。

(2)缩放。使用鼠标滚轮或 Option 键(Opt)与鼠标右键结合,可以缩放视口。

(3)选择、取消选择。左键(LMB)用于选择对象,而 ESC 键用于取消选择。

(4)相机缩放。选择对象后按 F 键,相机将缩放至所选对象。取消选择后按 F 键,相机将缩放至所有对象。

(5)旋转和平移。Option 键与左键结合可以使相机围绕视口中心旋转。中键(MMB)按住可以平移视口。右键按住可以旋转相机。

(6)上下文菜单。右键单击可以调用上下文菜单。

(7)其他功能。Shift+H 可以显示或隐藏网格和 HUD 信息。F7 可以启用或禁用 UI 的可见性。F11 可以切换全屏模式。F10 可以捕获屏幕截图。

注意,在使用任何移动命令时,按住 Shift 键可以加倍移动速度,而按住 Control 键可以减半移动速度。

2. 选择操作

(1)Ctrl+A。选择当前场景中的所有资源。

(2)Ctrl+I。选择当前未选中的资源并取消选择所有已选中的资源。

(3)Esc。取消选择当前场景中的所有资源。

3. 文件操作

(1)Ctrl+S。保存文件。

(2)Ctrl+O。打开文件。

4. 资源控制

(1)Del。删除所选资源。

(2)Ctrl+Shift+I。创建当前资源的实例。

(3)Ctrl+D。复制当前资源。

（4）Ctrl+G。将所选资源分组到一个容器中。

（5）H。切换所选资源的可见性。

5. 动画控制

Space 为播放/暂停动画。

6. 自定义热键

可以使用"热键扩展"创建自己的自定义热键组合，以更快、更有效地工作。

通过熟悉这些快捷键，用户可以大大提高工作效率，减少不必要的点击和搜索时间。此外，通过创建自定义热键，用户可以根据自己的工作习惯和偏好进一步定制他们的工作流程。